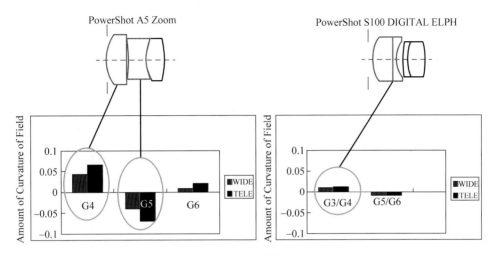

图 2.19　偏心灵敏度对比

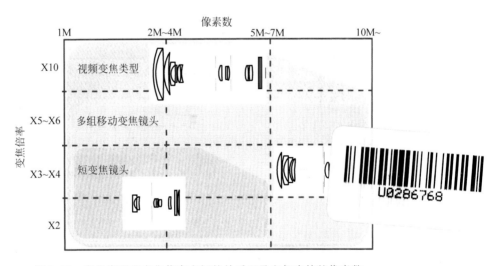

图 2.20　变焦类型和变焦倍率之间的关系以及它们支持的像素数

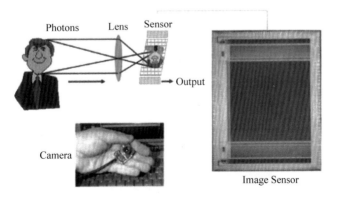

图 3.1　图像传感器

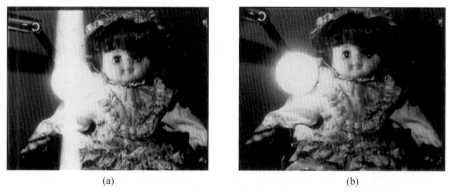

图 4.24　一个高光溢出图像和采用 VOD 技术的图像

（a）由于高光溢出导致了伪图像；（b）通过 VOFD 技术实现

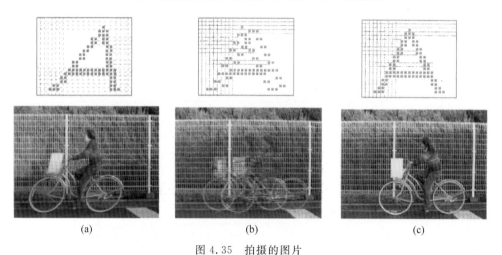

图 4.35　拍摄的图片

（a）行地址扫描 CMOS 图像传感器拍摄的图片；（b）隔行扫描 CCD 图像传感器拍摄的图片；

（c）逐行扫描 CCD 图像传感器拍摄的图片

图 4.39　用 1/10 000s 电子快门拍摄的图片

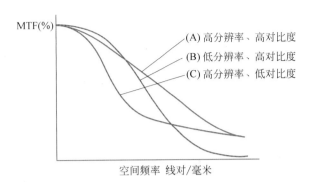

图 2.6　三种模式的 MTF 空间分辨率特征

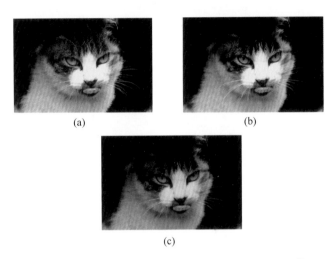

图 2.7　三种模式 MTF 空间分辨率特征下拍摄的图像
（a）高分辨率、高对比度；（b）低分辨率、高对比度；（c）高分辨率、低对比度

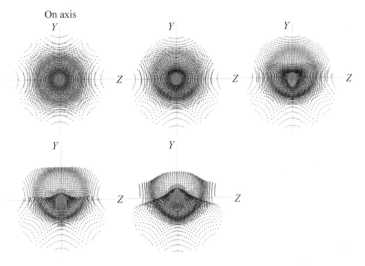

图 2.8　彩色点列图示例

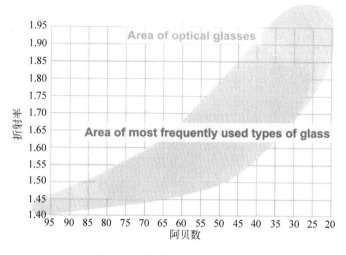

图 2.14　玻璃种类分布示意图

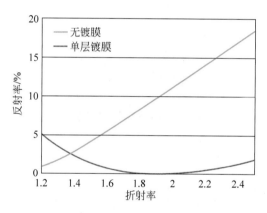

图 2.16　玻璃折射率与其反射比关系图

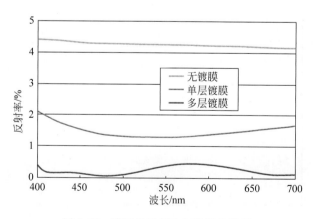

图 2.17　膜层的反射比与波长的关系

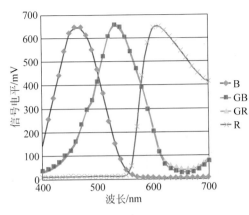

图 6.5 光谱响应示例

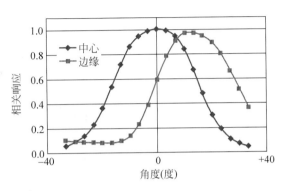

图 6.8 角度响应示例

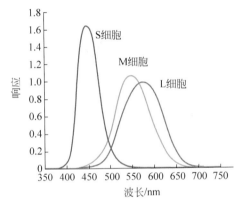

图 7.1 人类视锥细胞的敏感曲线

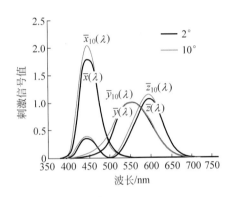

图 7.2 CIE 颜色匹配函数

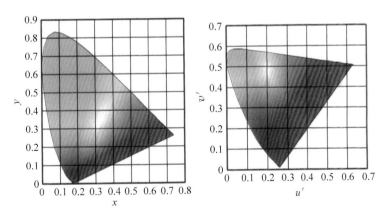

图 7.3 xy 及 $u'v'$ 色度图示：CIE 1931 色度表（左）；CIE 1976 UCS 色度表（右）

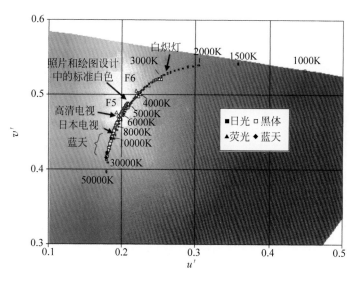

图 7.4　光源的 $u'v'$ 色度表

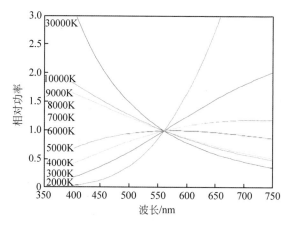

图 7.5　黑体光谱分布

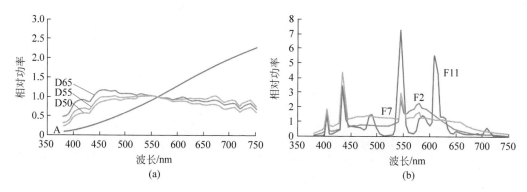

图 7.6　CIE 标准光源(左)与日光灯(右)的光谱分布

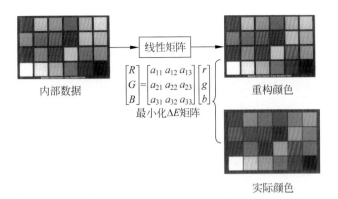

图 7.7 线性矩阵的特性描述

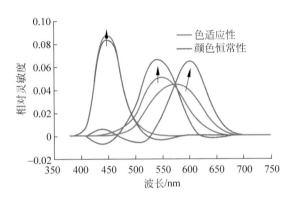

图 7.8 色适应性和颜色恒常性最优化白平衡中的等效色彩灵敏度

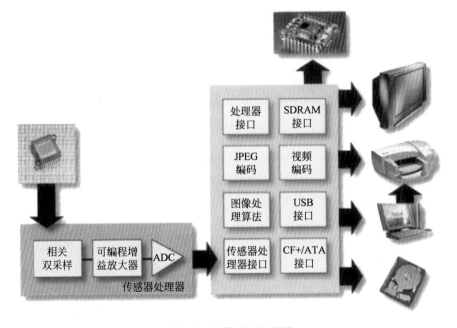

图 9.1 图像处理流程图

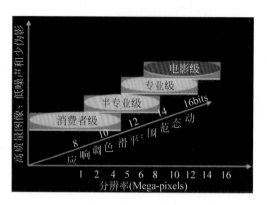

图 9.2　成像产品的概念图

图 9.10　图像再生对比：上图用 NDX-1260
获得，下图通过其他 AFE 获得

图 10.3　不同的频率响应

图 10.4　正常图像（左边）和有噪声图像（右边）图像

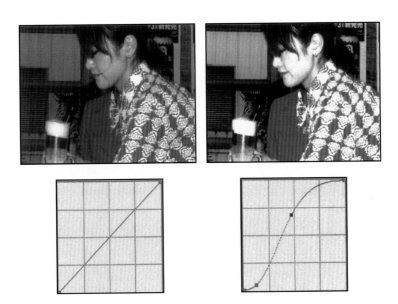

图 10.5 原始图(左边)和色调加强图(右边)

图 10.7 有足够动态范围(左图),动态范围不足(右图)

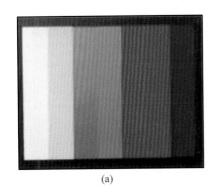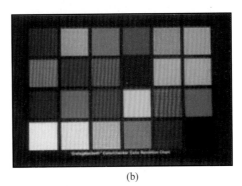

(a)   (b)

图 10.8 测量色彩再现的侧视图

(a) 彩条图;(b) Macbeth's color chart

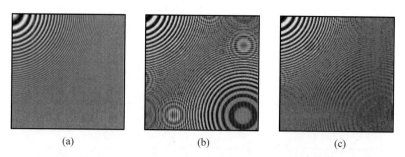

图 10.9　CZP 图案以及产生摩尔色彩的实例

（a）CZP 图案；（b）不采用 OLPF 得到的图案；（c）采用 OLPF 得到的图案

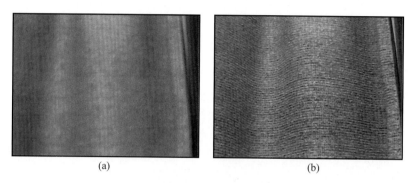

图 10.10　实际照片的色彩摩尔效应的例子

（a）没有体现出效应（没有对焦）；（b）产生此效应（对焦下）

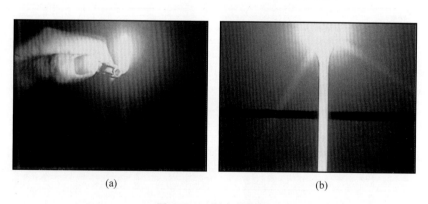

图 10.11　漏光的例子

图 10.12　例图

（a）白电平限幅；（b）宽动态范围；（c）单调黑色

(a)   (b)

图 10.14   重影图像

（a）光源在目标区域内；（b）光源在目标区域外

(a)   (b)

(c)   (d)

图 10.15   景深的变化

（a）宽视角（短焦距）；（b）窄视角（长焦距）；（c）小光圈；（d）大光圈

(a)   (b)

图 10.16   不同视角拍摄出的图片

（a）窄视角；（b）宽视角

图 10.17　不同量化精度

（a）8b/彩色；（b）4b/彩色；（c）3b/彩色

图 10.18　压缩噪声实例（马赛克噪声）

（a）高压缩比图像；（b）其中一部分的放大

图 11.1　一张表现了"我在这里"的照片

信息技术和电气工程学科国际知名教材中译本系列

Image Sensors and Signal Processing for Digital Still Cameras

数码相机中的图像传感器和信号处理

[日] Junichi Nakamura 著

徐江涛 高静 聂凯明 译

清华大学出版社

北京

Image Sensors and Signal Processing for Digital Still Cameras 1st Edition/by Junichi Nakamura/
ISNB：0-8493-3545-0

Copyright@ 2005 by CRC Press.

Authorized translation from English language edition published by CRC Press，part of Taylor & Francis Group LLC；All rights reserved；本书原版由 Taylor & Francis 出版集团旗下，CRC 出版公司出版，并经其授权翻译出版. 版权所有，侵权必究.

Tsinghua University Press is authorized to publish and distribute exclusively the Chinese（Simplified Characters）language edition. This edition is authorized for sale and distribution in the People's Republic of China exclusively（except Taiwan，Hong Kong SAR and Macao SAR）. No part of the publication may be reproduced or distributed by any means，or stored in a database or retrieval system，without the prior written permission of the publisher. 本书中文简体翻译版授权由清华大学出版社独家出版并仅限在中国大陆地区销售. 未经出版者书面许可，不得以任何方式复制或发行本书的任何部分.

Copies of this book sold without a Taylor & Francis sticker on the cover are unauthorized and illegal. 本书封面贴有 Taylor & Francis 公司防伪标签，无标签者不得销售.

北京市版权局著作权合同登记号　图字：01-2-14-0757

版权所有，侵权必究。举报：010-62782989，beiqinquan@tup.tsinghua.edu.cn。

图书在版编目（CIP）数据

数码相机中的图像传感器和信号处理/（日）中村淳著；徐江涛，高静，聂凯明译. —北京：清华大学出版社，2015（2024.12 重印）

（信息技术和电气工程学科国际知名教材中译本系列）

书名原文：Image Sensors and Signal Processing for Digital Still Cameras

ISBN 978-7-302-38363-5

Ⅰ. ①数… Ⅱ. ①中… ②徐… ③高… ④聂… Ⅲ. ①数字照相机－图像传感器 ②数字照相机－图像信息处理 Ⅳ. ①TP391.41

中国版本图书馆 CIP 数据核字（2014）第 243455 号

责任编辑：文　怡
封面设计：张海玉
责任校对：梁　毅
责任印制：杨　艳

出版发行：清华大学出版社
　　　　网　　　址：https：//www.tup.com.cn，https：//www.wqxuetang.com
　　　　地　　　址：北京清华大学学研大厦 A 座　　　　　　邮　　编：100084
　　　　社 总 机：010-83470000　　　　　　　　　　　　邮　　购：010-62786544
　　　　投稿与读者服务：010-62776969，c-service@tup.tsinghua.edu.cn
　　　　质量反馈：010-62772015，zhiliang@tup.tsinghua.edu.cn
　　　　课件下载：https：//www.tup.com.cn，010-83470236
印 装 者：三河市龙大印装有限公司
经　　销：全国新华书店
开　　本：185mm×260mm　　印　张：15.5　　彩　插：6　　字　　数：406 千字
版　　次：2015 年 2 月第 1 版　　　　　　　　　　　　印　　次：2024 年 12 月第 12 次印刷
定　　价：45.00 元

产品编号：055518-01

译 者 序

人类通过视觉系统获取的信息占获取信息总量的 80% 以上，如果说计算机相当于人类的大脑，那么图像传感器则相当于人类的眼睛。图像传感器作为图像信息获取最重要和最基本的器件，在信息世界中占据着极其重要的地位。半导体图像传感器相比传统的胶片成像具有可实时处理和显示、数字输出、便于储存和管理等诸多优势，迅速成为图像传感器发展的主导力量。2009 年，凭借着在发明 CCD(Charge-Coupled Device，电荷耦合器件)和影像传感技术方面所做出的杰出贡献，美国科学家 Willard S. Boyle 和 George E. Smith 荣获了诺贝尔物理学奖。这是对 40 余年来半导体图像传感器技术飞速发展的最大肯定。

图像传感器已经渗透到人类生活中的各个领域。首先，人眼敏感的光谱范围相对局限，对于非可见光范围内的光信息接收，需要借助图像传感器完成；其次，人眼所能分辨的物体的极限物理尺寸远大于微观尺度，故对于各种物理化学的微观变化的研究须借助图像传感器成像；再次，对于人类暂时无法到达的空间的研究，也需要借助图像传感器来进行；最后，日常生活当中，图像传感器还能进行超高速监控，并且记录影像。基于上述原因，图像传感器一经发明便在消费类电子、视频监控、航空航天、工业、医疗、军事等多个领域得到了广泛应用，并且日益成为人类活动所依赖的重要工具。

根据光信号的感知和读出方式不同，图像传感器可以分为 CCD 和 CMOS(Complementary Metal Oxide Semiconductor)两类。CCD 图像传感器由于采用了独特的工艺技术，其具有弱光照条件下效果好、信噪比高、色彩还原能力强等优点，从而主导了图像传感器感光元件领域近 30 年。CMOS 图像传感器(CMOS Image Sensor，CIS)是在进入 20 世纪 90 年代后，由于对低成本成像系统的消费需求激增而开始兴起的另一类图像传感器。CIS 采用半导体电路最常用的 CMOS 工艺，具有集成度高、功耗小、响应速度快等优势。随着 CMOS 工艺的不断进步，CIS 已经取代了 CCD 图像传感器的市场主流地位。2014 年，CIS 芯片出货量超过 35 亿颗。

随着图像传感器技术持续发展，相关著作不断涌现，本书原著即为其中之一。本书以大众所熟悉的数码单反相机的发展历史为出发点，阐述了相机中的镜头、感光器件和图像处理电路等硬件的结构及原理，详细介绍了图像处理算法以及相机成像质量评价的相关基础知识，是一本不可多得的、相对全面的图像传感技术领域专著。本书原作者及合作者均是图像传感领域的资深从业者，相信他们的经验将为国内相关领域的从业者提供很好的借鉴。

本书译者及课题组自 2001 年起开展 CMOS 图像传感器芯片研究，先后承担了多项 CMOS 图像传感器和视觉信号处理芯片等领域的国家科研项目，具有扎实的理论功底和丰富的实践经验，这为本书的翻译工作打下了良好的基础。

　　课题组的部分研究生参与了本书的翻译、整理和校对工作,他们分别是高志远、邹佳伟、周益明、尹昭杨、闫石、张梦醒等,在此表示衷心的感谢。

　　由于能力所限,翻译中的不妥之处在所难免,恳请广大读者予以批评指正。

译　者

2015 年 1 月于天津大学

前　言

自从 1995 年第一台消费级数码相机问世以来,数码相机(Digital Still Camera,DSC)的市场占有率迅速增加。第一台 DSC 采用了仅有 25 万像素的电荷耦合器件(Charge-Coupled Device,CCD)图像传感器。十年之后,数种 800 万像素的消费级傻瓜相机问世,而专业数码单反(Digital Single-Lens Reflex,DSLR)相机已经达到 1700 万像素。输出适合电视显示器的视频相机设备,其图像传感器的垂直分辨率是标准化的。与之不同的是,DSC 并没有标准的输出或者分辨率,因此传感器的像素数在持续增长。传感器技术的不断发展使得在尺寸越来越小的传感器上容纳越来越多的像素数成为可能。如今消费级相机的像素尺寸可以达到仅 $2.3\mu\text{m}\times2.3\mu\text{m}$。虽然像素尺寸如此急剧缩小,但是传感器的灵敏度却在改善,衬衣口袋大小的消费级 DSC 能在相当于 ISO400 胶片的曝光值下拍出质量很好的照片。

光学系统和电路技术的发展也是可圈可点的。它们的发展使得 DSC 拍出的照片质量能够与通常的卤化银胶片相机相媲美。正是由于这些性能上的提升,2003 年 DSC 的出货量超越了胶片相机。

《数码相机中的图像传感器和信号处理》一书重点介绍数码相机中的图像获取和信号处理技术。从图像信息流的方面而言,DSC 由光学成像系统、图像传感器、信号处理模块构成。其中信号处理模块用于接收来自图像传感器的信号,并且将其转变为数字信号,压缩后存于 DSC 存储器中。图像获取部分包括光学系统、传感器和负责将光信号转化成数字信号的信号处理块的前端环节。信号处理模块的其余部分负责产生存储于存储器中的图像数据。其余诸如机械部件、数据压缩、用户界面以及输出处理模块(提供输出信号到电视显示器、LCD、打印机等外接设备上)不在本书的讨论范围之内。

本书适合从事 DSC 领域的电子工程学的研究生和工程师,同时也适合作为图像传感器和信号处理领域的专业技术人员的兴趣读物。全书共分为 11 章。

(1) 第 1 章"数码相机概览",介绍了 DSC 的历史背景与发展现状。读者在此章中可以明白什么是 DSC,DSC 的发展历程,现代 DSC 的类型、结构与应用。

(2) 第 2 章"数码相机中的光学系统",宽泛地阐述了 DSC 中运用的光学成像系统。显然,高质量的图像需要高性能的光学成像系统,并且随着像素尺寸的缩小和数量的增长,对于光学成像系统的要求也变得越来越高。

(3) 第 3~6 章回顾了 DSC 应用的图像传感器技术。

首先,第 3 章"图像传感器基础知识"阐释了 CCD 和 CMOS 图像传感器的功能和性能参数。

其次,第 4 章"CCD 图像传感器"详细描述了成像设备中广泛采用的 CCD 图像传感器。本章内容涵盖广泛,从基础的 CCD 工作流程一直介绍到 DSC 中专用的 CCD 图像传感器的设计。

再次,第 5 章"CMOS 图像传感器"讨论了相对较新的 CMOS 图像传感器技术,而作为其前身的 MOS 型图像传感器多年前就应用到市场中,甚至早于 CCD 图像传感器。

最后,接着前 3 章对于图像传感器的讨论,第 6 章"图像传感器的测评"给出了用于评价 DSC 中图像传感器性能的方法。

(4) 第 7 章和第 8 章提供了实现图像处理算法所需的基础知识。

第 7 章"色彩理论及其在数码相机中的应用"所讨论的话题,其内容过多而本书难以一一介绍,故本章的重点在于颜色理论如何影响 DSC 的实际运用。

第 8 章"图像处理算法"介绍了 DSC 中软硬件所应用的算法。基础的图像处理算法和相机控制方法将以具体例子的形式介绍出来。

(5) 第 9 章"图像处理引擎"大体介绍了图像处理硬件引擎的架构。DSC 和数码摄像机所要求的性能参数在此章中做了回顾,接着介绍了信号处理引擎的架构。同时,模拟前端和数字后端设计的例子于此章中作了介绍。

(6) 第 10 章"图像质量评价",读者在本章了解到前几章中所描述的各部分是如何影响图像质量的。此外,本章还给出了图像质量相关的标准。

(7) 第 11 章"对未来数码相机的一些设想"中,CMOS 图像传感器的先驱者 Eric Fossum 按照当前技术的发展速度预测讨论了未来 DSC 图像传感器,并且探索了一种新的图像传感器的例子。关于未来数码相机的设想在此章中也有提及。

我想尽可能向所有对本书付出了宝贵的精力与时间的人们表示由衷的感谢,他们中的大多数都活跃在工业领域。本书的顺利完成与他们的贡献是分不开的。

同时,我也很感谢对手稿进行了认真校对的合著者们:Dan Morrow,Scott Smith,Roger Panicacci,Marty Agan,Gennnady Agranov,John Sasinowski,Graham Kirsch,Haruhisa Ando,ToshinoriOtaka,Toshiki Suzuki,Shinichiro Matsuo 和 Hidetoshi Fukuda。

同样还由衷地感谢镁光科技有限公司(Micron Technology,Inc.)宣传企划组的 Jim Lane,Deena Orton,Erin Willis,Cheryl Holman,Nicole Fredrichs,Nancy Fowler,Valerie Robertson 和 John Waddell 等人对手稿、附录、目录表的校对,为第 3 章和第 5 章配图,以及为出版所准备的图表。

Junichi Nakamura,Ph. D.
Japan Imaging Design Center
Micron Japan,LTD

主 编 简 介

Junichi Nakamura 在 1979 年和 1981 年于东京工业大学分别获得电子工程的学士学位和硕士学位,并在 2000 年于东京大学获电子工程的博士学位。

他在 1981 年加入了奥林巴斯光学株式会社,在光学图像处理部门工作两年后,他转到了有源像素传感器部门。从 1993 年 9 月到 1996 年 10 月,他作为杰出访问学者在加州理工学院的美国宇航局喷气推进实验室工作。2000 年,他加入加州帕萨迪纳的 Photobit 公司,领导了若干客制传感器的研发。从 2001 年 11 月开始,他在镁光日本分公司(Micron Japan,Ltd)的日本成像设计中心工作,并且是一名 Micron Fellow。

Nakamura 博士担任 1995 年、1999 年和 2005 年 IEEE 的 Charge-Coupled Devices and Advanced Image Sensors 专题讨论会的技术程序主席,并且在 2002 年和 2003 年担任 IEDM 的 Detectors,Sensors and Displays 小组委员会的成员。他是 IEEE 的高级成员,也是 Institute of Image Information and Television Engineers of Japan 的会员。

合　著　者

Eric R. Fossum

Department of Electrical Engineering and Electrophysics

University of Southern California

Los Angeles,CA,USA

Po-Chieh Hung

Imaging System R&D Division

System Solution Technology R&D Laboratories

Konica Minolta Technology Center,Inc.

Tokyo,Japan

Takeshi Koyama

Lens Products Development Center,Canon,Inc.

Tochigi,Japan

Toyokazu Mizoguchi

Imager & Analog LSI Technology Department

Digital Platform Technology Division

Olympus Corporation

Tokyo,Japan

Junichi Nakamura

Japan Imaging Design Center,Micron Japan,Ltd.

Tokyo,Japan

Kazuhiro Sato

Image Processing System Group

NuCORE Technology Co. ,Ltd.

Ibaraki,Japan

Isao Takayanagi

Japan Imaging Design Center,Micron Japan,Ltd.

Tokyo,Japan

Kenji Toyoda

Department of Imaging Arts and Sciences

College of Art and Design

Musashino Art University

Tokyo,Japan

Seiichiro Watanabe

NuCORE Technology Inc.

Sunnyvale,CA,USA

Tetsuo Yamada

VLSI Design Department

Fujifilm Microdevices Co. ,Ltd.

Miyagi,Japan

Hideaki Yoshida

Standardization Strategy Section

Olympus Imaging Corp.

Tokyo,Japan

目　　录

第 1 章　数码相机概览 ……………………………………………………………… 1

1.1　什么是数码相机 ………………………………………………………………… 1

1.2　数码相机的历史 ………………………………………………………………… 2

1.2.1　早期概念 ………………………………………………………………… 2

1.2.2　索尼 Mavica ……………………………………………………………… 3

1.2.3　静态视频相机 …………………………………………………………… 4

1.2.4　静态视频系统为什么会失败 …………………………………………… 5

1.2.5　数码相机的黎明 ………………………………………………………… 5

1.2.6　卡西欧 QV-10 …………………………………………………………… 6

1.2.7　像素数量之战 …………………………………………………………… 6

1.3　数码相机的类型 ………………………………………………………………… 7

1.3.1　傻瓜式相机 ……………………………………………………………… 7

1.3.2　单反相机 ………………………………………………………………… 9

1.3.3　数码后背 ………………………………………………………………… 9

1.3.4　玩具相机 ………………………………………………………………… 10

1.3.5　可拍照手机 ……………………………………………………………… 10

1.4　数码相机的基本结构 …………………………………………………………… 10

1.4.1　数码相机的典型框图 …………………………………………………… 10

1.4.2　光学系统 ………………………………………………………………… 11

1.4.3　成像器件 ………………………………………………………………… 11

1.4.4　模拟电路 ………………………………………………………………… 11

1.4.5　数字电路 ………………………………………………………………… 11

1.4.6　系统控制 ………………………………………………………………… 11

1.5　数码相机的应用 ………………………………………………………………… 12

1.5.1　新闻摄影 ………………………………………………………………… 12

1.5.2　印刷出版 ………………………………………………………………… 13

1.5.3　网络应用 ………………………………………………………………… 13

1.5.4　其他应用 ………………………………………………………………… 13

第 2 章　数码相机中的光学系统 ………………………………………………… 14

2.1　光学系统基础及光学性能评价标准 …………………………………………… 14

2.1.1　光学系统基础 …………………………………………………………… 14

2.1.2　调制传递函数和分辨率 ………………………………………………… 18

　　　　2.1.3　像差和点列图 ……………………………………………… 19
　2.2　数码相机中光学系统的特点 ……………………………………… 21
　　　　2.2.1　数码相机成像光学系统的配置 ………………………………… 21
　　　　2.2.2　景深和焦深 ……………………………………………… 21
　　　　2.2.3　光学低通滤波器 ………………………………………… 23
　　　　2.2.4　衍射的影响 ……………………………………………… 24
　2.3　数码相机成像光学系统设计的几个重要方面 …………………… 25
　　　　2.3.1　设计过程举例 …………………………………………… 25
　　　　2.3.2　玻璃材料的选择 ………………………………………… 27
　　　　2.3.3　有效利用非球面透镜 ……………………………………… 28
　　　　2.3.4　镀膜 ……………………………………………………… 29
　　　　2.3.5　抑制变焦镜头出射光线的角度波动 ……………………… 31
　　　　2.3.6　设计中对大批量生产过程的考虑 ……………………… 32
　2.4　数码相机成像镜头变焦类型及其应用 …………………………… 33
　　　　2.4.1　视频变焦类型 …………………………………………… 33
　　　　2.4.2　多组移动变焦镜头 ……………………………………… 34
　　　　2.4.3　短变焦镜头 ……………………………………………… 34
　2.5　总结 ………………………………………………………………… 35
　参考文献 ………………………………………………………………… 35

第3章　图像传感器基础知识 …………………………………………… 36
　3.1　图像传感器的功能 ………………………………………………… 36
　　　　3.1.1　光电转换 ………………………………………………… 36
　　　　3.1.2　电荷收集与积累 ………………………………………… 38
　　　　3.1.3　成像阵列的扫描 ………………………………………… 39
　　　　3.1.4　电荷检测 ………………………………………………… 40
　3.2　像素中的光电探测器 ……………………………………………… 41
　　　　3.2.1　填充因子 ………………………………………………… 42
　　　　3.2.2　彩色滤光阵列 …………………………………………… 42
　　　　3.2.3　微型透镜阵列 …………………………………………… 43
　　　　3.2.4　SiO_2/Si 接触面的反射 ……………………………… 44
　　　　3.2.5　电荷收集效率 …………………………………………… 44
　　　　3.2.6　满阱容量 ………………………………………………… 45
　3.3　噪声 ………………………………………………………………… 45
　　　　3.3.1　图像传感器中的噪声 …………………………………… 45
　　　　3.3.2　固定模式噪声 …………………………………………… 46
　　　　3.3.3　暂态噪声 ………………………………………………… 50
　　　　3.3.4　拖尾和高光溢出 ………………………………………… 52
　　　　3.3.5　图像拖影 ………………………………………………… 53

3.4　光电转换特性·· 53
　　3.4.1　量子效率和响应率 ·· 53
　　3.4.2　光电转换特性机理 ·· 54
　　3.4.3　灵敏度和信噪比 ·· 57
　　3.4.4　如何提高信噪比 ·· 58
3.5　阵列的性能·· 58
　　3.5.1　调制传递函数 ··· 58
　　3.5.2　图像传感器的 MTF ·· 59
　　3.5.3　光学黑色像素和伪像素 ·· 60
3.6　光学格式和像素大小··· 60
　　3.6.1　光学格式 ·· 60
　　3.6.2　像素大小的考虑 ·· 61
3.7　CCD 图像传感器与 CMOS 图像传感器的对比 ·· 62
参考文献 ··· 63

第 4 章　CCD 图像传感器 ··· 66

4.1　CCD 基础 ··· 66
　　4.1.1　电荷耦合器件的概念 ·· 66
　　4.1.2　电荷转移机制 ··· 67
　　4.1.3　表面沟道与掩埋沟道 ·· 68
　　4.1.4　典型的结构和工作方式(两相和四相时钟) ··································· 73
　　4.1.5　输出电路和降低噪声:浮置扩散电荷检测和相关双采样 ······················ 74
4.2　CCD 图像传感器的结构和特性 ·· 76
　　4.2.1　帧转移 CCD 和行间转移 CCD ··· 76
　　4.2.2　p 衬底结构和 p 阱结构 ··· 78
　　4.2.3　抗高光溢出和低噪声像素(光电二极管和 VCCD) ····························· 79
　　4.2.4　CCD 图像传感器的特性 ··· 81
　　4.2.5　工作方法与功耗 ·· 84
4.3　数码相机的应用·· 85
　　4.3.1　数码相机的应用需求 ·· 85
　　4.3.2　隔行扫描和逐行扫描 ·· 86
　　4.3.3　成像操作 ·· 89
　　4.3.4　像元交叉阵列结构 CCD(超级 CCD) ·· 90
　　4.3.5　高分辨率的静止图片和高帧率的视频 ······································· 94
　　4.3.6　利用 CCD 图像传感器的系统解决方案 ······································ 97
4.4　发展前景·· 98
参考文献 ··· 99

第 5 章　CMOS 图像传感器 ···································· 102

　5.1　CMOS图像传感器简介 ································ 102

　　5.1.1　CMOS 图像传感器的概念 ···················· 102

　　5.1.2　基本结构 ··································· 104

　　5.1.3　像素寻址和信号处理结构 ······················ 106

　　5.1.4　卷帘式快门和全局快门 ······················· 107

　　5.1.5　功耗 ····································· 109

　5.2　CMOS有源像素技术 ································ 110

　　5.2.1　PN 光电二极管像素 ························· 110

　　5.2.2　钳位光电二极管像素 ························· 112

　　5.2.3　其他大画幅、高分辨率 CMOS 图像传感器的像素结构 ········· 116

　5.3　信号处理和噪声特性 ································ 117

　　5.3.1　像素信号读出和 FPN 抑制电路 ··················· 117

　　5.3.2　模拟前端 ··································· 119

　　5.3.3　CMOS 图像传感器的噪声 ···················· 120

　5.4　CMOS 图像传感器的 DSC 应用 ······················ 122

　　5.4.1　片上集成和 DSC 产品分类 ···················· 122

　　5.4.2　拍摄静态图像的工作顺序 ······················ 123

　　5.4.3　视频和 AE/AF 模式 ························· 126

　5.5　CMOS 图像传感器在 DSC 应用的展望 ·················· 128

　参考文献 ·· 128

第 6 章　图像传感器的测评 ···························· 132

　6.1　图像传感器的测评是什么 ····························· 132

　　6.1.1　测评的目的 ·································· 132

　　6.1.2　成像质量和图像传感器的测评参数 ·················· 132

　　6.1.3　图像传感器的测评环境 ······················· 132

　6.2　测评环境 ······································ 133

　　6.2.1　图像传感器的测评和测评环境 ·················· 133

　　6.2.2　图像传感器测评环境的基本配置 ·················· 133

　　6.2.3　测试准备 ··································· 136

　6.3　测评方法 ······································ 136

　　6.3.1　光子转换特性 ······························· 136

　　6.3.2　光谱响应 ··································· 138

　　6.3.3　角度响应 ··································· 140

　　6.3.4　暗特性 ····································· 142

　　6.3.5　光照特性 ··································· 144

　　6.3.6　拖尾特性 ··································· 145

6.3.7　分辨率特性 ································· 145

6.3.8　图像拖影特性 ····························· 146

6.3.9　缺陷 ··· 147

6.3.10　自然场景的图像再现 ················· 147

第7章　色彩理论及其在数码相机中的应用 ··········· 148

7.1　色彩理论 ··· 148

7.1.1　人类视觉系统 ····························· 148

7.1.2　颜色匹配函数和三色值 ··············· 148

7.1.3　色度及均匀颜色空间 ··················· 149

7.1.4　色差 ··· 151

7.1.5　光源和色温 ································· 151

7.2　相机光谱灵敏度 ································· 153

7.3　相机的特性描述 ································· 154

7.4　白平衡 ··· 155

7.4.1　白点 ··· 155

7.4.2　色彩转换 ···································· 156

7.5　转换显示(色彩管理) ·························· 157

7.5.1　色度定义 ···································· 157

7.5.2　图像状态 ···································· 157

7.5.3　轮廓法 ······································ 158

7.6　总结 ··· 158

参考文献 ·· 159

第8章　图像处理算法 ······························· 160

8.1　基本图像处理算法 ······························ 160

8.1.1　降噪 ··· 161

8.1.2　色彩插补 ···································· 162

8.1.3　色彩校正 ···································· 166

8.1.4　色调曲线/伽马曲线 ······················ 167

8.1.5　滤波操作 ···································· 168

8.2　相机控制算法 ···································· 171

8.2.1　自动曝光,自动白平衡 ··················· 171

8.2.2　自动对焦 ···································· 172

8.2.3　取景器以及录像模式 ···················· 173

8.2.4　数据压缩 ···································· 174

8.2.5　数据存储 ···································· 175

8.2.6　图像变焦、尺寸缩小与剪裁 ············· 175

8.3　高级图像处理:如何获取更好的图像质量 ····· 178

8.3.1 色度裁剪 ……………………………………… 179

8.3.2 高级色彩插值 ………………………………… 179

8.3.3 镜头畸变校正 ………………………………… 181

8.3.4 镜头阴影校正 ………………………………… 181

参考文献 ………………………………………………… 182

第 9 章 图像处理引擎 …………………………………… 183

9.1 图像处理引擎的关键特性 ………………………… 184

9.1.1 成像功能 ………………………………………… 184

9.1.2 功能灵活性 ……………………………………… 184

9.1.3 成像性能 ………………………………………… 184

9.1.4 帧频 ……………………………………………… 185

9.1.5 半导体成本 ……………………………………… 187

9.1.6 功耗 ……………………………………………… 187

9.1.7 上市时间的考虑 ………………………………… 187

9.2 成像引擎架构的比较 ……………………………… 188

9.2.1 图像处理引擎架构 ……………………………… 188

9.2.2 通用 DSP VS 硬连接 ASIC ……………………… 189

9.2.3 功能灵活性 ……………………………………… 189

9.2.4 帧频 ……………………………………………… 190

9.2.5 功耗 ……………………………………………… 190

9.2.6 上市时间的考虑 ………………………………… 190

9.2.7 结论 ……………………………………………… 191

9.3 模拟前端(AFE) …………………………………… 191

9.3.1 相关双采样(CDS) ……………………………… 191

9.3.2 光学黑电平钳位 ………………………………… 192

9.3.3 模数转换(ADC) ………………………………… 192

9.3.4 AFE 器件实例 …………………………………… 193

9.4 数字后端(DBE) …………………………………… 194

9.4.1 特征 ……………………………………………… 195

9.4.2 系统组成 ………………………………………… 195

9.5 未来的设计方向 …………………………………… 196

9.5.1 数码相机的发展趋势 …………………………… 196

9.5.2 模拟前端 ………………………………………… 197

9.5.3 数字后端 ………………………………………… 198

参考文献 ………………………………………………… 198

第 10 章 图像质量评价 ………………………………… 199

10.1 什么是图像质量 ………………………………… 199

10.2　参数指标 ·· 200

　　10.2.1　分辨率 ·· 200

　　10.2.2　频率响应 ·· 200

　　10.2.3　噪声 ·· 201

　　10.2.4　灰度(色调曲线,伽马特性曲线) ······················ 202

　　10.2.5　动态范围 ·· 204

　　10.2.6　色彩再现 ·· 204

　　10.2.7　均匀性(不均匀性,阴影) ······························ 205

10.3　详细的条目或者因素 ·· 205

　　10.3.1　与图像传感器相关的问题 ······························ 206

　　10.3.2　和镜头相关的因素 ···································· 211

　　10.3.3　信号处理相关的因素 ·································· 213

　　10.3.4　系统控制因素 ·· 215

　　10.3.5　其他因素:时间和运动上的注意点 ······················ 217

10.4　图像质量的一些标准 ·· 218

第11章　对未来数码相机的一些设想 ····························· 219

11.1　数码相机图像传感器的未来 ···································· 219

　　11.1.1　未来的高端数码单反相机传感器 ························ 219

　　11.1.2　未来的主流消费类数码相机传感器 ······················ 221

　　11.1.3　数字胶片传感器 ······································ 222

11.2　一些未来的数码相机 ·· 224

参考文献 ·· 225

附录A　标准光源下每勒克斯的入射光子数 ························· 227

附录B　成像系统的灵敏度和ISO感光度指标 ······················· 229

第 1 章　数码相机概览

本章简要了介绍数码相机的基本概念和数字、模拟电子相机的发展历史,讨论了数码相机的分类与各类型的基本结构,并对典型数码相机的关键组件进行了阐述。

1.1　什么是数码相机

一幅图像可以描述为"一个平面上与位置成函数关系的光强或反射率的变化"。相机是一台捕捉并记录图像的设备,其中"捕捉"是指将一幅图像中包含的信息转换成相应的以可重现方式存储的信号。

在传统的卤化银摄像系统中,图像信息被转换成胶片中的化学信号,并存储在对应的点上。因此,胶片同时具有图像捕捉和图像存储的功能。图像捕捉的另一种方法是将图像信息转换为电子信号。在这种情况下,图像传感器充当转换装置。然而,不同于卤化银系统中的照相胶片,电子照相系统中所使用的图像传感器不提供存储功能,这是电子成像系统与化学卤化银成像系统最重要的不同点(见图 1.1)。

因此,电子照相系统需要额外的设备来存储图像信号。存储功能主要采用模拟和数字两种方式实现。市场中曾出现过模拟电子相机,该相机在一种软盘上通过电磁方式记录图像信号,并且该信号是以视频信号的形式存在的。在数码相机中,来自图像传感器的信号被转换为数字信号,并存储在数字存储设备中,如硬盘、光盘或半导体存储器。

综上,从图像捕捉方法的角度划分,相机可分为两类:传统卤化银相机和电子相机。电子相机还可以分为两类:模拟相机和数码相机(见图 1.2)。因此,数码相机可定义为"利用图像传感器获取图像信息并使用数字存储设备存储被捕获的图像信号的相机"。

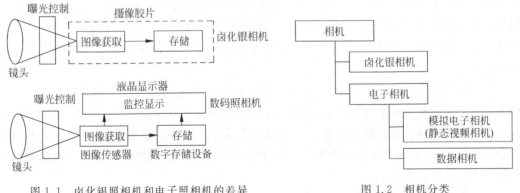

图 1.1　卤化银照相机和电子照相机的差异　　　　图 1.2　相机分类

1.2　数码相机的历史

1.2.1　早期概念

电子照相的设想由来已久,最早于1973年出现在著名的半导体制造商德州仪器公司(Texas Instruments Incorporated)提出的一项专利申请中(见图1.3)。在实施方案图中,半导体图像传感器(100)位于可伸缩镜头(106)后方,其捕获的图像信号被传输到电磁记录头(110),并存储到一个可移动的环形磁鼓中。然而由于在1973年(即该专利申请之时)图像传感器技术与磁记录技术还处在起步阶段,因此该想法并没有付诸真正的产品之中。

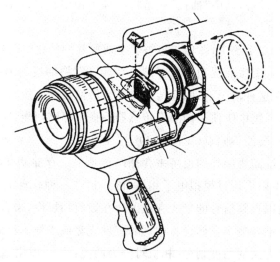

图1.3　电子相机的早期概念(USP 4057830)

此外,宝丽来(公司)于1978年申请的专利中提出了一项更先进的理念(见图1.4),该相机将图像信号记录在卡式磁带中。考虑到一幅图像之中包含了大量信息,记录一幅图像需要花费很长的时间。该相机的先进之处在于其背面有一个平面显示面板(24)来显示所记录的图像(见图1.5)。需要注意的是,当时LCD面板只能用单一的颜色显示简单的数字。

在宝丽来的专利中,另一个引人注目的地方则是在相机中内置了一个彩色打印机。宝丽来由于拍立得相机产品闻名于世,该相机的输出打印被认为是最好的,其采用的打印方法既不是喷墨技术也不是热转印技术——当时的喷墨打印机并不像现在这样流行,而热染料转印方法在1978年还不存在。事实上,它是线点阵式打印机,由插入照相机体内的纸盒为内置打印机提供色带和纸张。

以上即为1981年之前的早期数码相机的一些创意专利。

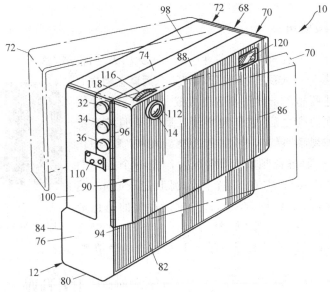

图 1.4　另一种电子相机的早期构思(USP 4262301)

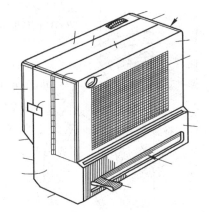

图 1.5　图 1.4 所描述的创意中的后视图

1.2.2　索尼 Mavica

1981 年对于相机制造商们而言是极其重要的一年。作为视听设备领域中的大品牌之一的索尼(公司)发布了一款电子相机的原型,称为"Mavica"(见图 1.6)。这个名字由"Magnetic Video Camera"缩写而来,顾名思义,这种原型相机将半导体图像传感器捕获的图像信号记录在磁性软盘上。该原型相机包含有单镜头反光式取景器、CCD 图像传感器、信号处理电路和软盘驱动器,此外,相机还配备了若干可更换镜头、一个卡夹式电子闪光灯和一个用于在普通电视机上查看所记录图像的软盘播放器。记录到软盘上的图像信号是一种改良的视频信号,属于模拟信号。因此,这并非一款"数码"相机,然而,这却是有史以来发布的第一款可行的电子相机。

图 1.6　索尼 Mavica(原型)

1.2.3 静态视频相机

索尼 Mavica 的发布在整个相机行业引起了很大的轰动,很多人对传统卤化银相机的前景感到强烈的担忧,甚至有人预言,卤化银相机不久后就会消失。

数家相机制造商和电子设备制造商组成了联盟来推进索尼的构想。在多次协商之后,它们建立了一套电子照相系统的标准,名为"静态视频系统",包括"静态视频相机"和"静止视频软盘"两部分。静态视频软盘(见图 1.7)是一个柔性的圆形磁盘,直径为 47mm。它有 52 个同轴圆形记录磁道,图像信号被记录在磁道 1~磁道 50 中,每个磁道存储的信息量

图 1.7   静态视频软盘

相当于一场(二分之一帧)图像(见图 1.8)。因此,一张静态视频软盘可以存储 50 场(或 25 帧)图像。所存储的图像信号是基于 NTSC 标准的模拟视频信号。

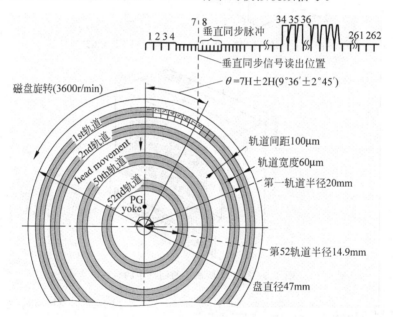

图 1.8   静态视频软盘的磁道结构

标准建立之后,许多制造商开始研发基于这套标准的相机、器材及记录媒介。例如,佳能、尼康和索尼开发了几款可以更换镜头的单反相机(见图 1.9),佳能、富士、索尼、柯尼卡、卡西欧及其他制造商开发了各类傻瓜相机(见图 1.10)并投放市场。然而,它们之中没有任

图 1.9   单反静态视频相机

图 1.10   傻瓜式静态视频相机

何一款取得了足够的销量。这些相机有许多优点,如即时回放和可擦写、可重复使用的记录媒介等,但这些都不足以吸引消费者的眼球。

1.2.4　静态视频系统为什么会失败

既然新的静态视频系统有如此多的优点,那它为什么仍然会失败呢? 主要原因在于画面质量。此系统基于 NTSC 的视频格式,换言之,静态视频软盘中记录的图像是从视频中截取的一帧或一场图像,因此其质量受扫描线数(525)限制,这意味着图像分辨率不可能强于 VGA 画质(640×480 像素)。如果通过监视器观看,这些动态图像(甚至静止图像)的质量都是可以接受的,但这样的分辨率不能用于打印。纸制打印品需要相当高的图像质量,但 VGA 的分辨率的图像,即使对于小 C 型印刷品(约 3.5in×5in,1in=2.54cm)也提供不了足够的打印质量。因此,静态视频相机的使用被局限在无须纸制打印的小范围应用中。

失败的另一个重要原因是价格。这些照相机非常昂贵,傻瓜相机标价为 1000～2500 美元,单反相机的价格则高达 5000 美元。同时,(售价昂贵的)傻瓜相机与 200 美元的卤化银相机都存在一处不足,即它们使用的都是不可变焦的定焦镜头。

1.2.5　数码相机的黎明

静态视频相机被归类为模拟电子静态相机。随着数字技术的进步,模拟向数字化的过渡变得顺理成章。在 1988 年的世界影像贸易博览会上,第一台数码相机——富士 DS-1P发布(见图 1.11)。该相机将数字图像信号记录在一块静态 RAM 卡上,该 RAM 卡的容量为 2MB。由于当时没有图像压缩技术,该卡只能存储 5 帧视频图像。

虽然这款富士原型机没有上市销售,但随着对其概念的不断改进和完善,几款数码相机陆续上市,例如苹果的 QuickTake100 和富士的 DS-200F(见图 1.12)。然而,它们的销售业绩仍然不佳,因为图像质量仍然不足以支持打印,并且价格依旧相当昂贵。很显然,除了具有数字存储功能外,它们与静态视频相机相比并没有显著的不同。

图 1.11　富士数码相机 DS-1P　　　　图 1.12　数码相机的早期模型

上述相机之中一个颇为独特的型号是 1991 年上市销售的柯达 DCS-1(见图 1.13),这款相机专门用于新闻摄影。为了满足新闻摄影师的要求,伊斯曼-柯达(Eastman Kodak)在最受摄影师们欢迎的单反相机尼康 F3 上,安装了一个 130 万像素的 CCD 图像传感器。但是,图像的存储功能却相当尴尬,摄影师们不得不单独携带一个大盒子,并通过电缆将其连接到相机主体上。这个盒子中包含一个用于存储大量图像信号的 200M 硬盘驱动器和一个黑白显示器。尽管如此,这款相机还是受到了新闻摄影师们的欢迎,因为它可以极大地缩短拍摄和图片传输之间的间隔时间。

图 1.13   柯达 DCS-1

1.2.6 卡西欧 QV-10

1994 年卡西欧发布了旗下数码相机产品 QV-10(见图 1.14),并于第二年上市销售。与大多数人的预期相反,这款相机取得了巨大成功,女性学生这类对传统相机不感兴趣的群体,也专门去抢购 QV-10。

图 1.14   卡西欧 QV-10

为什么这款相机可以取得成功,而其他类似的相机却不行呢? 显然并不是因为它的画面质量,这台相机的图像传感器只有 25 万像素,并且拍摄的图片质量远低于分辨率为 240×320 的图像。卡西欧 QV-10 是第一个内置有可查看存储图片的液晶显示器的数码相机,有了这个显示器,用户可以在拍照后立即看到图片。这或许是其成功的主要原因。

此外,这台相机创建了一种新的沟通方式,被卡西欧称为“视觉交流”。QV-10 既是一台相机,也是一个便携式图像浏览器,用户可以在拍照后,无须借助其他设备,即刻与在场的朋友共享和欣赏图片。因此,尽管这款相机的图片质量不能满足打印要求,它仍受到年轻一代的热烈欢迎。

QV-10 能获得如此成功的另一关键因素是价格。它售价仅为 65 000 日元,约合 600 美元。卡西欧为了降低成本,省略了很多功能:取消了光学取景器,改用液晶显示器作为拍照时的取景器;取消了快门叶片或变焦镜头;用于存储图像信号的半导体存储器固定在机身上且不可拆卸。不管怎样,随着这台相机的首次亮相,数码相机市场开始迅猛发展。

1.2.7 像素数量之战

随着市场的日益增长,数码相机的前景变得愈发明朗,许多厂家开始了数码相机的开发。半导体制造商也认识到其中蕴涵的重大商机,开始研发专用于数码相机上的图像传感器。

尽管卡西欧 QV-10 开创了无须纸质打印的“视觉通信”方式,但不能进行打印还是使静态相机的吸引力有所降低。对于 C 型幅面的精良印刷品,图像要求在 100 万像素以上,因此,所谓的“像素数量之战”爆发了。在此之前,大多数数码相机制造商不得不使用那些本来用在消费类视频相机上的图像传感器去制造数码相机。而在此之后,半导体制造商的研发重心转移到了开发具有更多像素的图像传感器上。

1996 年奥林巴斯发布了 C-800L(见图 1.15)型数码相机,其 CCD 图像传感器约含 80 万像素。随后,富士和奥林巴斯于次年分别发布了 130 万像素的 DS300 和 140 万像素的 C-1400L。1999 年多家厂商纷纷发布了 200 万像素的机型,而在 2000 年发布 300 万像素的机型的时候相似的情形再次发生。如此一来,消费者使用的数码相机的像素数逐年增加。2004 年出现了高达 800 万像素的傻瓜相机(见图 1.16)和 1670 万像素的单反相机。图 1.17显示了数码相机像素数的增长,横坐标是对应机型的发布时间。

图 1.15　奥林巴斯 C-800L

图 1.16　800 万像素的傻瓜相机

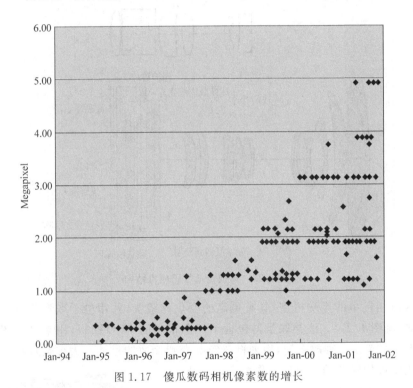

图 1.17　傻瓜数码相机像素数的增长

1.3　数码相机的类型

目前在售的各种数码相机可以分为以下几个大类。

1.3.1　傻瓜式相机

大多数流行的数码相机与卤化银傻瓜相机配置类似。对于这类相机,液晶显示器也可以作为取景器来显示所选取的场景,因此,一些机型中省略了光学取景器(见图 1.18)。然而,液晶显示器也有不足之处:在阳光直射等强光条件下人们很难看清楚其显示的图像。为了弥补这个缺点,傻瓜相机中许多机型都配有光学取景器(见图 1.19)。这些取景器大多数是实像变焦取景器,图 1.20 是该类机型的典型光学结构。

图 1.18　无光学取景器的傻瓜数码相机

图 1.19　有光学取景器的傻瓜数码相机

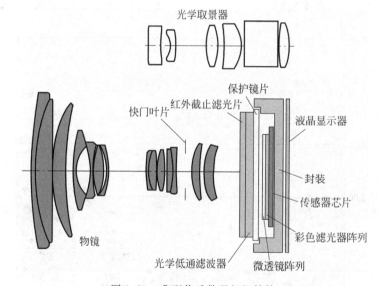
图 1.20　典型傻瓜数码相机结构

傻瓜数码相机中的高端机型,具有更高的变焦比镜头,并用电子取景器(EVF)取代了光学取景器(见图 1.21)。该类取景器包含了一个很小的 LCD 面板,用来显示图像传感器的输出图像。目镜是一种放大镜,用来将图像放大到合适的尺寸。大多数这种类型的傻瓜相机都利用图像传感器的输出信号作为自动对焦和自动曝光的控制信号。

近年来,大部分傻瓜相机均包含了拍摄运动图像的视频模式。通常,视频画面大小仅为 VGA 的四分之一,并且帧频也较低。这种视频的文件格式是动态 JPEG 和 MPEG4,且视频持续时间也是有限的。然而,这种功能将可能产生卤化银照相所无法实现的新应用。

图 1.21　带有电子取景器的傻瓜数码相机

1.3.2 单反相机

单镜头反光(SLR)型的数码相机(见图 1.22)与卤化银系统的相机相似,它们有一个通用的镜头系统,并且大多数机型有一个可兼容 35mm 卤化银单反系统的镜头卡口。数码单反相机像普通的单反相机一样有实时回位镜机制,区别主要在于数码单反相机采用图像传感器代替胶卷并且具有 LCD 显示器。然而,单反相机中的 LCD 显示屏并不用作取景器,它只用作回放存储图像的显示器。

图 1.22 单反数码相机

少数数码单反机型中的图像传感器,其产生图像的尺寸能达到 35mm 胶片格式的水平,但是大部分数码单反相机所拍摄的图像尺寸相对较小,只有 35mm 全画幅大小的一半或四分之一。因此,当安装相同焦距的物镜时,视角仅为 35mm 的单反相机的 1/1.3～1/2。近年来由于成本降低,高级业余摄影师已经有能力消费这种类型的相机了。图 1.23 是一台数码单反相机的典型光学结构。

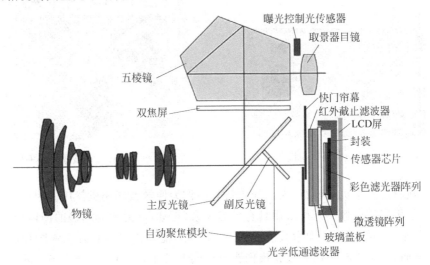

图 1.23 数码单反相机的典型结构

1.3.3 数码后背

数码后背(见图 1.24)主要由专业摄影师在摄影工作室使用。该类套件主要包含图像传感器、信号处理电路、控制电路、图像存储器,最好还有一个液晶显示器。摄影师不能单独使用这一套件来拍摄照片,而必须将其附加一个带有可更换胶片后背的中等画幅单反相机,或者一个大画幅相机来配合使用。在许多情况下,计算机通过缆线连接数码后背,以控制相机并且检查图像。使用该套件拍摄的图像尺寸要比傻瓜相机或

图 1.24 数码后背

单反相机所拍摄的大,但不如中等画幅的卤化银相机。

1.3.4 玩具相机

有一类非常简单的数码相机,单个售价约为 100 美元或更低(见图 1.25),它们被称为"玩具相机",因为生产它们的不是生产相机的制造商,而是玩具制造商。为了降低成本,这类相机的图像传感器的分辨率限制在 VGA 级别,配备的镜头是固定焦距的,存储器是不可拆卸的,并且取消了液晶显示器和内置电子闪光灯。这款相机的主要用途是网络摄像。

1.3.5 可拍照手机

十多年前,手机中已经开始内置有摄像头(见图 1.26)。它们的主要用途是为电子邮件增加图像。由于高像素图片文件往往很大,会使得通信的时间和成本增加。因此,这些相机的图像大小被限制在约 10 万像素。

图 1.25 玩具相机   图 1.26 带有内置摄像头的手机

然而,随着这类手机的流行,人们开始将它们作为便携数码相机使用。为了满足这种需求,内置在手机里的摄像头开始采用具有更多像素(例如 30 万或 80 万)的图像传感器,并且与普通数码相机一样开始了像素数量之战。2004 年,能够拍摄 300 万像素图片的手机摄像头发布。然而,由于手机中用来放置摄像头的空间非常小,其照相功能相当有限。

1.4 数码相机的基本结构

数码相机被认为是一种使用图像传感器代替胶卷的相机,因此它的基本结构与卤化银相机没有太大区别。然而,本节中将给出一些不同的观点。

1.4.1 数码相机的典型框图

图 1.27 给出了典型数码相机的结构框图。通常,一台数码相机包括一套光学和机械子系统、一个图像传感器和一套电子子系统。电子子系统包括模拟、数字处理部分以及系统控制部分。大多数数码相机中也包含一个液晶显示器、一个内存卡插槽以及与其他设备通信的连接器。本书随后将详细介绍各个组件。

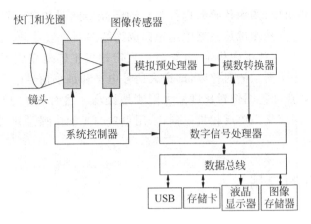

图 1.27　典型的数码相机框图

1.4.2　光学系统

数码相机的基本光学系统与卤化银相机相同,只是由于大多数机型中的图像尺寸较小而使得其焦距要短很多。然而,相机系统还需要一些额外的光学元件(见图 1.20 和图 1.23)。由于图像传感器在红外范围内有很高的灵敏度,会对图像质量产生影响,所以在图像传感器的前端要安装一个用于衰减红外线的滤波器。在图像传感器前端还需要安装一个光学低通滤波器(OLPF)用于防止图像产生摩尔纹(Moiré artifacts)。

1.4.3　成像器件

电荷耦合器件(CCDs)是数码相机中应用最普遍的图像传感器。然而由于各种原因,CMOS 传感器和其他 x-y 地址类型的图像传感器也开始用于单反相机和玩具相机中。这些成像器件的图像接收表面配有用于感知颜色信息的马赛克滤光片和能将入射光汇聚在每个像素上的微透镜阵列(见图 1.20 和图 1.23)。

1.4.4　模拟电路

图像传感器输出的是模拟的信号,这些信号通过一个模拟预处理器处理,以实现采样保持、颜色分离、AGC(自动增益控制)、电平钳位、色调调整及其他信号处理的功能。然后模数转换器(A/D)将图像转换为数字信号。通常,这种转换须达到 8 位以上的精度(如 12 位或 14 位),以便后续的数字处理。

1.4.5　数字电路

模数转换器的输出信号需经数字电路(通常为数字信号处理器或微处理器)处理。信号处理有很多种,如色调调整、RGB 与 YCC 颜色转换、白平衡和图像压缩/解压缩。用于图像自动曝光控制(AE)、自动对焦(AF)和自动白平衡(AWB)的信号也由这些数字电路产生。

1.4.6　系统控制

系统控制电路的功能是控制相机工作步骤(自动曝光控制、自动聚焦等)的先后顺序。

在大多数傻瓜数码相机中,图像传感器也作为自动曝光传感器和自动聚焦传感器使用。在拍摄照片之前,控制电路从图像传感器中迅速读取连续的图像信号,同时调整曝光参数和焦点。如果信号电平在一定范围内稳定,电路就会判定相机正确地完成了曝光工作。对于自动对焦,控制电路会分析图像的对比度,即最大信号电平和最小信号电平之间的差异。该电路的重点在于通过调焦使得图像对比度最大限度地提高。然而,对于单反数码相机而言并非如此,这些相机如同卤化银单反相机一样,采用单独的光学传感器分别进行曝光控制和自动调焦(见图 1.23)。

1.5　数码相机的应用

1.5.1　新闻摄影

在各类相机的用户中,新闻摄影师们对数码相机最为热衷。从数码相机的鼻祖——静态视频相机上市之初,他们就对其显示出了极大的兴趣。他们最关心的是如何能尽早地将拍摄的照片从发生地发回总部。直到 1983 年,新闻摄影师们还在使用滚筒式图像发射器,这种发射器需将打印后的图像包裹在滚筒上,从而进行图像传送。底片发射机(见图 1.28)能够通过负片直接传送图像。由于不再需要进行晒印,因此图片传送时间大大缩短,但仍需对底片进行显影。

使用电子相机可以省略底片显影过程,输出信号可以直接通过电话线发送,这可大幅节省时间。静态摄像机发布后,许多报纸摄影师马上对其进行测试,但结果却不尽如人意。这些相机的图像质量太差,甚至不能用作粗糙的报纸照片。他们不得不等待,直到百万像素级的数码相机出现(见图 1.29)。

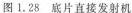

图 1.28　底片直接发射机　　　图 1.29　用于报纸摄影的百万级像素数码相机(尼康 D1)

在奥林匹克运动会举办的这些年间,新闻摄影技术取得了重大创新。1988 年的汉城(即现在的首尔)奥运会中,新闻摄影师们尝试使用数码相机进行新闻图片拍摄,但实际上只有几张照片被采用。在 1992 年的巴塞罗那奥运会上,他们试用了百万像素级数码相机。在 1996 年的亚特兰大奥运会上,新闻摄影师们使用的相机中约一半是数码相机。在 2000 年的悉尼奥运会上,这一比例变为接近 100%。

1.5.2　印刷出版

印刷出版技术很早就实现了计算机化,如 CEPS(彩色电子印前系统)、DTP(彩色桌面出版系统)等。在这类系统中,只有图像输入器件(即照相机)不是数码的。随着数码相机技术的进步,它们逐渐被引入到打印系统中。

最初,数码相机被印刷广告传单的印刷商或登载二手车信息的杂志所使用。因为他们使用的图片都比较小,而且不需要非常高的分辨率,他们更注重的是照片的立等可用性。由于图像质量不断提高,数码相机逐渐在那些为普通宣传册、商品目录或杂志拍摄图片的商业摄影师们中流行。现在,很多摄影师都开始选择使用数码相机来取代卤化银相机。

1.5.3　网络应用

网络应用是数码相机独有的新应用领域,这对于传统的卤化银相机而言是很难实现的。人们可以轻松地将数码相机拍下的图片通过电子邮件发送给朋友或者上传到网站上。因此,卡西欧 QV-10 提出的"视觉通信"已经扩展到各种通信方法上,这种扩张也催生了带有内置摄像头的手机。

1.5.4　其他应用

数码相机为各种摄影领域开辟了一个新的世界。例如,天文摄影者可以使用带制冷 CCD 的相机,增加所能观测到的恒星的数量。在医疗领域,内窥镜不再需要光纤束制成的昂贵的图像引导器,通过图像传感器和视频监视器的组合使用,可以很容易地显示出来自人体内部的图像。因此,可以看出数码相机已经大大改变了并将继续改变与摄影相关的各项应用。

第 2 章　数码相机中的光学系统

近年来,数码相机的拍照质量大幅提升,已经完全可以与传统的 35mm 胶片相机相媲美,这主要得益于半导体制造技术的发展。随着半导体制造技术的发展,成像单元中的像素间距减小,因而提高了每幅图像的总像素数。

然而,这其中也有其他重要因素的影响。首先,高性能成像光学器件的发展,与像素中心距的减小保持同步;其次,图像处理技术得到改进,可以将大量的数字图像数据转换为人眼可见的形式。成像光学器件、成像单元和图像处理技术分别与人体中的眼睛、视网膜和大脑相对应。如果我们要获得足够高的图像质量,这 3 部分都必须有很好的性能。

本章将阐述数码相机中的成像光学器件(或者称为"眼睛"),重点是相机中用到的光学元件的原理及其设计中的一些关键问题。鉴于本书并非专供光学领域的专家参考,因此书中省去所有不必要的参数,尽量采用通俗易懂的描述,而不是给出严谨科学的解释。如果想了解相关话题的更加科学严谨的阐释,读者可以阅读相关的专题文献。在本章中,我们将光学系统中用来提供图像的透镜称为"成像镜头",而将包括所有滤光器在内的整个光学系统称为"成像光学系统"。诸如 CCD 器件之类的成像元件不属于成像光学系统。

2.1　光学系统基础及光学性能评价标准

本节首先介绍一些理解数码相机的成像光学系统不可缺少的预备知识:对光学系统的基本认识,以及在讨论光学系统性能时用到的一些关键术语。

2.1.1　光学系统基础

首先,解释一些基本的术语,如焦距和 F 数。图 2.1 展示的是用一个非常薄的凸透镜对一个很遥远的物体进行成像。当物体离得很远时,光线从物体所在的一侧(光学文献中通常是物体在左侧,成像元件在右侧)照射到薄透镜上,并以平行光束进入透镜。光束被透镜折射,并聚焦在距离透镜 f(焦距)的一个点上。由于图 2.1 是简化的示意图,它只画出了透镜光轴 L 成像光束中的上下两条光线。

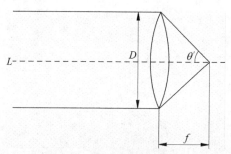

图 2.1　单透镜成像示意图

对于一个非常薄的透镜来说,它的焦距可以用式(2.1)来计算。其中,R_1是物体所在一侧透镜的曲率半径,R_2是像所在一侧透镜的曲率半径,n是透镜的折射率。在这个等式中,当物体所在一侧透镜是凸面时,透镜表面的曲率半径(R_1)是正数;而当像所在一侧透镜是凸面时,透镜表面的曲率半径(R_2)是负数。

$$\frac{1}{f} = (n-1) \cdot \left(\frac{1}{R_1} - \frac{1}{R_2} \right) \tag{2.1}$$

例如,对于一个非常薄的透镜,它的两侧都是凸面体,折射率是 1.5,R_1 和 R_2 值分别是 10 和 -10,那么它的焦距就是 10mm。从上面等式中我们还可以看出,$\frac{1}{f}$ 与 $(n-1)$ 正相关。因此,只需将折射率从 1.5 增加到 2,就可以使透镜的焦距减半。

当然,实际的透镜都有一定的厚度,如果用 d 来表示一个透镜的厚度,就可以得到下面的关系式:

$$\frac{1}{f} = \frac{n-1}{R_1} + \frac{1-n}{R_2} + \frac{d(n-1)^2}{nR_1R_2} \tag{2.2}$$

从这个等式中可以看出,对于一个两侧都是凸面的透镜来说,透镜越厚,它的焦距越长。这个等式也可以用来计算由两个非常薄的透镜所组成的透镜的组合焦距。因此,如果用 f_1 表示第一个透镜的焦距,用 f_2 表示第二个透镜的焦距,用 d 表示两个透镜的间距,则对应的式(2.2)就可以写成式(2.3)。

$$\frac{1}{f} = \frac{1}{f_1} + \frac{1}{f_2} - \frac{d}{f_1f_2} \tag{2.3}$$

焦距的倒数体现了透镜的折光能力,称为透镜焦度。也就是说,一个透镜的焦度很大意味着它的折射本领很强,这与我们讨论的眼镜的透镜折射本领强的意思是一致的。这些术语在 2.4 节中讨论变焦类型时还要用到。

为了更好地理解多透镜组合对焦距的影响,可以参考图 2.2 和图 2.3。在图 2.2 中,第一个透镜是凹透镜,第二个透镜是凸透镜,整体作用等效于只在位置 A 处放置了一个透镜,因此,整个透镜组长度相对于其焦距而言很长。这种组合型被称为逆望远型,它经常被应用在广角镜头和紧凑型数码相机变焦镜头中。等效透镜的位置被称为主点(或者更确切地,称为后主点)。

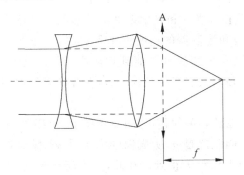

图 2.2　逆望远型镜头示意图

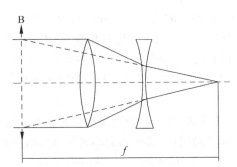

图 2.3　望远型镜头示意图

图 2.3 中展示了相反的情形,其中第一个透镜是凸透镜,第二个透镜是凹透镜,整体作用等效于只在位置 B 处放置了一个透镜,这种组合结构使得整个透镜组的长度可能短于焦

距。这种组合型称为望远型,被广泛应用在长焦镜头和紧凑型胶片相机的变焦镜头中。然而,尽管这种组合结构可以缩短总体透镜的长度,但其在紧凑型数码相机中并没有被采用,2.3.5 节将解释其中的原因。

除了之前讨论的折射,使光线产生弯曲的主要方法还有反射和衍射。例如,反射式镜头主要依靠反射使光线产生弯曲,一些新上市的单反相机的镜头中部分采用了衍射。即使在数码相机的成像中衍射未被积极采用,衍射的影响有时也是不可避免的,这一点将在 2.2.4 节中进一步讨论。

镜头的 F 数(F)以图 2.1 中聚焦光束张角的一半 θ' 为自变量的函数表达式,如式(2.4)所示:

$$F = \frac{1}{2\sin\theta'} \tag{2.4}$$

事实上,由于与光束的横截面积相关,镜头的亮度(像平面的亮度)与 F 数的平方成反比,这意味着 F 数越大,通过镜头的光量越少,所成的像就越暗。前面的等式还说明了 F 理论上的最小值(最亮)是 0.5,而实际中,市面上最亮的照相镜头的 F 数大约是 1.0,原因在于要对各种像差进行校正,这一点后面将有讨论。紧凑型数码相机中采用的最亮的镜头的 F 数大约是 2.0。当 θ' 的值很小时,如果用 D 表示入射光束的直径,那么 F 可以近似用下面的等式进行计算,很多书中都采用了这个等式:

$$F = \frac{f}{D} \tag{2.5}$$

然而,这个等式会导致我们错误地认为只需增大镜头的尺寸就可以使 F 数无穷减小。因此,须谨记式(2.4)是定义式,而式(2.5)只是用来近似计算的。

另外,因为实际镜头的性能还被其表面对光的反射和内部光学材料对光线的吸收所影响,所以镜头的亮度不能只用 F 数来表示。很多场合下亮度还可以用 T 数来表示。T 数与 F 数基本相当,只是额外考虑了成像光学器件的透明度(T)。为了提高成像光学器件的透明度,必须抑制光学系统元件(如镜头)表面的反射现象。对反射的抑制可以通过使用镀膜实现,这一点将在 2.3.4 节中论述。

一般而言,对于大部分透镜数相对较少的紧凑型相机,成像透镜对典型波长(大约550nm)的光的透明度在 90%～95% 之间。对于采用十个或者更多透镜来实现高倍率变焦的相机,相应的透明度一般大约为 80%。红外截止滤光片和光学低通滤波器的组合透明度在 85%～95% 之间。这意味着,考虑到这些透镜和滤波器的透明度水平,例如当成像透镜和滤波器的透明度都是 90% 的情况下,进入相机的光最多 80% 能到达成像元件。实际上,更严格地讲,我们还应该考虑由覆盖成像元件的玻璃板引起的光损失,以及光在元件内部的损失。

接下来,我们讨论当物体离相机有限远时成像的相关问题,如图 2.4 所示。与图 2.1 相比,在这幅图中,物体的大小是 y,它与透镜之间的距离是 a,所成像的大小是 y',像与焦点的距离是 q(与透镜的距离是 b)。距离 p 由 a 减去焦距 f 得到。在此,为了简单起见,规定所有这些字母都代表绝对值,而不再赋予它们正值或负值。由此得到下面简化的几何关系,其中 m 是像的放大倍数:

$$m = \frac{y'}{y} = \frac{q}{f} = \frac{f}{p} = \frac{b}{a} \tag{2.6}$$

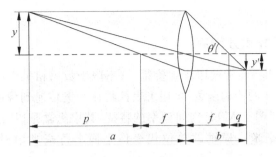

图 2.4　单个透镜示意图

将 $p=a-f$ 代入上式,得到下面著名的等式:

$$\frac{1}{f} = \frac{1}{a} + \frac{1}{b} \tag{2.7}$$

像与镜头之间的距离,在物体与镜头之间距离为有限远的情况下,要远大于物体离镜头很远的情况,因而此时像平面(成像元件的表面)的亮度更低,就像人离窗户越远,从窗户向外看东西越暗一样。在这种情况下,相应的 F 数被称为"有效 F 数",并且可以使用与式(2.5)同样的方法计算它的近似值 F':

$$F' = \frac{f+q}{D} = \left(1 + \frac{q}{f}\right) \cdot \frac{f}{D} = (1+m)F \tag{2.8}$$

因此,一个 $F2.8$ 的镜头产生的与实物等大的像的亮度,与一个 $F5.6$ 的镜头所产生的是一样的。因为正如前文所述,当 F 数进行平方后,亮度(像平面的亮度)会降为远距离物体所成像的亮度的 $\frac{1}{4}$。像平面的亮度 E_i 可以写成式(2.9),其中 E_0 是物体的亮度(照度)。无论如何,从本质上讲,我们可以认为亮度与有效 F 数的平方成反比,而与光学系统的透明度(T)成正比。

$$E_i = \frac{\pi}{4} E_0 T \left(\frac{1}{(1+m)F}\right)^2 \tag{2.9}$$

这个等式给出了像中心的亮度,但是像边缘的亮度一般要比这个值低。这就是所谓的边缘照度衰减效应。对于一个非常薄的、不存在渐晕效应和畸变像差的镜头,其边缘照度衰减与 $\cos^4\theta$ 成比例,其中 θ 是光束偏离物侧的被拍摄区(视野的一半)的光轴的角度,这被称为余弦四次方定律。然而,由于镜头参数的影响,像边缘的实际光量可能比理论值要高,或者说畸变(失真的总称)的影响并不可忽略。前者在某些情况下可以被观察到,例如,一个高倍率的广角逆望远镜头,从前面以一定角度看过去,镜头的开口(光圈的像)比从前面直接看过去更大。对于倾向于负畸变(桶形畸变)的广角镜头,同样条件下的效果是拍摄到的像的边缘被压缩,从而改善了边缘照度。如何将这种效应与成像元件进行搭配是相机设计中不可避免的问题,这一点将在 2.3.5 节中进一步论述。

在成像光学中,正如前文所述,视场角是前面提及的 θ 角(视场角的一半)的两倍。成像元件记录区的半径是 y',y' 和 θ 之间的关系可以用下面的等式来表达:

$$y' = f\tan\theta \tag{2.10}$$

关于"广角镜头"和"望远型镜头"没有明确的定义,视场角 $\geqslant 65°$ 的镜头一般归为广角型,而视场角 $\leqslant 25°$ 的镜头被归为望远型的。

2.1.2　调制传递函数和分辨率

调制传递函数(MTF)经常被用作评价镜头(不限于数码相机中所使用的)成像性能的标准。MTF 是空间频率的传输函数,是用来表征物体图案传递到像的忠实度的一种方法。图 2.5 中的曲线举例说明了 MTF 空间频率的特征,其中纵轴是以百分数表示的 MTF,横轴是空间频率(线对/毫米),横轴的单位代表像平面上每毫米拍摄到的亮线和暗线(线对)数。

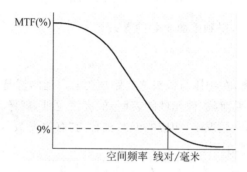

图 2.5　MTF 空间频率特征曲线示例

如图 2.5 所示,一般 MTF 的示意图都会表现为一条向右衰减的曲线,这是因为空间频率越高(物体图案中的细节越多),镜头对物体的再现能力越弱。这些曲线很好地体现了对从粗糙图案到精细图案范围内的对比度的再现能力。关于这一方面,"分辨率"一词也经常被用到,它是对细节捕捉能力的一种评价指标,而且线对/毫米也被广泛地用作分辨率的单位。

当镜头用于电子成像时(如数码相机和摄像机中的镜头,尤其是后者),电视线也被用作分辨率的单位。它基于电视中扫描线的概念,并由"线对×2×成像元件记录平面垂直方向上的尺寸"得到。例如,对于 1/1.8 的 CCD,100 线对/毫米的分辨率大约等价于 1000 电视线。一般而言,"高分辨率"指的是镜头的锐度高,能很好地再现精细的图案。

由此,MTF 和分辨率之间存在非常密切的关系,这一点将在 2.2.4 节中详述,但是图像扫描线数目的理论极限在 MTF 大约为 9％时取到。实际中的镜头,由于受到像差等因素的影响,它的分辨率的极限一般是 MTF 在 10％～20％之间时取到,这一点将在后面讨论。简而言之,可以认为高频率下的高 MTF 值指的是清晰度,而中等频率下的高 MTF 值指的是对普通物体对比度的再现能力。

图 2.6 展示了三种模式下的 MTF 空间频率特征。在这幅图中,C 模式的 MTF 在中等频率时低,而在高频时保持平坦,这表明由于没有对亮暗的调制,当拍摄精细的图案时总体对比度不够高。相比之下,模式 B 中 MTF 在中等频率时高,但在高频时低,这相当于高对比度和低分辨率,这样拍摄的图像会模糊不清。模式 A 在高频和中等频率时 MTF 都高,这样拍摄的图像具有良好的对比度和分辨率。图 2.7 展示了三种模式 MTF 空间频率特征下拍摄的图像。

然而,MTF 不是普适的图像质量评价工具,因为它经常会导致误解,所以使用时要格

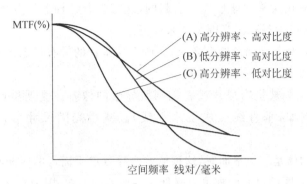

图 2.6　（本图参见彩页）三种模式的 MTF 空间分辨率特征

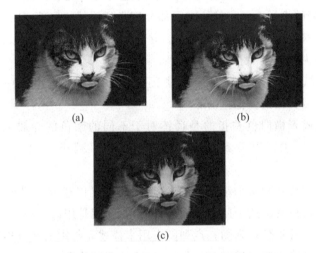

图 2.7　（本图参见彩页）三种模式 MTF 空间分辨率特征下拍摄的图像
（a）高分辨率、高对比度；（b）低分辨率、高对比度；（c）高分辨率、低对比度

外小心。例如，即使 MTF 很高，实际的图像在 MTF 受限于色差或者彗形像差的区域仍然会出现差异。失真对 MTF 没有直接影响。这些类型的像差将在下一节中详述。

2.1.3　像差和点列图

镜头的理想成像，简单来说，应当满足以下几个条件：

- 点所成像仍为点。
- 平面所成像仍为平面。
- 物体和它的成像形状一样。

镜头不能满足这些条件的原因在于其中存在像差。1856 年，赛德尔对镜头像差进行了数学上的分类。当用多项式去近似球面（镜头的表面）时，最多用到三阶多项式的像差称为三阶像差，接下来的阐述仅限于这些像差，而在实际镜头设计时不可避免地要考虑更高阶的像差。

根据赛德尔的分类，单色光受到 5 种基本的三阶像差的影响，该 5 种三阶像差统称为赛德尔像差（还有 9 种五阶像差，统称为施瓦兹蔡尔德像差）：

（1）球面像差是由镜头的球形表面引起的，这意味着光轴上的点光源形成的像不能聚焦到一个点上，这可以通过减小光圈尺寸来校正。

（2）彗星像差：对于光轴外的点光源，会产生彗星状的带有尾巴的光斑，这通常也可以通过减小光圈尺寸来校正。

（3）像散：点光源被投影成线或者椭圆所导致的像差。受到焦点的影响，线的形状像是旋转了 $90°$（例如，垂直线变成了水平线）。减小光圈尺寸可以降低这种像差的影响。

（4）场曲：当物体是一个平面时，这种像差会导致焦平面弯曲成碗状，从而导致像的边缘模糊不清。减小光圈的尺寸同样可以降低这种像差的影响，因为它增加了焦深。

（5）畸变：使图像产生扭曲的像差。之前讨论的有时会在广角镜头中出现的桶形畸变，它就是一种畸变的例子——将像的中间部分扩张到顶部和底部，从而看起来像一个桶的形状。这种像差本身不会对 MTF 产生影响，并且不能通过减小光圈尺寸来校正。

下列像差统称为色差：

（1）轴向的或纵向的色差指的是透镜对于不同的颜色（波长不同）的光有不同的焦点。减小光圈的尺寸可以补偿这种像差的影响。

（2）倍率色差或者横向色差指的是透镜对于不同的颜色的光放大倍率不同。于是，从像的中心向边缘看去可以看到点对称的色彩扩散。减小光圈尺寸并不能校正这种像差。

这些像差可以用像差图来表示，但只有这个图还不足以让读者对镜头的性质有一个完整的认识。点列图可以解决这个问题。而所谓点列图，就是用许多点来表示的点光源的像。图 2.8 举例说明了一种彩色点列图。点列图中用来描述光与影的函数称为点扩散函数。当用傅里叶变换将其转换到实数域时，得到之前讨论的调制传递函数。

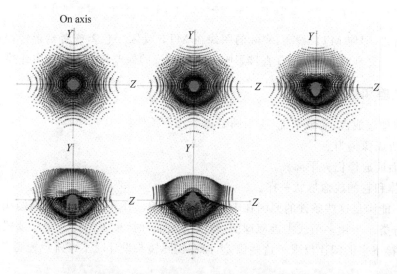

图 2.8 （本图参见彩页）彩色点列图示例

2.2　数码相机中光学系统的特点

在这一节中,我们讲述数码相机中用到的成像光学系统的特点,重点探究它们与传统胶片相机中的光学系统的区别。2.3 节涉及数码相机成像光学系统中一些重要的设计考虑,本节仅限于讨论外部特征。

2.2.1　数码相机成像光学系统的配置

图 2.9 中展示了数码相机中成像光学系统的典型配置。数码相机成像光学系统一般包括成像镜头、红外截止滤光片和光学低通滤波器(OLPF)。除此之外,还有成像元件,例如电荷耦合器件(CCD)。正如前文所述,在本章中,将光学系统中用来成像的那部分称为成像镜头,而将包括所有滤光器在内的整个光学系统称为成像光学系统。成像元件(如 CCD)不包括在成像光学系统中。

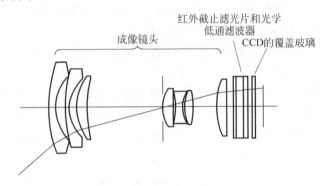

图 2.9　数码相机中成像光学系统的典型配置示例

成像镜头(如变焦镜头)由一组透镜组成,通过改变这组透镜之间的距离实现缩放的功能。关于如何设计该组透镜以及数码相机镜头和胶片相机镜头之间的区别将在 2.3.5 节和2.4 节详述。

红外截止滤光片,正如它的名字所示,是用来过滤掉红外光的滤光器。之所以需要这些滤光器,是因为 CCD 等成像元件由于自身特点而对红外光很敏感,而这些红外光并不应该被成像元件所感知。红外截止滤光片一般放置在成像镜头后面(位于镜头与成像元件之间),但有时也会放在前面(物体所在一侧)。大部分红外截止滤光片是吸收型的滤光器,但也有一些是反射型的——通过蒸镀在滤光片上淀积一层薄膜。还有一些滤光片对这两种手段进行了综合运用。

光学低通滤波器一般放置在成像镜头和成像元件之间靠近后者处。OLPF 将在 2.2.3节详述。

2.2.2　景深和焦深

数码相机,尤其是紧凑型数码相机的主要特点之一,就是它将"大景深"和"小焦深"结合在了一起。本节将详细介绍这一特点。

景深,即物体在像清晰时所在的区域范围(深度),与成像光学器件的焦距的平方成比例。δ 是明晰圈,在此圈范围内可以认为对焦完成。超焦距 D_h(当用其进行对焦时,焦点实际上被设定在无穷远)由下式得出:

$$D_h = \frac{f^2}{F\delta} \tag{2.11}$$

从上面的等式可以看出,当焦距变小时物体的景深增长得很快。对于 35mm 的胶片,从对角测得的图像的尺寸一般是 43.27mm;而主流的紧凑型数码相机中的 CCD 成像区域的对角线长度是 5~11mm。给定具有相同视场的镜头,焦距 f 与 CCD 成像区域的对角长度成比例。例如,假定我们要比较相同大小的印刷图像的质量,在对于数码相机成像元件像素间距足够小的情况下,明晰圈 δ 也与对角长度成比例。因此,假如镜头的 F 数相同,δ 实际上与焦距 f 成比例且超焦距变长。当数码相机是单反型时,成像元件更大,这意味着景深更小,适用于人像拍摄,因为此时的背景应当虚化。对于紧凑型数码相机而言,以这种方式使背景虚化很难,但其不需要减小光圈就可以获得景深很大的图像。

对于一个 35mm 的相机,明晰圈 δ 一般大约是 35μm。至于这个数据的合理性,有一种观点认为,可以通过对一些指标的计算来表明这个数据是合理的,而这些指标包括根据最终打印出的图像确定的相机区分图像上两点的能力。

焦深 Δ 指的是成像元件一侧的深度,可以简洁地表达为式(2.12):

$$\Delta = F\delta \tag{2.12}$$

因为焦深 Δ 与明晰圈 δ 和 F 数都成正比,所以对于成像元件的对角距离小的紧凑型数码相机,它的焦深也小。表 2.1 列出了计算 35mm 胶片相机和紧凑型数码相机的景深和焦深的一些具体例子。表中的这些例子比较了 38mm $F2.8$ 镜头下转换成 35mm 胶片格式时不同尺寸图像的超焦距和焦距。

表 2.1　35mm 胶片相机和 DSCs 景深与焦深比较($F2.8$)

	f	像素数	像素间距	成像圈	δ	D_h	Δ
35-mm film	38mm			ϕ43.27mm	35μm	14.7m	98μm
Type 1/1.8	7.8mm	4Mpixels	3.125μm	ϕ8.9mm	6.3~7.5μm	3.4~2.9m	17~21μm
Type 1/2.7	5.8mm	3Mpixels	2.575μm	ϕ6.6mm	5.2~6.2μm	2.3~1.9m	14~17μm

例如,对于一个 35mm 的胶片相机,它的 38mm $F2.8$ 镜头的超焦距是 14.7m,但是对于使用 1/2.7 型成像元件且具有相同视场的镜头,它的焦距是 5.8mm。给定一个 3 百万像素的成像元件,镜头的 F 数是 2.8,则它的超焦距大约是 2m。换言之,对焦到 2m,从物体距离相机 1m 到无穷远时都可以获得清晰的像,从而使得相机真正工作在超焦距模式。

上述的工作方式势必导致焦深非常小。对于 35mm 的胶片相机,如前文所述其明晰圈 δ 大约是 35μm,在 $F2.8$ 的镜头下计算出的焦深是 98μm。换言之,图像的聚焦范围在胶片前后 98μm 的范围内。数码相机中明晰圈的大小可以通过多种方法来确定,一般选在 2~2.4 倍的成像元件像素间距的范围内。例如,对于前面提到的 1/2.7 型成像元件,明晰圈大小在 5.2~6.2μm 之间,从而在 $F2.8$ 的镜头下,它的焦深在 12~20μm 之间,或者大约是 35mm 胶片相机对应深度的 1/6。一般来说,用户对景深不太感兴趣,但却要求生产商能提供高精度的调焦装置。另外还要求镜头能提供较高的场平整度以减小场曲。

2.2.3　光学低通滤波器

正如前文所述，一般情况下光学低通滤波器（OLPF）是当前主流的数码相机和便携式摄像机不可或缺的一部分。它们一般由液晶或铌酸锂材料的双折射薄板构成，但有时也用衍射光学元件或特殊的非球面替代。双折射是材料的一种性质，它使得材料根据光偏振方向的不同而表现出不同的折射系数。简而言之，双折射材料就是一种具有两种折射系数材料。很多读者应该有过这样的经历——透过一块悬在书本上方的方解石板，可以观察到文字将出现在不同的位置。如果将两个折射系数分别记为 n_e 和 n_o，用 t 表示 OLPF 的厚度，则分开两点的距离（如文字发生错位的位移）可以表示成式（2.13）：

$$S = t \cdot \frac{n_e^2 - n_o^2}{2 n_e n_o} \tag{2.13}$$

成像元件中的像素间距是固定的，这将致使物体通过透镜形成的图像和成像元件中的图像发生重叠，从而导致莫尔效应。插入 OLPF 的目的在于减小这种效应的影响。为了防止高频成分导致莫尔效应（伪色图），高于奈奎斯特频率的频率成分都应该被消除。这个过程的详情是另一章的主题，在此我们只简单讨论它对光学性能的影响。

图 2.10 举例展示了成像镜头的 MTF 频率特性和典型 OLPF 的 MTF 频率特性。通过将两者结合，我们将成像光学系统的最终光学性能看作一个整体，于是，完全没有必要考虑高于 OLPF 截止频率的频段上镜头的表现如何。例如，如果将奈奎斯特频率作为 OLPF 的截止频率，并使用像素间距为 $3.125\mu m$ 的 CCD（等价于 1/1.8 型、四百万像素的 CCD），通过简单计算得知，高于 160 线对/毫米频率下的 MTF 值变得无关紧要。因此，如果我们使用这类 CCD，即使成像镜头的分辨率为 200 线对/毫米甚至更高，也并不能起到什么作用。

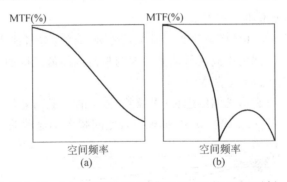

图 2.10　(a)成像镜头和(b)典型 OLPF 的 MTF 示例

然而，因为镜头的功能不会在高频时突然消失，为了确保在低频时 MTF 足够高，高分辨能力的镜头一般还是必要的。在此，主要目的是确保镜头在低于 OLPF 截止频率的频段上的性能，而且从奈奎斯特频率的 30%～80% 这一段范围所对应的 MTF 水平很重要。实际产品中的截止频率会因生产商的不同而有微小的变化，但基本上都会设定成高于奈奎斯特频率。

OLPF 由液晶等材料根据各种不同的结构组成，包括由多层液晶板组成的复合滤波器，带有镶嵌在其他层中的相位板的滤波器，以及只包括一层液晶板的简单滤波器。产品规格也因生产商的不同而有所变化。在实际的数码相机中，除成像光学器件的 MTF 外，其他因素也影响着最终全局的图像质量。这些因素包括成像元件(包括像素的孔径比和滤色器的位置等参数)导致的 MTF 衰减和图像处理(边缘锐化等)导致的 MTF 变化。

2.2.4　衍射的影响

在本章开篇时,我们提到了数码相机成像元件中像素间距微小化上的最新进展,这使得明晰圈的尺寸也逐步减小,紧凑型数码相机受到这一进展的影响尤为显著。像素间距如今已经发展到只有光波波长五六倍的水平,我们将不可避免并且愈发强烈地感受到衍射带来的影响。人们相信今后像素间距仍会不断减小,所以这个问题将变得更加紧迫。

光有放射和波动的特性。对于传统的胶片相机中的成像光学器件,其设计考虑仅限于所谓的几何光学(折射和反射)内;但对于拥有很小像素间距的现代数码相机而言,必须考虑衍射并采用波动光学去处理其设计问题。衍射涉及光线在物体周围弯曲的方式。一个人站在两座楼之间仍然可以听到广播,是因为从广播电台发出的信号的传播路径在楼的周围发生弯曲并进入到两楼之间的空间中。我们可以将光简单地看成超高频的无线电波,它以同样的方式弯曲进入到非常小(用显微镜才能看到)的区域。

在将光简单看作直线的几何方法中,一个点状物体(该物体就是一个点)用无像差镜头所成的像可以被聚焦成一个完美的点。然而,在波动光学中需要考虑波动性,故所成的像不再聚焦成一个点。例如,给出一个圆形小孔和一个无像差镜头,就能形成一个被一系列暗的同心圆所包围亮斑。这就是著名的艾里斑,而且第一级圆环(一级衍射光)的亮度只有中心亮度的 1.75%;虽然它很暗,但它确实存在。第一个暗环的半径 r 由式(2.14)得到,其中 λ 是波长,F 是 F 数。

$$r = 1.22\lambda F \qquad (2.14)$$

这表明半径很大程度上取决于 F 数。

瑞利将这段到第一暗环的距离作为对两个点光源图像的分辨能力的标准,这就是著名的瑞利极限,而且两点之间的中间区域的光强大约是两点峰值强度的 73.5%。作为一个尺度,瑞利极限与空间频率的倒数相关。

图 2.11 展示了具有圆形光圈的理想(无像差)镜头的 F 数与氦的 d 线(587.56nm)单色光的 MTF 频率特征的关系曲线。其中,横轴代表空间频率 ν,这种关系用式(2.15)表达:

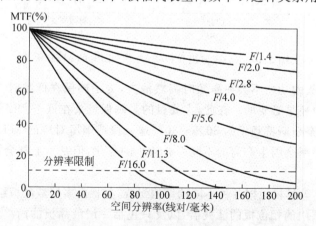

图 2.11　F 数和 MTF 关系图

$$MTF(\nu) = \frac{2}{\pi} \cdot (\cos^{-1}(\lambda F\nu) - \lambda F\nu \sqrt{1-(\lambda F\nu)^2}) \qquad (2.15)$$

如果我们用式(2.14)所确定的 $1/r$ 代替上式中的 ν,则 MTF 的值为 8.94%。这样,以瑞利极限为前提,理想条件下 MTF 大约是 9% 的点对应着在瑞利极限处的空间分辨率线数。

这样,如果我们将理想条件下瑞利极限处的分辨率线数作为 MTF 大约是 9% 时的线数,则以 $F11$ 为例,就约等于 123 线对/毫米。这比之前提到的 $1/1.8$ 型 400 万像素的 CCD 对应的奈奎斯特频率(160 线对/毫米)要低。由此我们得知,对于具有百万像素成像元件的镜头,应该尽可能避免小的光圈。避免使用小光圈的方法有提高快门速度和使用减光镜。

另外一种考虑分辨率的方法是认为在两点之间的区域内没有光强损失,也就是说,这两点是完美连接的。这被称为 Sparrow 分辨率,并得到式(2.16)。然而,这在成像光学中几乎没有被使用过。

$$r' = 0.947\lambda F \qquad (2.16)$$

事实上,由于像差的影响,大部分情况下 MTF 在 $10\%\sim20\%$ 之间时才取到分辨率的极限。

表 2.11 展示了具有圆形光圈的理想镜头的 MTF 特性,然而,随着光圈形状的变化,衍射的影响也有些许不同。图 2.12 展示了理想 $F2.8$ 镜头的光圈形状分别为圆形、矩形(方形)和菱形时各自的单色光的 MTF 频率特性曲线。同样,如果我们的目标仅仅是为了提高分辨能力,那么通过在成像光学中插入一个分布式强度的滤波器(比如,使用变迹滤镜或者"超分辨力"滤镜)可以实现一定程度的控制。

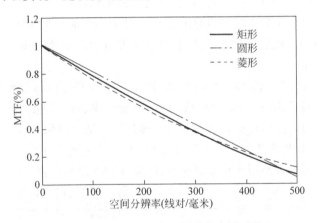

图 2.12　理想 $F2.8$ 镜头在不同形状光圈下的 MTF

2.3　数码相机成像光学系统设计的几个重要方面

在这一节中,我们要讨论数码相机成像光学系统的设计流程以及其中必须考虑的一些关键问题。

2.3.1　设计过程举例

图 2.13 展示了一种典型的光学系统设计流程。

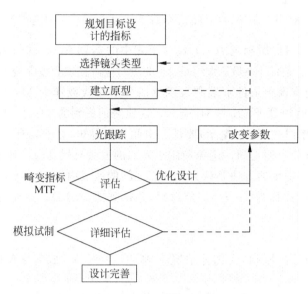

图 2.13　典型的光学系统设计流程

（1）规划光学指标（如焦距、F 数和变焦倍率）以及目标设计指标。后者包含了如光学性能指标、总长度和直径等的物理指标。

（2）选择镜头的类型。如 2.4 节所述，由于最佳镜头类型会随着设计指标的变化而不同，高效的镜头设计需要提前选择与指标相符的一些镜头配置。

（3）建立一个能实现设计基本功能的原型。对于一个简单的镜头系统，在分析镜头初始形状时可能要用到一些数学方法。然而，目前大部分情况下都是根据已有镜头的数据手册和经验来决定起始点。

（4）对通过镜头的光（光路）进行仿真，并依据光学性能与目标参数的相符程度来评价仿真结果。根据这些结果，我们改变相应的参数（如曲率、透镜厚度、透镜间距和玻璃的类型），然后从头重复对光路图评价。这种重复或循环就是通过微调来寻求光学性能等因素的最佳平衡，一般由计算机来执行。鉴于这个原因，它被称为最优化设计。尤其是近年来，由于几乎所有的变焦镜头都使用非球面透镜元件，需评估因素和可调整参数的数量大幅增长，高速计算机已经成为必不可少的工具。而在 50 年前，最优化设计的实现过程非常有趣，两位妇女担当"计算机"的角色。她们按照设计者所编写的程序去转动手摇计算器的手柄，以获得计算结果。在设计过程进入到下一阶段之前，须检查她们二人所得结果是否一致。在那个时期，变焦镜头和非球面透镜还没出现，而且很可能也没有处理它们的手段。在该阶段，对镜头仿真结果的评价所牵涉的因素主要包括各种类型的像差的数量、一系列物距、焦距和像高（像中的位置）所对应的镜头的尺寸等。然而，一旦设计到达某个阶段，例如 MTF和边缘亮度（像边缘上的亮度）等方面以及所有的疑似重影都会被仿真到。然后根据这些仿真结果去改变镜头的配置并重复测试循环。

（5）对设计性能进行详细的评估，还有对一些问题（如在实际制造出的产品中像差的影响）的仿真。即使在这最后的阶段，如果发现问题，镜头的配置仍要做出修改。当然，在整个设计过程需要与镜头筒的设计紧密结合，这是不言而喻的。

2.3.2　玻璃材料的选择

与几年前相比,数码相机的成像光学系统已经变得结构更加紧凑、功能更加强大、分类更加精细。设计方法的进步显然在这其中起了重要作用;此外,可采用的玻璃类型的增多和非球面透镜技术的提高(下文会有讨论)也起了重要的推动作用。

图 2.14 绘制了可用于光学设计中玻璃类型的分布图。纵轴代表折射率,横轴代表阿贝数 ν_d。阿贝数代表色散能力,可用式(2.17)计算,其中,氦的 d 线(587.6nm)、F 线(486.1nm)和 C 线(656.3nm)的折射系数分别为 n_d、n_F 和 n_C。

$$\nu_d = \frac{n_d - 1}{n_F - n_C} \tag{2.17}$$

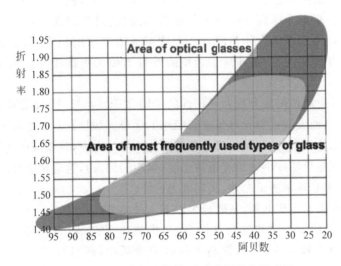

图 2.14　(本图参见彩页)玻璃种类分布示意图

阿贝数表明由于光波长不同导致的折射系数不同的程度,可以简单地认为它是用来描述光谱(由白光通过一个三棱镜后分裂而成)中 7 种颜色振幅之间的关系,阿贝数越小,光谱中 7 种颜色的振幅越大。

在图 2.14 中,绿色区域表示已有的光学玻璃类型,而黄色区域表示使用最频繁的玻璃类型。

光学系统中使用的玻璃类型数,仅一个玻璃生产商提供的就超过 100 种;如果将所有生产商提供的透镜玻璃类型数累加,总数会有几百或更多。在这些类型中,对每种玻璃的选取都要建立在考虑了大量因素的基础之上,这些因素包括光学性能、耐用性、环保性、运输和成本。近年来,除了这些类型之外,数码相机中已经开始采用表现出特殊色散倾向或折射系数超高的玻璃。前者对降低色差的影响很有效,而后者在制作能提供更高性能的更紧凑的镜头时很有用。

萤石是著名的有特殊色散倾向的玻璃材料。它是一种晶体,不同于玻璃之类的非晶体。它不仅有很高的阿贝数(很低的色散度),而且有非同寻常的色散性质,还以异于玻璃的方式将光分离成 7 种颜色的光谱,这使得它在校正色差(尤其对于望远型镜头和高倍率变焦镜头)时效果显著。另一方面,它硬度低,所以在用手拿的时候要格外小心。它的表面也很脆弱,所以在加工萤石时要由专业人员来操作。

对于具有超高折射系数的玻璃,当将其暴露于强光下(曝晒)或被着色时,它的光谱透射特性会衰减,这一现象在过去就已经被发现了。然而,近年来这种玻璃的质量得到了大幅提升,并已被应用于一些需要折射率高于2.0的紧凑型数码相机上。对于电子成像设备(如数码相机)和胶片相机而言,前者使用这类新材料所受到的益处要远多于后者。例如,玻璃材料的沾污对于数码相机来说不算什么大问题,因为只要光谱透射特性不随时间变化,即使开始有一些小的沾污,也可以通过用电子的方式设置白平衡来校正。

2.3.3　有效利用非球面透镜

非球面透镜可以用来校正2.1.3节中描述的球面色差,而且在校正其他与色彩无关的像差时也有效。根据非球面元件应用的场合不同,它对各种像差的削弱作用也有所变化。一个非球面透镜的作用大体与两到三个球面透镜的作用相当,但是如果将性能上无关紧要的提升也考虑在内,一个非球面透镜的效果不如那些球面透镜的效果也就不足为奇了。

提高紧凑型数码相机的便利性和便携性的关键在于减小尺寸,这就要求将高紧凑度和高性能结合起来,从而发挥成像元件像素间距小的优势。如果只对性能有要求,最简单的方法就是增加透镜的数目,但这与减小尺寸背道而驰。另一方面,仅仅减少透镜的数目意味着为了维持同样的性能只能减小每组透镜的焦度(焦距的倒数),这通常会导致透镜变得更大。简而言之,除了使用非球面透镜之外,我们别无选择。

非球面透镜根据制作和材料,一般分为以下4种类型:

(1)"精密抛光成型玻璃非球面透镜"的生产成本很高,因为它必须逐个地研磨和抛光。尽管它不适合大批量生产,但提高了设计的灵活度,而且当透镜直径很大时仍可以采用。

(2)"精密玻璃模压成型(GMo)非球面透镜"通过将低熔点的玻璃置入模具中并加压而成。这些透镜有很高的精度和耐用性。直径小的GMo透镜很适合大批量生产,但将直径做大很难,这将带来生产效率的问题。

(3)"混合成型非球面透镜"通过在球面透镜上覆盖一层树脂膜使其变为非球面而成。当使用这种透镜时必须考虑温度和湿度等因素的影响。这些透镜在直径很大时相对更好用一些。

(4)"塑料成型非球面透镜"通过在模具中置入塑料(一般采用注塑法)制成。它们很适合大批量生产,并且是生产成本最低的非球面透镜类型。然而,由于它们很容易受到温度和湿度变化的影响,制造时还需要采取一些特别的措施。

目前市面上的紧凑型数码相机中使用以上4种中除第一种外的透镜。然而,近年来成像元件中像素间距的不断微小化,精密玻璃模压成型非球面透镜的需求量剧增,因为它们精度高、耐用且适合大批量生产。但问题在于,精密玻璃模压成型透镜所使用的是不同于普通球面透镜的特种玻璃。这种玻璃须熔点低且适合模塑。符合以上要求的玻璃种类很少,所以其光学特性范围比普通球面透镜所用的材料提供的范围要窄得多。

图2.15展示了PowerShot S100 DIGITAL ELPH(由佳能公司生产、使用了1/2.7型CCD的紧凑型数码相机)中非球面透镜的效果的例子。为了使成像光学器件更小,改善对

光学系统体积影响巨大的光学器件的面积至关重要。对于希望变得更加紧凑的数码相机（如 PowerShot S100 DIGITAL ELPH），光学系统中最大的组件通常是第一个透镜组，所以无论如何都应该削减这一透镜组的体积。值得注意的是，减小第一透镜组尺寸的技术起源于大批量生产高折射率的凹半月形状非球面 GMo 透镜的技术。（半月形透镜一侧是凸的，另一侧是凹的。）

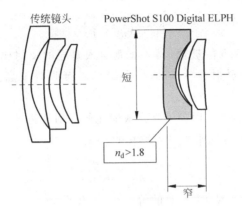

图 2.15　非球面透镜作用示例

在图 2.15 中，左边是传统镜头中第一组的配置，右边是 PowerShot S100 DIGITAL ELPH 中第一组的配置。传统的镜头也使用了一个非球面透镜单元，但通过使用较高折射率（$n_d > 1.8$）的玻璃，目前这两个凹透镜（其中一个是非球面的）可以成功被单个凹的非球面透镜代替。这是一个在透镜变短变窄的同时仍能提高性能的很好的例子。

目前，对非球面透镜表面的精度要求很严格，以至于若是将一个紧凑型数码相机中使用的小直径非球面透镜的表面当作是一个棒球场，那么投手区上有个隆起都是不被允许的，甚至草被剪到什么长度都不能有误差。

2.3.4　镀膜

同传统的胶片相机一样，数码相机容易受到图像中包含不需要的光这一问题的影响，这一问题被称为重影，它是由光在镜头中各透镜的表面多次反射引起的。然而，数码相机与传统胶片相机的最大区别在于其包含一些表面镀有能反射某些红外光的膜的元件（如之前提到的红外截止滤波器）。它们还包括表面反射率相对较高的成像元件，如 CCD。为了减小这些元件带来的负面影响，在透镜元件表面镀上合适的膜层至关重要。

镀膜的方式有很多种。使用最广泛的方法是真空淀积——成膜材料在真空中加热变成气体，然后在透镜表面淀积成一层薄膜。其他方法有溅射和浸渍（将透镜浸泡在液体中），在此不多加论述。

透镜镀膜的历史相对较短，该技术于 20 世纪 40 年代在德国第一次被应用，当时，运用这一技术的初衷是为了提高潜望镜的透明度。潜望镜使用到至少 20 个透镜，所以由透镜表面的反射导致的透明度的巨大损失是提高潜望镜透明度的一项主要障碍。这项技术后来被应用到摄影透镜中，刚开始只有单层膜，而后渐渐发展到现在的一系列不同的多层镀膜的情况。其实，很久以前人们就知道，镀上一层透明且薄的膜可以减少表面反射。南太平洋岛上的居民知道在船上捕鱼时应当在水面上铺开一层油（如椰子油），因为这样更容易看到水中的鱼,这种铺油的行为本质上就是在海水表面镀了一种膜。对于透镜,也是如此。多年以来人们注意到当透镜表面改变非常薄的一层时其表面的反射比会降低,这种改变使表面反光能力降低,是透镜玻璃的一种缺陷。这个意外的发现与镀膜技术的发展关系密切。

对于一个没有镀膜的透镜,其表面对于垂直入射光的反射比随着所使用玻璃的折射率不同而发生变化,如式(2.18)所示,式中,n_g 是玻璃的折射率。

$$R = \left(\frac{n_g - 1}{n_g + 1}\right)^2 \tag{2.18}$$

例如,对于折射率为 1.5 的玻璃,其关于垂直入射光的反射比为 4%。然而,对于折射率为 2.0 的玻璃,对应的反射比为 11%。这解释了镀膜对于高折射率玻璃尤为重要的原因。

当只镀有一层膜时,透镜表面关于垂直入射光的反射比由式(2.19)给出,其中,n_f 是涂层的折射率且 n_f 与涂层厚度的乘积是光波长的 1/4。

$$R' = \left(\frac{n_g - n_f^2}{n_g + n_f^2}\right)^2 \tag{2.19}$$

结合上式,得到反射率(R')为 0 时的解如式(2.20):

$$n_f = \sqrt{n_g} \tag{2.20}$$

根据这个等式,对于折射率为 1.5 的玻璃,我们必须使用折射率为 1.22 的膜材料才能完全消除对一种特定波长的光的反射。然而,涂层的最低折射率在 $1.33(Na_3AlF_6)\sim 1.38(MgF_2)$ 之间,所以只使用一层涂层无法实现零反射。对于折射率为 1.9 的玻璃,即使只有一层涂层,也可以完全消除对某些波长的光的反射,但是理所当然地,对其他波长的光的反射仍然存在。

当镀有两层膜时,反射比由式(2.21)给出。其中,n_2 是直接覆盖在玻璃上的内部涂层的折射率,n_1 是与空气接触的外部涂层的折射率,且涂层的厚度为光波长的 1/4。

$$R'' = \left(\frac{n_1^2 n_g - n_2^2}{n_1^2 n_g - n_2^2}\right)^2 \tag{2.21}$$

在该式中令反射比(R'')为 0,得到

$$\frac{n_2}{n_1} = \sqrt{n_g} \tag{2.22}$$

从中可以看出,在折射率为 1.5 的玻璃上镀上折射率之比为 1.22 的两层膜就有可能至少消除对于某些特定波长的反射。成膜材料的结合使用为消除反射提供了高度可行的解决方案。另外,通过对气化的材料交替淀积从而形成多层镀膜这一方法的使用,目前镀膜技术已经发展到对于折射率不同的玻璃材料可以在一个很大的波长范围内抑制反射。几乎所有当前的数码相机的成像透镜中都包含表面镀有多层膜的透镜。

图 2.16 分别给出了在无镀膜和镀有折射率为 1.38 的单层膜的情况下,玻璃折射率与其反射比之间的关系。从图中明显可以看出,如果没有镀膜,随着玻璃折射率的增大,它的反射比会急剧上升。

图 2.17 分别展示了单层镀膜和多层镀膜下反射比与波长的关系。从中我们可以看出,虽然单层镀膜时只对一种波长的反射比最低,但多层镀膜时却可以在多个波长处取得极小值。另外显而易见的是,与单层镀膜相比,多层镀膜可以在更大的波长范围内抑制反射比。

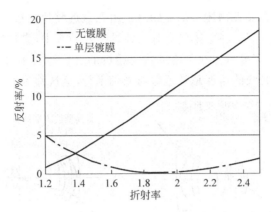

图 2.16　（本图参见彩页）玻璃折射率与其反射比关系图

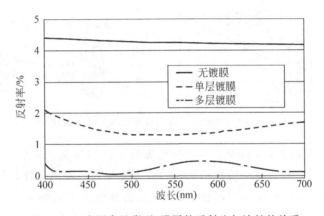

图 2.17　（本图参见彩页）膜层的反射比与波长的关系

截至目前，我们的讨论仅仅局限于镀膜能够削弱透镜表面的反射从而提高成像光学器件的透明度并防止重影，这只不过是镀膜带来的诸多益处之一。镀膜还有其他功能，例如可以防止玻璃的老化，这种老化的一个典型例子是本节之前提到的沾污。另一个例子如 2.2.1 节中提到的，某些红外截止滤波器上淀积膜的目的就是为了更好地反射某些红外线。

2.3.5　抑制变焦镜头出射光线的角度波动

正如前文所述，数码相机成像透镜像一侧（成像元件一侧）有一个 OLPF，它由液晶等材料制成；而且成像元件中的每个像素都配有微型透镜，以此保证图像有足够的亮度。如果缩放和对焦使得成像透镜的出射光线的角度变化太大，就会出现问题，如成像元件微型透镜中的暗角，以及低通作用的变化。我们不希望成像元件中产生光损失，因为它会导致最终图像周边的亮度降低。在设计阶段，无论对外围光线考虑得多么充分，缩放导致的出射光线角度的大幅变化仍会使得最终图像的周边是暗的。这是光学设计中一个主要的约束，而且限制了设计时可供使用的变焦类型。

图 2.18 比较了紧凑型胶片相机和紧凑型数码相机中变焦镜头在变焦时引起的出射光线角度的变化。从图中很容易看出，大部分情况下，与紧凑型数码相机中的变焦透镜的位置相比，紧凑型胶片相机中变焦镜头组从前到后的配置正好与之相反。在紧凑型胶片相机的

变焦镜头中,凸透镜组在靠近物体一端而凹透镜组在靠近胶片一端,这就是 2.1.1 节中描述的逆望远型配置。其结果是,在紧凑型胶片相机的变焦镜头中,穿过广角模式下的光圈后的光束在像(胶片)一侧偏离显著。在紧凑型数码相机的变焦镜头中,广角模式和远景模式之间没有太大区别,而且光线的角度总是近似与光轴平行,这被称为远心镜头。

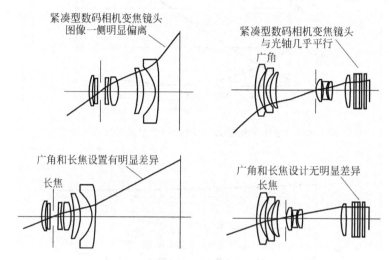

图 2.18　变焦时光线离开时角度的变化对比

　　考虑到现在大部分成像元件都直接在前面配置了微型透镜以确保足够的光亮,这种远心镜头的要求意味着:将紧凑型胶片相机中的变焦镜头直接转用到数码相机中基本上是不可能的。然而,在单反相机使用的可换镜头中,最后部的透镜到胶片平面(后焦)的距离很长,以避免与即时回弹反光镜相互干扰;其结果是光束必然几乎都是远心的。因此,许多为单反胶片相机开发的镜头在数码相机中也可以使用,而且不会带来问题。

2.3.6　设计中对大批量生产过程的考虑

　　正如 2.2.2 节中提到的一样,由于成像元件中的像素间距很小,导致数码相机中成像光学器件的焦深也很小。另外,保证空间频率很高时的成像性能这一要求,给制造过程带来了极大的难度。因此,向大批量生产的转化不仅要求单个组件要有更高的制造精度标准,还意味着高效且高精度的调整必须成为装配过程的关键的一部分。

　　即使在光学设计阶段,设计者也必须考虑如何减少在最终制造和装配阶段可能出现的会对产品造成影响的误差。一般而言,较高的紧凑性通过增加透镜组的焦度(焦距的倒数)来实现。然而,这一方法的使用不但使基本功能的实现更加困难,而且使透镜更容易受到光学系统制作中误差的影响。然后由制造中细微的误差导致的诸如偏心之类的问题会对最终的光学性能产生很大的负面影响。这就是我们在设计阶段通过引入措施尽力消除这些因素的原因。

　　图 2.19 展示了设计阶段采用的这类措施的其中一种。这幅图给出了 PowerShot A5 Zoom(佳能公司生产的紧凑型数码相机,使用了 1/2.7 型的 CCD)和 PowerShot S100 DIGITAL ELPH 中第二组透镜的配置对比,还有它们中各透镜组对偏心的易感度。纵轴代表对于高度是像平面对角距离 70% 的像的像平面的经向曲率。换言之,柱状图的高度实

际上代表了图像边缘处出现模糊的可能性。

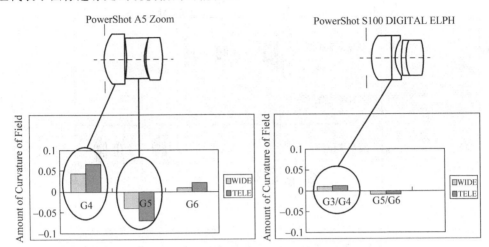

图 2.19　（本图参见彩页）偏心灵敏度对比

在 PowerShot A5 Zoom 中，G4 到 G6 组组成独立的三透镜结构，在这种结构中，一个凹透镜夹在两个凸透镜之间，被称为三合一结构。虽然这只是一种普通的配置，但各个透镜单元之间相对位置的细微的偏移都会对光学性能产生很大的影响，如图 2.19 中的柱状图所示。PowerShot S100 DIGITAL ELPH 的结构中使用了两对接合的透镜元件（G3-G4 和 G5-G6）。它采用 PowerShot A5 Zoom 中使用的三透镜结构，并将凸透镜和凹透镜接合在一起。这里介绍的措施是通过接合透镜来减小它们对其相对位置变化的敏感度，于是我们可以看到，与前一种结构模型相比，PowerShot S100 DIGITAL ELPH 中的第二组透镜受偏心的影响明显减小，而且制造特性很稳定。

目前的数码相机中，成像元件中的像素间距最小已经达到 $2\mu m$ 的水平。因此，即使制造中很微小的误差都会对最终的光学性能产生很大影响。鉴于此，从设计阶段往后，需要格外关心制造质量问题（如量产性能）。

2.4　数码相机成像镜头变焦类型及其应用

目前，数码相机中的变焦镜头和单反相机可换镜头并不是简单地分为广角变焦和望远型变焦两类，它们都落在了标准的变焦范围内。尽管如此，由于支持的像素数从几十万到几百万，且变焦倍率从两倍到十倍甚至更高，可选择范围还是很广的。因此，选择最适合相机指标的变焦类型很有必要。图 2.20 中展示了变焦类型和变焦倍率之间的关系，以及它们支持的像素数。

需要注意的是，我们这里采用的是简化的分类，并不应用于严格的场合。接下来我们探讨各种变焦类型的特点。

2.4.1　视频变焦类型

在这种变焦中，第一个透镜组是一组能力相对较高的凸透镜，而且缩放过程中几乎所有的放大都是由焦度相对较强的第二组的凹透镜完成的。总之，尽管这类镜头也可以配置

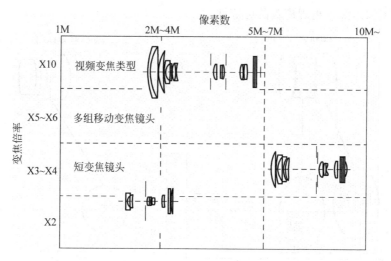

图 2.20　（本图参见彩页）变焦类型和变焦倍率之间的关系以及它们支持的像素数

5～6 组透镜，但大部分还是由 4 组透镜组成，而且最后一组凸透镜用于对焦。

　　这种变焦类型使得变焦时出射光线的角度变化很小，而且最适合高倍率应用。另外，通过保持组中焦度分配具有较大的灵活性和增加结构中使用的透镜元件的数目，可以设计这些镜头使其光学性能可以应对大数量的像素。然而，因为很难减少结构中总的透镜数，而且第一组透镜的直径很大，所以减小镜头的尺寸很困难，而且会使得成本上升。目前市面上所有的 10 倍变焦镜头都属于这种类型。

2.4.2　多组移动变焦镜头

　　这种变焦类型的镜头有 4～5 组透镜，但并不属于之前的类型。在这类镜头中，第一组可以是凸透镜也可以是凹透镜，这取决于镜头的指标和应用目的。这种类型的镜头在某种程度上可以微型化；然而，它们也能同时做到 4～5 倍的变焦倍率以及在应用于大规模像素的同时实现高性能。如果第一组凸透镜相对较弱，我们在设计时可以采用相对较大的 F 数（大约是 $F2$）。如果第一组是凹透镜，则可以作为广角设备起始端变焦透镜的理想选择。然而，这些镜头不适用于超紧凑的应用，而且就成本而言，它被看做面向高端市场的产品。目前市面上的变焦镜头中，$F2$ 左右、放大倍率在 3～4 倍之间的很可能就属于这种类型。

2.4.3　短变焦镜头

　　这是目前紧凑型数码相机成像光学系统中使用最广泛的变焦类型。它一般由第一凹透镜组、用来改变放大倍率的第二凸透镜组和用来对焦的第三凸透镜组构成。只配置有两组透镜的短变焦镜头也已面世多年。近来，市面上已经出现了由四个透镜组构成的、介于短变焦类型和之前提到的多组移动变焦类型之间的镜头。

　　第一组中包含一个用来校正畸变的非球面透镜，但当第一组完全由球面透镜元件组成时，第一个透镜（离物体最近的透镜）则是凸透镜。第二组中一般至少使用一个非球面透镜。这种变焦类型最适合超紧凑应用，因为它有利于减少透镜组件的数目。但这一变焦类型不适用于高放大倍率，因为变焦时导致的出射光线的角度变化很大，而且 F 数也变化很大。

目前短变焦的极限放大倍率是 4 倍。

2.5　总结

在这一章中,我们讨论了成像光学器件,即数码相机的"眼睛"。当然,根据 MTF、靠近光轴的光线数目(中心亮度)以及边缘亮度,成像元件(捕捉光的"网")的特性、图像信息处理器(相机的"大脑")的特性会对数码相机最终拍摄的图像的质量产生影响。因此,即使采用相同的成像光学器件,最终图像的质量和特性也可能有很大区别。尽管如此,就像近视或远视的人看不清物体的细节一样,毋庸置疑的是成像光学器件提供原始输入的能力对于数码相机最终拍摄的图像质量至关重要。

近年来,成像元件中像素间距的不断缩小,已经达到了 $2\mu m$ 的水平。然而,正如 2.2.4 节中所讨论的,只要充分考虑 F 数的大小(并且不能使光圈尺寸太小),就很有可能建立可以与像素间距 $2\mu m$ 左右的成像元件兼容的光学系统。

未来,随着新型光学材料的出现以及衍射等技术的有效利用,我们对数码相机成像光学器件的发展满怀期待。相机是捕捉生活中值得纪念的瞬间所不可替代的工具。作为光学工程师,我们有责任积极提出新的构思,不断为世人提供新的光学系统,使数码相机更加贴近我们的生活。

参 考 文 献

[1]　EF LENS WORK Ⅲ (Canon Inc.),205-206,2003.

[2]　T. Koyama, The lens for digital cameras,*ITE 99 Proc.*,392-395,1999.

[3]　K. Murata,*Optics* (Saiensu-sha),178-179,1979.

[4]　M. Sekita, Optical design of IXY DIGITAL,*J. Opt. Design Res. Group*,23,51-56,001.

[5]　I. Ogura,*The Story of Camera Development in Japan* (Asahi Sensho 684),72-77,2001.

[6]　T. Koyama,*J. Inst. Image Inf. TV Eng.*,54(10),1406-1407,2000.

[7]　T. Koyama, Optical systems for camera(3),Optronics,(11),185-190,2002.

第3章 图像传感器基础知识

固态图像传感器,也称为"成像器",是一种将通过成像透镜形成的光学图像转换为电子信号的半导体器件,如图3.1所示。通过调整它的检测器结构或使用对特定区域波长敏感的材料,图像传感器可以检测很宽的光谱范围,从X射线到红外波长区。此外,有些图像传感器可以用某些带电粒子重现"图像",例如离子和电子。本章的重点是"可见"的成像,即人眼可分辨的光谱范围(380nm~780nm)。硅是超大规模集成电路(VLSI)中使用最广泛的材料,同时也适用于可见光传感器,因为它的带隙能量与可见光波长的光子能量相一致。

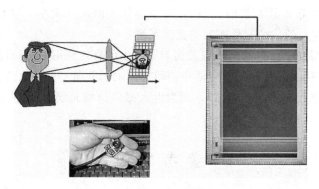

图3.1 图像传感器(本图参见彩页)

为了生成分辨率可接受的图像,需要在行和列上放置足够多的像元(或者称为"像素")。像素将入射光转换成信号电荷(电子或空穴,这取决于像素结构)。

现在越来越多的领域开始使用图像传感器。例如,将图像传感器用于最先进的手机中,使得手机在低端数码相机市场有了强大的竞争力。可以预见,图像传感器也会进军汽车产业,而这一产业将会成为电子相机的主要市场。事实上,一些昂贵的车型已经内置有摄像头。

到目前为止,电荷耦合器件(CCD)图像传感器仍是数码相机的首选技术。然而,在低端相机市场(如玩具相机和电脑摄像头),互补金属氧化物半导体(CMOS)图像传感器正迅速取代CCD。另外,大画幅CMOS图像传感器已经用于相对高端的数码单反相机中。

显然,数码相机的图像传感器必须产生尽可能高的图像质量。高图像质量需要通过高分辨率、高灵敏度、大动态范围、良好线性度的色彩处理和非常低的噪声获得。此外,还需要取景器、摄像模式,以及一些特殊工作模式,例如自动曝光模式下快速读出、自动对焦、自动白平衡等。CCD和CMOS图像传感器将分别在第4章和第5章中进行详细讨论。因此,本章仅描述图像传感器对两种技术都适用的功能和性能参数。

3.1 图像传感器的功能

3.1.1 光电转换

若一定通量的光子以高于半导体带隙能量 E_g 的能量进入半导体,即

$$E_{\text{photon}} = h \cdot \nu = \frac{h \cdot c}{\lambda} \geqslant E_{\text{g}} \tag{3.1}$$

式中,h 是普朗克常量,c 是光速,ν 是光的频率,λ 是光的波长。在厚度为 $\mathrm{d}x$ 的区域中所吸收的光子数量与光子通量 $\Phi(x)$ 的数值成正比,这里 x 表示距离半导体表面的距离。因为硅的带隙能量是 1.1eV,所以波长短于 1100nm 的光会被吸收,并且发生光子到信号电荷的转换,而硅对波长超过 1100nm 的光本质上是透明的。

光子通量吸收的连续性方程如下[1]:

$$\frac{\mathrm{d}\Phi(x)}{\mathrm{d}x} = -\alpha \cdot \Phi(x) \tag{3.2}$$

这里 α 是吸收系数,与波长相关。将边界条件 $\Phi(x=0)=\Phi_0$ 代入此方程,可以解得

$$\Phi(x) = \Phi_0 \cdot \exp(-\alpha x) \tag{3.3}$$

因此,光子通量随着与表面的距离的增加呈现指数性衰减。吸收的光子在半导体中产生电子-空穴对,其密度分布服从式(3.3)。

图 3.2 显示了硅的吸收系数与波长的关系[2],以及光通量的吸收过程。穿透深度,即 $1/\alpha$,代表光通量衰减到 $1/e$ 时的深度。如图所示,蓝光($\lambda=450$nm)的穿透深度仅为 0.42μm,而红光($\lambda=600$nm)的穿透深度高达 2.44μm。

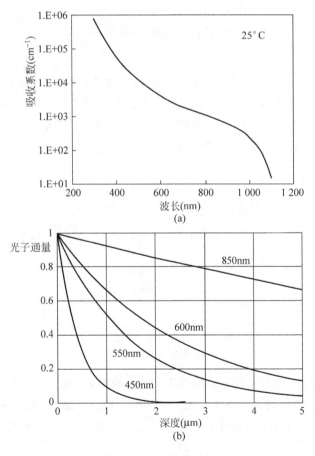

图 3.2　硅中的光吸收

(a) 吸收系数;(b) 光强度与深度的关系

3.1.2　电荷收集与积累

　　本节将概述产生的信号电荷是如何在单个像素内的电荷积累区被收集的。图 3.3 展示了一个简单的二极管用作电荷收集器件的原理。在此例中，p 型区域接地，而 n⁺ 区域首先被复位到一个正电压 V_R。之后二极管保持反偏条件并进入浮空状态。由于内建电场的作用，被光子激发出的电子倾向于在 n⁺ 区域聚集，从而此区域的电势减小；同时，空穴流入地端。在这种情况下，电子就是信号电荷。数码相机领域的所有的 CCD 和 CMOS 图像传感器都工作在这种电荷积分模式下，这种模式由 G. Weckler 在 1967 年首次提出[3]。

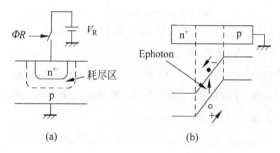

图 3.3　反向偏置光电二极管

(a) 截面图；(b) 能带图

　　图 3.4 展示了另一种光电管——金属氧化物半导体(MOS)二极管。当栅极加正电压时，能带向下弯曲，多数载流子(空穴)被耗尽，这样耗尽区就可以收集自由电荷。MOS 二极管是表面型 CCD 中的一个基本模块，这将在第 4 章中讲到。埋层沟道 MOS 二极管用于帧转移 CCD(见 4.1.3 节及 4.2.1 节)的像素中。

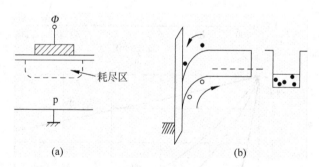

图 3.4　反向偏置 MOS 二极管

(a) 截面图；(b) 能带图

　　在反向偏置光电二极管和反向偏置 MOS 二极管中，耗尽区中产生的电子完全被用做信号电荷。然而，在体硅深处的中性区域产生的电子只有一部分能够通过扩散到达耗尽区，因为在中性区域中并没有电场存在；一些电子在到达耗尽区之前就因为复合过程损失掉了。我们将在 3.2.5 节中再次讨论这个问题。

3.1.3　成像阵列的扫描

3.1.3.1　电荷转移和 X-Y 地址

积累的电荷,或者相应的电压或电流信号需要从图像传感器芯片的像素中读出到外部电路。这些分布在二维空间的信号应该被转换为时序信号,这个过程称为"扫描",图像传感器应该具有扫描功能。图 3.5 展示了两种类型的扫描方案。

第 4 章中会讨论几种 CCD 读出结构,例如全帧转移(full-frame transfer,FFT)、行间转移(interlinetransfer,IT)、帧转移(frame transfer,FT)和帧-行间转移(frame-interline transfer,FIT)结构。图 3.5(a)为 IT CCD 的电荷转移示意图。首先,整个成像阵列中每个像素的光电二极管储存的信号电荷同时转移到垂直 CCD(V-CCD),然后从 V-CCD 转移到水平 CCD(H-CCD)。H-CCD 中的电荷转移到输出放大器,并被转化为电压信号。这种电荷转移读出电路需要近乎理想的电荷转移效率,这又反过来需要高度协调的半导体结构和制造工艺。

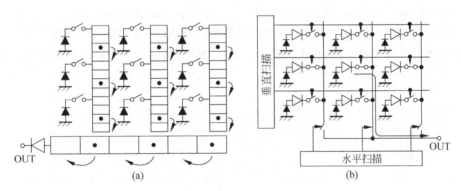

图 3.5　成像阵列扫描示意图
(a) 电荷转移方案;(b) X-Y 地址方案

图 3.5(b)展示了一种用于 CMOS 图像传感器的 X-Y 寻址方案。在大多数 CMOS 图像传感器中,信号电荷在像素中被有源晶体管转化成电压或者电流。正如"X-Y 地址"的字面意思,像素信号是通过垂直扫描器(移位寄存器或者解码器)选通一行(Y)读出以及水平扫描器选通一列(X)读出的方式进行寻址的。比较两图,显然在实现多种读出模式方面,X-Y 寻址方案远比电荷转移方案灵活得多。

因为 CCD 和 CMOS 图像传感器都是电荷积分型传感器,像素中的信号电荷在电荷积分开始前应当被初始化或者复位。而不同的扫描方案导致了工作时序上的不同,正如图 3.6 所示。在 CCD 图像传感器中,电荷复位是通过把电荷从光电二极管转移到 V-CCD 实现的,这个过程在整个像素阵列中是同时发生的。而在大多数 CMOS 图像传感器中,电荷重置和信号读出是逐行进行的。

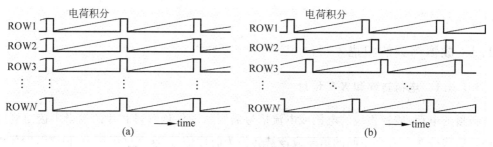

图 3.6　CCD 和 CMOS 图像传感器的操作时序

(a) CCD 图像传感器；(b) CMOS 图像传感器

3.1.3.2　隔行扫描和逐行扫描

在正交平衡调幅制(national television systems committee，NTSC)、正交平衡调幅逐行倒相制(phase alternative line，PAL)和行轮换调频制(sequential coleur avec memoire，SECAM)等传统的彩色电视制式中，隔行扫描的过程如下：对所有线(行)的一半进行一次垂直扫描，对另一半进行另一次垂直扫描。每次垂直扫描都会产生一"场"图像，两场组合成"帧"图像，如图 3.7(a)所示。

图 3.7(b)展示了逐行扫描模式，它与 PC 显示器的扫描方案相匹配。虽然逐行扫描对数码相机应用更为可取，但 V-CCD 结构会因此变得复杂，从而更难保证光电二极管面积在 CCD 中所占百分比足够大(将在 4.3.2 节讨论)。然而，数码相机领域的 CMOS 图像传感器则是工作在逐行扫描的模式下。

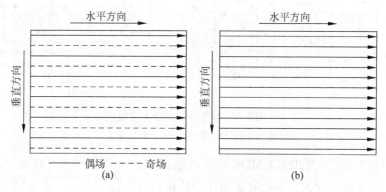

图 3.7　隔行扫描和逐行扫描

(a) 隔行扫描；(b) 逐行扫描

3.1.4　电荷检测

电荷检测的原则对 CCD 图像传感器和大部分 CMOS 图像传感器是基本相同的。如图 3.5 所示，CCD 图像传感器在输出放大器中实现电荷检测，而 CMOS 图像传感器在像素中完成电荷检测。图 3.8 是电荷检测的草图。电压放大器连接势阱以监测阱中信号电荷的变化，若有电荷 Q_{sig} 进入阱中，则其引起势阱电压变化为

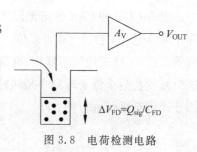

图 3.8　电荷检测电路

$$\Delta V_{\mathrm{FD}} = \frac{Q_{\mathrm{sig}}}{C_{\mathrm{FD}}} \tag{3.4}$$

式中,C_{FD} 是放大器所连接到势阱的电容,并充当电荷到电压的转换电容。输出电压的变化如下:

$$\Delta V_{\mathrm{OUT}} = A_{\mathrm{V}} \Delta V_{\mathrm{FD}} \tag{3.5}$$

式中,A_{V} 代表电压放大器的电压增益。

转换增益

转换增益($\mu\mathrm{V/e^-}$)表明了在电荷检测节点处,一个电子引起的电压变化的大小。由式(3.4),可以求出增益如下:

$$\mathrm{C.\,G.} = \frac{q}{C_{\mathrm{FD}}} \tag{3.6}$$

式中 q 是基元电荷($1.602\,18 \times 10^{19}\,\mathrm{C}$)。显然,式(3.6)代表的"输入相关"的转换增益并不能被直接测量,它与放大器的电压增益相乘,得到"输出相关"的转换增益,如下式所示:

$$\mathrm{C.\,G.}_{\mathrm{output\_referred}} = A_{\mathrm{V}} \frac{q}{C_{\mathrm{FD}}} \tag{3.7}$$

最常用的电荷检测方案是浮空扩散区电荷检测[4]。在 CCD 图像传感器中,这种电荷检测由位于垂直 CCD 寄存器末端的浮空扩散结构完成;而在 CMOS 有源像素传感器(active-pixel sensors,APSs)中,则于像素内部完成。结合相关双采样(correlated double sampling,CDS)噪声消除[5]技术,可以实现极低噪声的电荷检测。此种方案在 CCD 图像传感器中的应用将在 4.1.4 节阐述,而在 CMOS 图像传感器中的应用将在 5.1.2.1 节和 5.3.1 节介绍。

3.2　像素中的光电探测器

图 3.9 展示了简化的像素结构。下面章节将对 CCD 和 CMOS 图像传感器中像素结构的细节进行说明。

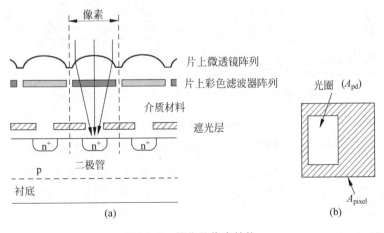

图 3.9　简化的像素结构

(a) 截面图;(b) 平面图

3.2.1　填充因子

填充因子(fill factor,FF)被定义为像素中感光区域面积 A_{pd} 与像素面积 A_{pix} 的比率。用公式表示为

$$FF = (A_{pd}/A_{pix}) \times 100[\%] \tag{3.8}$$

如果不考虑芯片上的微型透镜,在典型的 IT 和 FIT CCD 中,填充因子是由没有被遮光金属覆盖的开孔面积决定的。在 IT 和 FIT CCD 中,被遮光金属覆盖的部分包括传输门、用于隔离像素的沟道截止区域和 V-CCD 移位寄存器的区域。FT CCD 的填充因子(FF)由非光感沟道截止区域面积决定,这一区域将 V-CCD 转移通道与 CCD 门时钟分开。

CMOS 图像传感器有源像素中至少需要 3 个晶体管(复位晶体管、源跟随器晶体管和行选择晶体管),且它们当被遮光金属所覆盖。如果使用更多的晶体管,填充因子也会相应降低。这些晶体管所需的面积依赖于制造工艺所提供的设计规则(特征尺寸)。

微型透镜将光线聚集到光电二极管上,可以有效提高填充因子。不管是在 CCD 还是 CMOS 图像传感器中,微型透镜都在提高感光度上起着非常重要的作用。

3.2.2　彩色滤光阵列

图像传感器从本质上来说是一种单色传感器,它对敏感波长范围内的光产生响应。因此,为了使图像传感器能够还原出彩色图像,必须采用分离颜色的技术。对于消费领域的数码相机来说,可以在光敏二极管上用片上彩色滤光阵列(color filter array,CFA),这是一种经济合算的解决方案,可以将色彩信息分离并满足数码相机的微小化需求。* 图 3.10 展示了两种类型的彩色滤波阵列和它们的光谱透射率。

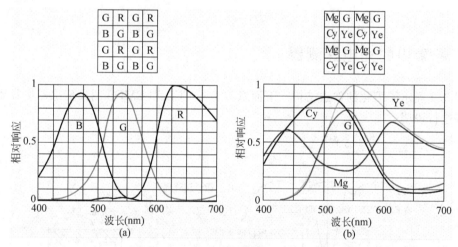

图 3.10　彩色滤光器布局和光谱透射率
(a) 拜耳基色滤光模式及响应;(b) CMY 互补色滤光模式及其响应

数码相机领域主要使用红、绿、蓝(RGB)基色滤光阵列。RGB 彩色滤光阵列有着更优的色彩再现能力和更高的彩色信噪比(signal-to-noise ratio,SNR),因为它具有良好的波长敏感性。

---

　*　一些高端摄像机使用 3 个(有时是 4 个)独立的图像传感器,这些图像传感器与分色棱镜相连接,每一个图像传感器检测一种基色,这种结构通常用于高端视频领域。

最常用的基色滤光模式叫做"拜耳"模式,如图 3.10(a)所示。这种模式由 B. E. Bayer[6] 提出,它的绿色滤光器是蓝色或红色滤光器数量的两倍,因为人的视觉系统主要从绿色光谱部分获得视觉细节。这意味着,视觉亮度差异与绿色有关,而颜色知觉与红色和蓝色有关。

如图 3.10(b)所示,CMY 互补色滤光模式由蓝绿色、洋红色和黄色滤光器组成。每种颜色由下列等式表示:

$$
\begin{aligned}
Ye &= R + G = W - B \\
Mg &= R + B = W - G \\
Gy &= G + B = W - R \\
G &= G
\end{aligned}
\tag{3.9}
$$

相比于 RGB 基色滤波,该模式的各个互补色滤光片的光穿透范围较宽,可以获得更高的敏感度。然而,为了输出显示而将互补色成分转换成 RGB 的减法操作会带来信噪比的下降,色彩再现也通常没有 RGB 基色滤光那么准确。

制作片上颜色滤光片的材料可分为两类:颜料和染料。基于颜料的彩色滤波阵列是当今主流,因为它们相比基于染料的彩色滤波阵列有更好的耐热性和耐光性。这两材料制成的滤光片的厚度均可做成从亚微米到 $1\mu m$ 的任何值。

3.2.3 微型透镜阵列

片上微型透镜将入射光汇聚在光电二极管上。片上微型透镜阵列(on-chipmicrolens array,OMA)于 1983 年在 IT CCD 中首次使用。[7]它的制作过程如下:首先,使用透明树脂使颜色滤光片层平滑化;然后,将微型透镜树脂层旋涂在平滑层上;最后,在树脂层上刻蚀上光刻图案,这个图案最终将通过晶片烘焙形成穹状的微型透镜。

近来先进的工艺制程在减小像素尺寸和增加像素总数方面卓有成效,但灵敏度随着像素尺寸的缩小而减小了。这一点可以通过增加一个简单的片上微透镜阵列来弥补,但因入射光位置不同,其从成像透镜到图像传感器的角度也不同,从而导致阴影的产生,如图 3.11 所示。

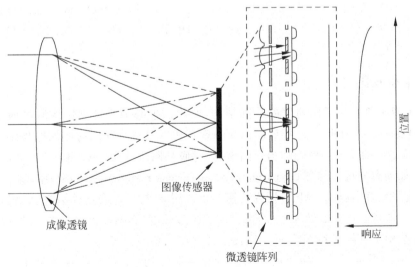

图 3.11 因入射光角度的位置关系产生的阴影

　　减小微型透镜与光电二极管表面的距离可以减少这个与角度相关的响应。[8,9]此外，还可以引入另外一种技术，即移动成像阵列边缘的微型透镜的位置以消除阴影。[10,11]FT CCD 的角度响应比 IT CCD 更大，因为它具有较大的填充因子。[12]

　　为了进一步增加光子收集效率，可以缩小透镜之间的距离。[13,14]双层透镜结构示意图如图 3.12 所示，它在传统的"表面"微型透镜下有一层额外的"内部"微型透镜。[15]内部微型透镜改善了角度响应，尤其当透镜 F 数更小或者像素尺寸更小时。[16]除了增加灵敏度之外，微型透镜还有助于减少 CCD 图像传感器中的漏光，降低 CCD 和 CMOS 图像传感器中由于少数载流子扩散而造成的像素间串扰。

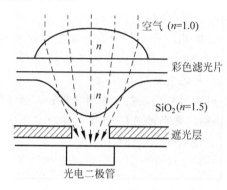

图 3.12　双层微型透镜

3.2.4　SiO₂/Si 接触面的反射

　　当两种材料的折射率不同时，入射光线会在两种材料的接触面发生反射。垂直入射到接触面的光线的反射率（Reflectivity, R）由下式给出：

$$R = \left(\frac{n_1 - n_2}{n_1 + n_2}\right)^2 \qquad (3.10)$$

　　SiO₂的折射率为 1.45，Si 的折射率为 3～5，由此计算，可见光范围（400～700nm）内有超过 20%～30% 的入射光线在硅表面被反射掉了。为了减少 SiO₂/Si 表面的反射，在光电二极管上涂覆减反射膜的技术被引入。通过使用由最优比例的 $SiO_2/Si_3N_4/SiO_2$ 层组成的减反射膜，感光度提高了 30%。[19]

3.2.5　电荷收集效率

　　尽管本章主要关注了探测器的上部结构，但我们也必须注意到探测器中的光电转换。图 3.13(a)展示了一个使用 p⁺衬底的简化像素结构以及从表面到衬底的电势图，此结构对应于图 3.3(a)中的光电二极管结构。因为 p⁺衬底晶圆广泛用于 CMOS VLSI 电路或存储器件中，例如动态随机存储器（dynamic random access memory, DRAM）中，大多数在芯片中集成了信号处理电路的 CMOS 图像传感器也使用 p⁺衬底。在这种结构中，p 区的深度以及在 p 区和 p⁺衬底中少数载流子的寿命（或者扩散长度）影响着光谱当中长波区域的响应。通常，这种结构中从红光到 NIR 的响应比 n 型衬底结构高得多。

　　图 3.13(b)展示了另一种使用 n 衬底的探测器结构。n 型衬底偏置接正电压，p 区接地。这种结构通常用于 IT CCD，同时也可用于 CMOS 图像传感器。这种结构中，在深度大

于 x_p 处产生的电子全部被扫至 n 衬底中,对信号没有影响。因此,波长较长(红到 NIR)的频谱响应大为减弱。

从以上讨论中,可以得出电荷吸收效率 $\eta(\lambda)$ 为

$$\eta(\lambda) = \frac{\text{Signal charge}}{\text{Photo-generated charge}} \tag{3.11}$$

电荷收集效率由衬底类型、杂质分布、体区少数载流子寿命以及光电二极管的偏置方式决定。对 p 衬底结构和 n 衬底结构的讨论分别见于 4.2.2 节和 5.2.2 节。

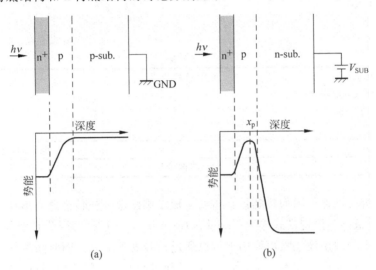

图 3.13　n^+-p 光电二极管在不同的衬底类型中

(a) p 型衬底；(b) n 型衬底

3.2.6　满阱容量

正如 3.1 节所描述的,光电二极管工作在电荷积分模式下,因此只有有限的电荷储存能力。光电二极管的电容能够积累的最大电荷量称为"满阱容量"(full-well capacity)或者"饱和电荷量"(saturation charge),由下式给出:

$$N_{\text{sat}} = \frac{1}{q} \int_{V_{\text{reset}}}^{V_{\text{max}}} C_{\text{PD}}(V) \cdot dV \, [\text{electrons}] \tag{3.12}$$

式中,C_{PD} 是光电二极管的电容;q 是一个电子的带电量;V_{reset} 和 V_{max} 分别是初始电压和最大电压,它们与光电二极管结构和工作条件有关。

3.3　噪声

3.3.1　图像传感器中的噪声

表 3.1 总结了图像传感器中的噪声成分。噪声会使成像质量恶化,同时也决定了图像传感器的灵敏度。因此,图像传感器中的术语"噪声"可以被定义为所有使图像或者"信号"恶化的波动。

表 3.1　图像传感器中的噪声

	暗条件	光照条件	
		低于饱和	高于饱和
固定模式噪声（FPN）	暗信号非一致性 像素随机 阴影	光响应非一致性 像素随机 阴影	
	暗电流非一致性 （像素 FPN） （行 FPN） （列 FPN）		
	缺陷		
暂态噪声	暗电流散粒噪声	光子散粒噪声	
	读出噪声(本底噪声) 放大器噪声等 （复位噪声）		
			拖尾,高光溢出
	图像滞后		

用于拍摄静态图像的图像传感器会重新生成二维图像（空间）信息。出现在图像中的固定位置的噪声,被称为固定模式噪声(fixed-pattern noise,FPN)。因为在空间上是固定的,所以黑暗情况下的固定模式噪声原则上可以通过信号处理消除。随时间变化的噪声被称为"随机"或者"暂态"噪声。在本书中,当所指的是随时间变化的噪声时,我们使用"暂态"这一称谓,因为"随机"也可以与固定模式噪声联系起来。例如,"像素随机"固定模式噪声在二维空间上看来就是随机的。

当使用数码相机拍摄快照时,暂态噪声被"冻结"为空间噪声,因此在还原出的图像中会出现它的峰-峰值。尽管暂态噪声在单独的一次拍照中于空间上是固定的,但它在连续拍照时出现的位置会产生变化。另一方面,视频图像中的暂态噪声或多或少经过了人眼的滤波,因为人眼无法在一场的时间(1/60s)或者一帧的时间(1/30s)内做出准确的响应。

表 3.1 展示了在黑暗和光照条件下的噪声。在光照下,黑暗时的噪声成分依然存在。黑暗和光照下固定模式噪声的大小分别称为暗信号非均匀性(dark signal non uniformity,DSNU)和光响应非均匀性(photo response non uniformity,PRNU)。拖尾和高光溢出出现在光照条件高于饱和的情况下。

3.3.2　固定模式噪声

黑暗中的固定模式噪声可以认为是输出信号中失调部分的变化,用暗信号非均匀性进行评估。固定模式噪声在光照条件下也存在,此时用光响应非均匀性评估。如果固定模式噪声的大小与曝光量成比例,则把它看做灵敏度的非一致性或者增益波动。

CCD 图像传感器中的固定模式噪声主要来源是暗电流的不均匀性。尽管这种噪声在通常的工作模式下几乎观察不到,但在长曝光时间或者在高温下拍摄的图像则可以观测到。如果在整个像素阵列中,各个像素的暗电流不同,那么就会造成固定模式噪声,因为相关双采样(CDS)并不能消除这种噪声成分。在 CMOS 图像传感器中,固定模式噪声的主要来源是暗电流的不同以及像素中有源晶体管的性能波动。

在本部分中，只讨论了暗电流作为固定模式噪声的来源。CCD 和 CMOS 图像传感器中固定模式噪声的其他来源将在 4.2.4 节和 5.1.2.3 节、5.3.1 节、5.3.3 节描述。

3.3.2.1　暗电流

暗电流是在目标物体无光照的条件下观测到的电流，是一种非理想因素，暗电流会积分成为暗电荷并存储在像素内的电荷储存节点。暗电荷的数量与积分时间成正比，由下式表示：

$$N_{\text{dark}} = \frac{Q_{\text{dark}}}{q} = \frac{I_{\text{dark}} \cdot t_{\text{INT}}}{q} \tag{3.13}$$

同时，暗电荷还是温度的函数。

暗电荷减少了成像器的可用动态范围，因为满阱容量是有限的。同时它也改变了"暗"（无光照）环境的输出电压。因此，为了给还原图像提供一个参考值，我们应该尽量钳位暗电流水平。图 3.14 说明了暗电流的 3 个主要成分，我们会对每个成分进行分析，并讨论暗电流产生的原理。

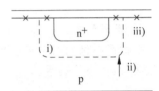

i) 耗尽层中产生电流
ii) 中性体区扩散电流
iii) Si 表面产生电流

图 3.14　像素中的暗电流成分

1. 耗尽区产生电流

硅是间接带隙的半导体，导带底部和价带顶部并不在势能空间中相同的势轴上。我们知道，主要的产生-复合过程是在禁带能量间隙中通过局部能量状态的间接迁跃发生的。[20]在反偏 p-n 结接触面附近形成的耗尽层中，少数载流子被耗尽，因而产生过程（电子和空穴分离）变为了使系统回到平衡中的主导过程。*

根据 Shockley-Read-Hall 理论，[21,22]电子-空穴对在有偏置电压下的产生率可以表示为

$$G = \left\{ \frac{\sigma_{\text{p}} \sigma_{\text{n}} \nu_{\text{th}} N_{\text{t}}}{\sigma_{\text{n}} \exp\left(\frac{E_{\text{t}} - E_{\text{i}}}{kT}\right) + \sigma_{\text{p}} \exp\left(\frac{E_{\text{i}} - E_{\text{t}}}{kT}\right)} \right\} n_{\text{i}} \tag{3.14}$$

式中，σ_{n} 为电子捕获横截面积，σ_{p} 为空穴捕获横截面积，ν_{th} 为热速度，N_{t} 为产生中心的密度，E_{t} 为中心能级，E_{i} 为本征费米能级，k 为玻耳兹曼常量，T 为绝对温度。

假设 $\sigma_{\text{n}} = \sigma_{\text{p}} = \sigma_0$，式（3.14）可以被重写为

$$G = \frac{(\nu_{\text{th}} \sigma_0 N_{\text{t}}) \cdot n_{\text{i}}}{2\cosh\left(\frac{E_{\text{t}} - E_{\text{i}}}{kT}\right)} = \frac{n_{\text{i}}}{\tau_{\text{g}}} \tag{3.15}$$

这个等式表明，仅在带隙中心附近的能级有助于产生率的增加。当 $E_{\text{t}} = E_{\text{i}}$ 时，产生率达到最大值；当 E_{t} 远离 E_{i} 时，产生率按指数衰减。那么产生寿命和产生电流由下式给出：

$$\tau_{\text{g}} = \frac{2\cosh\left(\frac{E_{\text{t}} - E_{\text{i}}}{kT}\right)}{\nu_{\text{th}} \sigma_0 N_{\text{t}}} \tag{3.16}$$

　＊　在正偏二极管中，少数载流子密度比平衡时高，因此复合过程发生。在平衡状态下（零电压偏置），再生和复合过程平衡，维持关系 $p \cdot n = n_{\text{i}}^2$，这里 p，n，n_{i}^2 分别代表电子密度、空穴密度和本征载流子密度。

$$J_{gen} = \int_0^W qG\,dx \approx qGW = \frac{qn_i W}{\tau_g} \tag{3.17}$$

2. 扩散电流

在扩散区边缘，少数载流子密度比平衡时更低，通过扩散过程，它在中性体区接近平衡密度 n_{p0}。在这里，我们的关注的是 p 区少数载流子(电子)的行为。中性区域的少子连续性方程由下式给出：

$$\frac{d^2 n_p}{dx^2} - \frac{n_p - n_{p0}}{D_n \tau_n} = 0 \tag{3.18}$$

式中 D_n 和 τ_n 分别表示扩散系数和少数载流子寿命。使用边界条件 $n_p(x=无穷)=n_{p0}$ 以及 $n(0)=0$ 解此方程，可得扩散电流：

$$J_{diff} = \frac{qD_n n_{p0}}{L_n} = q\sqrt{\frac{D_n}{\tau_n}} \cdot \frac{n_i^2}{N_A} \tag{3.19}$$

3. 表面产生

表面晶格结构的突然中断，会产生更多的能量态和产生中心。表面产生电流与产生电流很类似，由下式表示：

$$J_{surf} = \frac{qS_0 n_i}{2} \tag{3.20}$$

这里 S_0 是表面产生速率。[23]

4. 总暗电流

由之前的讨论，暗电流可以表示为

$$J_d = \frac{qn_i W}{\tau_g} + q\sqrt{\frac{D_n}{\tau_n}} \cdot \frac{n_i^2}{N_A} + \frac{qS_0 n_i}{2}[A/cm^2] \tag{3.21}$$

在这三个主要成分中，如果在室温下进行比较，会有 $J_{surf} \gg J_{gen} \gg J_{diff}$。然而，表面成分可以通过在 n 区表面制作一层反型层进行抑制。反型层通过与空穴复合的方式清除掉了电子的中间能级，这样就可以减少陷在中间能级的电子发射到导带的机会。在大多数 IT 和 FIT CCD 和 CMOS 图像传感器中(参见 4.2.3 节和 5.2.2 节)，这种方案可以通过加入一个钳位光电二极管实现[24]。

5. 与温度的关系

如式(3.17)、式(3.19)和式(3.20)所示，产生电流和表面产生电流与本征载流子浓度 n_i 成比例，扩散电流则与 n_i^2 成比例。因为

$$n_i^2 \propto T^3 \cdot \exp\left(-\frac{E_g}{kT}\right) \tag{3.22}$$

所以暗电流与温度的关系可以表示为

$$I_d = A_{d,gen} \cdot T^{3/2} \cdot \exp\left(-\frac{E_q}{kT}\right) + B_{d,diff} \cdot T^3 \cdot \exp\left(-\frac{E_g}{kT}\right) \tag{3.23}$$

这里 $A_{d,gen}$ 和 $B_{d,diff}$ 是系数。图 3.15 展示了典型的暗电流与温度之间的关系。在实际器件中，总暗电流与温度的关系也会发生变化，这种变化取决于系数 $A_{d,gen}$ 和 $B_{d,diff}$ 的大小。暗电流与温度的关系也表现为 $\exp(-E_g/nkT)$，这里的 n 在 $1\sim2$ 之间，E_g/n 对应暗电流的激活能量。

6. 白点缺陷

随着设计和工艺技术的进步，暗电流已经降低到非常低的水平。因此，拥有额外产生中

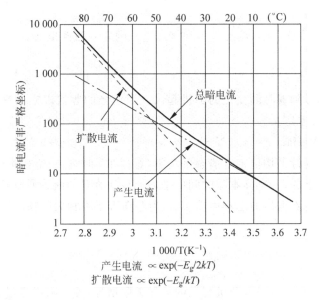

$$产生电流 \propto \exp(-E_g/2kT)$$
$$扩散电流 \propto \exp(-E_g/kT)$$

图 3.15　暗电流与温度的关系

心的像素就会产生极高的暗电流,这在图像中表现为白点缺陷,这些缺陷决定了图像传感器的质量。引起白点缺陷的原因包括重金属污染,例如金、镍、钴等,或者由制造过程中的重压引起的晶体缺陷。[25]

7. CCD 寄存器的暗电流

到目前为止,我们一直在关注像素内部产生的暗电流,然而暗电流也会产生于 CCD 图像传感器中的 CCD 转移通道之中。4.2.3 节将会提到,将负电压短暂地加在适当的 CCD栅极上,可以减少表面的暗电流,这种技术被称为“价带钳位”:负电压将表面反型一小段时间,产生一个空穴层。价带钳位会清空表面的产生中心,之后这些中心需要一段时间来再次开始产生。[26] 这种方法的详细描述可以在 4.1.3 节中找到。

8. CMOS 图像传感器有源像素中晶体管的暗电流

在 CMOS 图像传感器中,像素内部的有源晶体管会产生额外的暗电流成分,这是由放大器晶体管漏极末端附近的高场强区域的热载流子效应引起的。[27,28] 为了抑制这种暗电流成分,需要进行仔细地设计像素版图,选择合适的晶体管长度和偏置电压。

3.3.2.2　阴影

阴影是一种在还原的图像中可见的、变化缓慢的或者空间频率输出变化很小的现象。在 CCD/CMOS 图像传感器中,阴影的主要来源包括:

(1) 源于暗电流的阴影:如果有一个局部热源存在,它导致的温度分布会使得成像阵列的暗电流产生梯度变化。

(2) 源于微型透镜的阴影:对于在成像阵列边缘的微型透镜,如果它的光收集效率因为光线倾斜角而减小,则位于边缘的像素的输出值会变小(见图 3.11)。

(3) 源于电路的阴影:在 CCD 图像传感器中,由于驱动脉冲所输入的多晶硅栅的电阻不同,V-CCD 的输入脉冲幅值可能随空间位置变化,这可能导致局部电荷转移效率的下降,从而导致阴影。

在 CMOS 图像传感器中,偏置电压和接地电压的非一致性也会导致阴影。

3.3.3 暂态噪声

暂态噪声是信号随着时间变化的随机起伏。当信号的起伏以它的平均值为中心时,假设平均值恒定,则方差定义为

$$\text{Variance} = \;<(N-<N>)^2> \;=\; <N^2> - <N>^2 \tag{3.24}^*$$

这里 $<>$ 表示统计平均值或者静态平均值,意指在 t 时刻,一组样本的平均值。当系统是"遍历的"或者静态的,一个样本随时间的平均可以认为是与统计平均值相等的。

信号的方差对应着信号的总噪声功率。** 当存在若干不相关的噪声源时,总噪声功率由下式决定:

$$<n_{\text{total}}^2> = \left< \sum_{i=1}^{N} n_{\text{i}}^2 \right> \tag{3.25}$$

由中心极限定理可知,随着随机变量的数量无限增加,独立随机变量之和的概率分布趋于高斯分布。高斯分布由下式给出:

$$p(x) = \frac{1}{\sqrt{2\pi}\sigma} \exp\left[-\frac{(x-m)^2}{2\sigma^2} \right] \tag{3.26}$$

这里 m 是变量 x 的平均值,σ 是变量 x 的标准差或者均方根值(rms)。此时,标准差 σ 可以用以衡量暂态噪声。

在光学和电学系统中,存在着 3 种基本的暂态噪声:热噪声、散粒噪声、闪烁噪声。这些噪声在 CCD 和 CMOS 图像传感器中都可以观察到。

3.3.3.1 热噪声

热噪声起源于电阻中电子的热运动,它也被称为约翰逊噪声,因为这种噪声是 J. B. Johnson 在 1928 年发现的。奈奎斯特在同一年用热力学推论描述了噪声电压的数学模型。热噪声的功率谱密度用电压表示如下:

$$S_{\text{v}}(f) = 4kTR(\text{V}^2/\text{Hz}) \tag{3.27}$$

式中 k 是玻耳兹曼常数,T 是绝对温度,R 是电阻。

3.3.3.2 散粒噪声

散粒噪声在电流流过势垒时产生,这种噪声可以在电子管和半导体器件中观测到,例如 PN 结、双极晶体管、MOS 管的亚阈值电流。在 CCD 和 CMOS 图像传感器中,散粒噪声与入射光子和暗电流有关。对散粒噪声统计特性的研究显示,N 粒子(例如光子和电子)在一定的时间间隔内发射的概率服从泊松分布,可表示为

$$P_{\text{N}} = \frac{(\overline{N})^N \cdot \text{e}^{-\overline{N}}}{N!} \tag{3.28}$$

---

* 此后,我们会用大写 N(或者 V)表示平均值,小写 n(或者 v)表示暂态噪声。

** 均方根值就是偏差。

式中 N 和 $\overline{N}$ 分别表示粒子数量和平均值。泊松分布有一个有趣的性质,它的方差等于平均值:

$$n_{\text{shot}}^2 = <(N - \overline{N})^2> = \overline{N} \tag{3.29}$$

热噪声和散粒噪声的功率谱密度在所有的频率上都恒定,而与之相似的,白光在光学波段的功率分布曲线也呈平坦化,这种噪声被称为“白噪声”。

3.3.3.3　1/f 噪声

1/f 噪声的功率谱密度与 $1/f^{\gamma}$ 成比例,这里 γ 的值在 1 附近,显而易见,1/f 噪声关于时间的平均值可能不是常量。CCD 图像传感器的输出放大器和 CMOS 图像传感器中的像素在低频段都受 1/f 噪声的影响。然而,1/f 噪声大部分被相关双采样(CDS)所抑制,只要两次采样之间的间隔足够短,可以认为 1/f 噪声是失调。关于 CDS 过程中的噪声的阐述详见 5.3.3.1 节。

3.3.3.4　图像传感器中的暂态噪声

1. 复位噪声或 kTC 噪声

当浮置扩散电容被复位时,电容节点产生“复位噪声”,亦可称为“kTC 噪声”。它出现在 MOS 开关关断时刻,是来源于 MOS 开关的热噪声。图 3.16 展示了复位操作的等效电路。在导通状态的 MOS 管可以认为是一个电阻,这样就产生了热噪声,如式(3.27)所示。这个噪声被电容采样和保持。噪声功率可以通过将热噪声在所有频率积分获得,将式(3.27)中的 R 用 RC 低通滤波器复数阻抗的实部代替,如下所示:

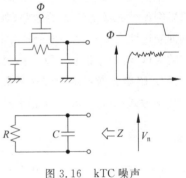

图 3.16　kTC 噪声

$$v_{\text{n}}^2 = \int_0^{\infty} 4kT \cdot \frac{R}{1 + (2\pi fRC)^2} \cdot \mathrm{d}f = \frac{kT}{C} \tag{3.30}$$

噪声电荷由下式给出:

$$q_{\text{n}}^2 = C^2 \cdot v_{\text{n}}^2 = kTC \tag{3.31}$$

由上式可知,噪声函数只与温度、电容值有关,因此称为 kTC 噪声。

在 CCD 图像传感器中,浮置扩散放大器中出现的 kTC 噪声可以通过 CDS 电路抑制。在 CMOS 图像传感器中,kTC 噪声出现在电荷检测节点的复位阶段。在 CCD 和 CMOS 图像传感器中,要根据像素的结构采用不同的方法来抑制 kTC 噪声,如 5.2 节所述。

2. 读出噪声

读出噪声,或称为本底噪声,其定义是读出电路产生的噪声,它不包括探测器中产生的噪声。在 CCD 图像传感器中,假设 CCD 移位寄存器能够实现完全的电荷转移,那么本底噪声由输出放大器产生的噪声决定。在 CMOS 图像传感器中,本底噪声由读出电路(包括像素内部的放大器)决定。

在图 3.17 所示的 MOS 管噪声模型中,两个噪声(热噪声和 1/f 噪声)等效电压串联在栅极上。热噪声由下式给出:

$$\overline{v_{\text{eq}}^2} = \frac{4kT\alpha}{g_{\text{m}}} \cdot \Delta f (\text{V}^2) \tag{3.32}$$

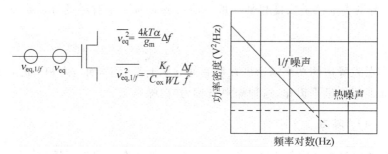

图 3.17 MOS 管中的噪声

式中，g_m 是 MOS 管的跨导，α 是一个与 MOS 晶体管工作模式相关的系数。对于长沟道晶体管，α 的值等于 2/3；对亚微米晶体管，这个值要更大一些。

$1/f$ 噪声表达式如下：

$$\overline{v_{\text{eq},1/f}^2} = \frac{K_f}{C_{\text{ox}}WL} \cdot \frac{\Delta f}{f}(\text{V}^2) \tag{3.33}$$

式中，K_f 是与工艺相关的常数，C_{ox} 代表单位面积的栅电容，W、L 分别是栅的宽和长。

根据放大器类型的不同，图像传感器中的本底噪声可以用式（3.32）或式（3.33）估计。如果图像传感器有额外的电路（如在 CMOS 图像传感器中常见的增益放大器和固定模式噪声抑制电路），那么这些电路产生的噪声也需要计入总噪声中（使用式（3.25））。如果前文提到的 kTC 噪声不能被 CDS 过程抑制，那么这个噪声也需要加进读出噪声中。

3. 暗电流散粒噪声和光子散粒噪声

参考式（3.29），暗电流散粒噪声和光子散粒噪声由下式给出：

$$n_{\text{dark}}^2 = N_{\text{dark}} \tag{3.34}$$

$$n_{\text{photon}}^2 = N_{\text{sig}} \tag{3.35}$$

式中，N_{dark} 是式（3.13）中暗电荷的平均值，N_{sig} 是式（3.11）中信号电荷的数量。

参考式（3.25），光照下的总散粒噪声由下式给出：

$$n_{\text{shot\_total}}^2 = N_{\text{dark}} + N_{\text{sig}} \tag{3.36}$$

3.3.3.5 输入参考噪声和输出参考噪声

显而易见，前文讨论的是在电荷探测节点产生的"输入参考"噪声。正如 3.1.4 节所述，输入参考噪声被包含在测量得到的"输出参考"噪声中，因此有

$$v_{\text{n,output}}^2 = (A_V \cdot \text{C.G.})^2 \cdot n_{\text{n,pix}}^2 + v_{\text{n,sig\_chain}}^2 \tag{3.37}$$

$$n_{\text{n,input}}^2 = n_{\text{n,input}}^2 + \frac{v_{\text{n,sig\_chain}}^2}{(A_V \cdot \text{C.G.})^2} \tag{3.38}$$

式中，$n_{\text{n,pix}}$ 和 $v_{\text{n,sig\_chain}}$ 分别是像素中产生的噪声和信号链中所产生的噪声。

3.3.4 拖尾和高光溢出

这些现象发生在高强光照射传感器时。拖尾表现为白色竖条纹，通常发生在漫射光进入 V-CDD 寄存器时或者体硅深处产生的电荷扩散进 V-CCD 时。高光溢出在光生电荷超出像素的满阱容量时发生，溢出电荷会进入相邻的像素或 V-CCD 中。为了抑制高光溢出，

像素中应当加入溢出漏极。

第 4 章的图 4.28 给出了拖尾的例子。拖尾这一现象的具体阐述,对于 CCD 图像传感器,可以参见 4.2.4.2 节;对于 CMOS 图像传感器,可以参见 5.3.3.4 节。在 CMOS 图像传感器中,因为拖尾噪声可以认为是信号链噪声(式(3.38)中的 ν_{n,sig_chain}),故其影响可以被有效地减少到 $1/(C.G. \cdot A_v)$。在 CCD 图像传感器中,拖尾噪声会直接恶化图像质量,因为在式(3.37)式(3.38)中 C.G. $\cdot A_v$ 等于 1。(参见图 3.5 中的不同结构)

3.3.5　图像拖影

图像拖影是一种在光强突然改变后,残余的图像仍然出现在接下来的数帧中的现象。在 IT-CCD 中,如果从光电二极管到 V-CCD 的电荷转移没有完成,就会产生这种拖影现象。在四管像素(见 5.2.2 节)的 CMOS 图像传感器中,如果从光电二极管到浮置扩散区的电荷转移没有完成,可能导致这种现象。在三管像素(见 5.2.1 节)的 CMOS 图像传感器中,它的起源是软复位模式,此时光电二极管的复位在 MOS 管的亚阈值模式下进行。

3.4　光电转换特性

3.4.1　量子效率和响应率

总量子效率(quantum efficiency,QE)由下式给出:
$$QE(\lambda) = N_{sig}(\lambda)/N_{ph}(\lambda) \tag{3.39}$$
式中,N_{sig} 是每个像素产生的信号电荷,N_{ph} 是每个像素的入射光子。

如前所述,入射光子有一部分被光电二极管的上部结构反射或者吸收了。微型透镜结构决定了有效填充因子,光电二极管结构(从表面到衬底)决定了电荷收集系数。因此,式(3.39)可以被表达为
$$QE(\lambda) = T(\lambda) \cdot FF \cdot \eta(\lambda) \tag{3.40}$$
式中,$T(\lambda)$ 是探测器以上结构的光线透射比,FF 是有效 FF,$\eta(\lambda)$ 是光电二极管的电荷收集效率。N_{sig} 和 N_{ph} 由下式表示:
$$N_{sig} = \frac{I_{ph} \cdot A_{pix} \cdot t_{INT}}{q} \tag{3.41}$$
$$N_{ph} = \frac{P \cdot A_{pix} \cdot t_{INT}}{h\nu} \tag{3.42}$$
式中:I_{ph} 是光电流,单位为 $[A/cm^2]$;A_{pix} 是像素面积,单位为 $[cm^2]$;P 是输入光功率,单位为 $[W/cm^2]$;t_{INT} 是积分时间;q 是电子电荷量。

响应率 $R(\lambda)$ 定义为光电流与光输入功率的比例,由下式给出:
$$R = \frac{I_{ph}[A/cm^2]}{P[W/cm^2]} = \frac{qN_{sig}}{h\nu N_{ph}} = QE \cdot \frac{q\lambda}{hc} \tag{3.43}$$
参考式(3.43),则光谱响应可以用两种方式表示:响应率或量子效率。为了突出两种表示方式的不同,我们假设有一个虚拟图像传感器,它在 400～700nm 的波长范围内 QE 值恒为 0.5,其光谱响应如图 3.18 所示。我们也经常使用相对响应,即将响应值相对它的峰值进行归一化。将彩色滤光器的响应值(见图 3.10)和图像传感器的响应值相乘,可以得到

整体的颜色响应。

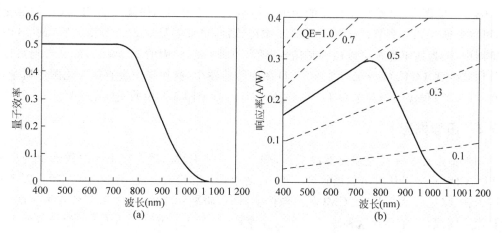

图 3.18　频谱响应

（a）频谱量子效率；（b）频谱响应率

3.4.2　光电转换特性机理

本节主要内容为光电转换特性，其表征了输出电压和曝光是之间的关系。

在数码相机领域，使用标准光源时，曝光通常以勒克斯秒为单位。估计来自标准光源的入射光子数量的过程多少有些复杂，光电转换的参数将用单色光为例进行说明。在单色光条件下，入射光每单位能量包含的光子数目很容易求出，光电转换的参数细节也容易分析。附录 A 提供了估算标准光源中的入射光子数量的方法。

图 3.19 是光电转换参数的一个例子，展示了信号、光子散粒噪声和读出噪声（本底噪声）与入射光子量的函数关系。为了做出图像，我们假设了一个虚拟的图像传感器，它的像素尺寸为 $25\mu m^2$，C.G. 为 $40\mu V/e^-$，满阱容量为 20 000 个电子，本底噪声为 12 个电子，探测器的 QE 为 0.5。本图中未包含暗电流散粒噪声。

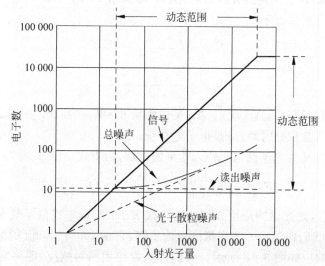

图 3.19　光电转换参数的例子 $A_{pix} = 25\mu m^2$；C.G. $= \dfrac{40\mu V}{e^-}$；$N_{sat} = 20\,000 e^-$；$n_{read} = 12 e^-$

3.4.2.1　动态范围和信噪比

动态范围(Dynamic range, DR)定义为满阱容量与本底噪声之间的比值。信噪比(Signal-to-noise ratio, SNR)是给定输入电压下信号与噪声的比值。它们分别如下式所示:

$$DR = 20\log\left(\frac{N_{sat}}{n_{read}}\right)[dB] \tag{3.44}$$

$$SNR = 20\log\left(\frac{N_{sig}}{n}\right)[dB] \tag{3.45}$$

在图 3.19 的例子中, DR 的计算方法为: $20 \cdot \log(20\,000/12) = 64.4$ dB。在 SNR 表达式中, 噪声 n 是在信号电平为 N_{sig} 时的总暂态噪声。在总噪声中以读出噪声为主, SNR 由下式表示:

$$SNR = 20\log\left(\frac{N_{sig}}{n_{read}}\right) \tag{3.46}$$

在光子散粒噪声占主要部分时, 可以表示为

$$SNR = 20\log\left(\frac{N_{sig}}{n_{photo}}\right) = 20\log\left(\frac{N_{sig}}{\sqrt{N_{sig}}}\right) = 20\log\sqrt{N_{sig}} \tag{3.47}$$

图 3.20 展示了 SNR 与入射光子数的函数关系。由式(3.27)可知, 最大 SNR 仅由满阱容量决定, 见下式:

$$SNR_{max} = 20\log\sqrt{N_{sat}} = 10\log(N_{sat}) \tag{3.48}$$

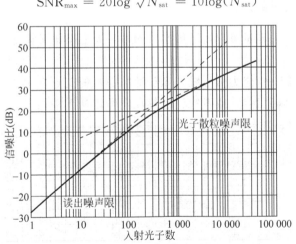

图 3.20　信噪比与入射光子数的函数关系

3.4.2.2　量子效率的估算

量子效率易从图 3.19 中得出, 在本例中为 0.5。同时, 也可以通过 SNR 曲线中(如图 3.20 所示)散粒噪声为主的部分估算量子效率, 如下式:

$$QE = \frac{N_{sig}}{N_{photo}} = \frac{(S/N)}{N_{photo}} \tag{3.49}$$

式中, S/N 为 N_{sig}/n_{photo}。

然后, 入射光子的数量(见图 3.19 的横轴)需要转换为曝光量, 信号电子的数量(见

图 3.19 的纵轴)需要转换为输出电压(在本例中,是检测点电压或输入参考电压)。对于单色光来说,入射光子的数量由下式给出:

$$N_{\text{photo}} = \frac{\lambda}{hc} \cdot P \cdot A_{\text{pix}} \cdot t_{\text{INT}} \tag{3.50}$$

式中,P 是单位平面辐照度,单位为 W/cm^2;A_{pix} 是像素面积,单位为 cm^2;t_{INT} 是积分时间,单位为 s。

3.4.2.3 转换增益的估算

将图像传感器的信号电荷转换为信号电压的过程,按以下关系进行:

$$V_{\text{sig}} = \text{C. G.} \cdot N_{\text{sig}} \tag{3.51}$$

式中,C. G. 是转换增益(见式(3.6))。采用光子散粒噪声估计转换增益,如式(3.35):

$$v_{\text{photo}} = \text{C. G.} \cdot \sqrt{N_{\text{sig}}} \tag{3.52}$$

式(3.51)和式(3.52)导出以下关系式:

$$v_{\text{photo}}^2 = (\text{C. G.}) \cdot V_{\text{sig}} \tag{3.53}$$

因此,转换增益可以由 V_{sig} 与 v_{photon}^2 的关系图的斜率获得。在估算本方法中,光子散粒噪声被视为提供有用信息的"信号",因而可以得到曝光量与输出电压的关系,如图 3.21所示。

3.4.2.4 满阱容量的估算

式(3.48)表明,满阱容量可以通过用实验测量最大信噪比来获得:

$$N_{\text{sat}} = 10^{\text{SNR}_{\text{max}}/10} \tag{3.54}$$

同样地,在图 3.21 中,因为信号线与光子散粒噪声的交点发生在 $N_{\text{sig}} = 1$ 处(此处信号电压等于转换增益),满阱容量(或者饱和电荷)N_{sat} 可以从图中估出。

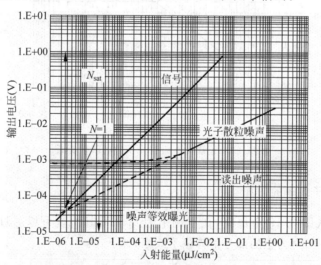

图 3.21 光电转换参数

曝光量 vs 电荷检测点的信号电压。单色光波长 550nm 处:QE=0.5;$A_{\text{pix}} = 25\mu m^2$;

C. G. =$40\mu\text{V/e}^-$;$N_{\text{read}} = 20\,000\text{e}^-$;$n_{\text{read}} = 12\text{e}^-$

3.4.2.5　噪声等效曝光度

噪声等效曝光度可以定义为信号电平等于读出噪声电平时,也就是信噪比等于 1 时的曝光量。

实际上,入射光子和信号电荷之间的关系的推导须反向进行,即从获取图像传感器曝光量和输出信号的关系开始。采用该种方法的前提是假设光电转换特性是线性的,而且没有失调电压。若非如此(例如由暗电流会引起非线性和失调),则应在修正之后再采用该方法获得转换增益。

在实际器件中,信噪比(包括固定模式噪声)实际限制着真正的成像信噪比,因为一次拍照同时包含这两个来源。另外,PRNU 限制了最大信噪比,因为 PRNU 的增长与散粒噪声的增长分别正比于信号电子数及其平方根。在 PRNU 线性度大约为 1% 的条件下,不管满阱容量有多大,最大 SNR(包括 PRNU)永远不可能超过 40dB。

3.4.2.6　线性度

光电转换固然是一个线性过程。然而,从电子到信号电荷的转换(如电荷收集效率)和信号电荷到输出电压的转换则可能是非线性的过程。

在 CCD 图像传感器中,非线性可能源于随电压变化的浮置扩散型电容以及输出放大器的非线性。然而,这些非线性的影响通常很小,因为相比于拥有高偏置电压(约 15V)的输出放大器,非线性来源部分的工作电压范围非常有限(<1V)。在 IT CCD 中,最值得注意的非线性出现在饱和电平附近,因为像素中有垂直溢出漏极结构。该非线性来源于从光电二极管电荷储存区域到垂直溢出漏极的电子转移。[31,32]

3.4.2.7　串扰

串扰有两种成分:光学串扰和电学串扰。光学串扰成分来源于漫射光或对角度敏感的片上微透镜阵列,如图 3.11 所示。不考虑电学串扰成分的前提下,波长较长的光发生光电转换生成信号电荷的区域较深,可能会扩散到相邻的像素。减少该类电荷扩散的方法包括:

(1) 在保持表面对红光光谱响应率的条件下,使有效光电转换深度变浅。例如,使用正向偏置 n 型衬底(见图 3.13(b))。

(2) 在像素间加入隔离区。例如,对于 CMOS 图像传感器可以采用更高掺杂度的 p 型隔绝区包围光电二极管区域。[33]

正如 3.2.3 节所描述的,对于小型像素来说,通常会制作片上微型透镜以增加灵敏度。微型透镜能够将入射光线汇聚到光电二极管区域的中心上,因此也能减少串扰。

3.4.3　灵敏度和信噪比

灵敏度,作为图像传感器中最重要的性能指标,通常被定义为输出信号变化与输入光线变化的比值,常用单位有伏特每勒克斯秒、电子每勒克斯秒、位每勒克斯秒等。然而,这个定义并没有明示“图像传感器能够捕获并仍能产生输出图像的最暗场景是什么?”这一问题。为了解决这个问题,我们需要知道图像传感器的“灵敏度”(输出变化与输入变化之比)和它的噪声水平。在非常低的光线水平下,噪声等效曝光度包括了上述两个因素的影响。当考虑从暗到亮的整个光照范围时,信噪比是对图像传感器真正"灵敏度"的衡量标准。

3.4.4　如何提高信噪比

显然,信噪比可以通过加强信号和减小噪声来提高。为了加强信号,必须提高量子效率。由式(3.39)和式(3.40)需要提高下列项:

(1) 光的透射比$[T(\lambda)]$,通过:

- 减少颜色滤光片吸收;
- 减小 SiO_2/Si 接触面的反射率。

(2) 填充因子$[FF]$,通过:

- 减小像素中的非探测区域;
- 优化微型透镜结构。

(3) 电荷收集效率$[\eta(\lambda)]$,通过:

由优化微探测器结构并避免像素间串扰。

为了进一步减少噪声,还应该采取更多可能的手段。选择合适电荷-电压转换因子也是一种可行的噪声减少技术。如式(3.38)中所述,更高的转换因子$(A_v \cdot C.G.)$会提供更低的输入参考噪声。在信号进入产生噪声的读出电路前,这有效地提高了信号增益。然而,这项技术可能会降低相机的动态范围,尤其在 CMOS 图像传感器中,因为当供电电压有限时,高转换因子大大减少了满阱容量。选择灵敏度和动态范围的最佳值是一个重要的设计问题,尤其对小像素图像传感器而言。

3.5　阵列的性能

3.5.1　调制传递函数

测量 MTF 是用来描述一个系统的频率响应或分辨力的方法。在一个线性成像系统中,输入量 $i(x,y)$ 是一个二维的光学输入信号,而输出量 $o(x,y)$ 是在电视监视器观察到的最终图像或用作印刷品的图像。输入和输出之间的关系由下式表示:

$$o(x,y) = \iint h(x - x_0, y - y_0) \cdot i(x_0, y_0) \cdot d_{x_0} \cdot d_{y_0} \tag{3.55}$$

式中,$h(x,y)$ 为系统脉冲响应。通过对式(3.55)进行傅里叶变化,得到频域中的等价关系式为

$$O(f_x, f_y) = H(f_x, f_y) \cdot I(f_x, f_y) \tag{3.56}$$

式中,$H(f_x, f_y)$ 为传递函数; $I(f_x, f_y)$ 与 $O(f_x, f_y)$ 分别为 $i(x_0, y_0)$ 与 $o(x,y)$ 的傅里叶变换。MTF 为 $H(f_x, f_y)$ 的量值,因此有

$$H(f_x, f_y) = MTF(f_x, f_y) \cdot \exp\{-\Phi(f_x, f_y)\} \tag{3.57}$$

其中,$\Phi(f_x, f_y)$ 为相位调制函数。

在 DSC 系统中,总 MTF 由透镜系统、光学元件(例如红外截止滤光片和光学低通滤波器)、图像传感器和图像处理模块级联起来形成。

系统总 MTF 为各子部分 MTF 的乘积：

$$\text{MTF}_{\text{system}} = \text{MTF}_{\text{Lens}} \cdot \text{MTF}_{\text{Optical\_Filter}} \cdot \text{MTF}_{\text{Imager}} \cdot \text{MTF}_{\text{Signal\_Processing}} \tag{3.58}$$

图像传感器和信号处理模块涉及时域信号处理。图像传感器将二维光输入信号转换为时间序列信号，图像处理模块将该时序信号转化为最终输出的二维图像。另外，非线性处理通常应用在图像处理模块中。因此，当考虑式(3.58)中 $\text{MTF}_{\text{Imager}}$ 和 $\text{MTF}_{\text{Signal\_Processing}}$ 两个参数时，需要仔细分析。

3.5.2　图像传感器的 MTF

图像传感器由排布在行列结构中的离散像素组成。因此，用于描述数据采样系统响应的奈奎斯特采样定理，同样适用于图像传感器。图像传感器的 MTF 可描述为一个像素内灵敏度分布函数的傅里叶变换后的量值，表达式为

$$\text{MTF}(f_x, f_y) = \left| \iint S(x,y) \cdot \exp\{-j2\pi(f_x \cdot x + f_y \cdot y)\} \cdot dx \cdot dy \right| \tag{3.59}$$

式中，$S(x,y)$ 为像素内的灵敏度分布函数。通常情况下，$S(x,y)$ 对应于光圈(表述感光区域)的形状，但它也可以包括微透镜或在硅本体中电荷扩散的影响。

考虑一个一维的、灵敏度分布均匀的、像素间距为 p、整个感光面积为 d 的例子，如图 3.22 所示。在这种情况下，采样频率 f_s 和奈奎斯特频率 f_N 分别由下列公式给出。

$$f_x = \frac{1}{p} \tag{3.60}$$

$$f_N = \frac{f_s}{2} = \frac{1}{2p} \tag{3.61}$$

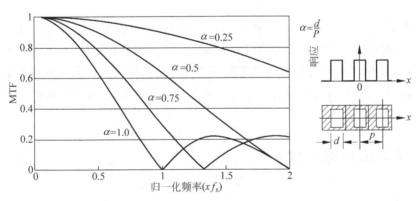

图 3.22　一个归一化探测器灵敏度的 MTF 的例子

并且式(3.59)可以简化为

$$\text{MTF}(f_x) = \left| \int_{-\infty}^{+\infty} \text{Rect}(x_\circ, d) \cdot \exp(-j2\pi f_x) dx \right| = \frac{\sin\left(2\pi f_x \cdot \dfrac{d}{2}\right)}{2\pi f_x \cdot \dfrac{d}{2}} \tag{3.62}$$

从图 3.22 中可以看出，较高的 MTF 是从一个较窄的灵敏度分布得到的。然而，采样定理表明，只有最高频率低于奈奎斯特频率 f_N 的原始图像才能被完全还原。如果输入图像具有高于奈奎斯特频率 f_N 的频率分量，将在 $(f-f_s)$ 出现一个错误信号，这种现象被称

为"混叠",但在应用到二维图像时,该现象通常被称为"摩尔纹"。

当输入频率接近奈奎斯特频率 f_N 时,输入图像和像素之间的相位差将影响输出响应。当信号与像素周期同相时,信号调制具有最大振幅。相反,当信号与像素周期反相时,调制信号幅值最小。为了避免混叠现象,可以放置光学低通滤波器在图像传感器上(见 2.2.3 节)。

3.5.3　光学黑色像素和伪像素

如图 3.23 所示,光学黑色(optical black,OB)像素和伪像素位于成像阵列的周围。OB 像素在测定合适的黑电平的过程中起到了重要的作用,黑电平的作用是作为还原图像的参考电平。OB 像素必须追踪在成像器的工作温度范围内的暗电流变化,以确保有一个固定图像的黑电平。OB 钳位像素的列数是由模拟前端中的钳位电路的性能决定的。

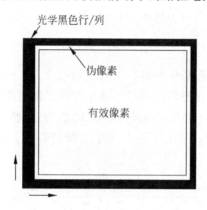

图 3.23　光学黑色像素和伪像素

另外,在 IT 的 CCD 中,在 V-CCD 中产生的暗电流会引起在垂直方向上的暗电流底纹。因为从 OB 列的输出中包含了相同的暗电流,所以暗电流底纹可以得到补偿。伪像素也被置于有效阵列和 OB 区域之间,靠近成像阵列边缘。它们用于对阵列中的所有有效像素进行色彩插值,因为在色彩插值中,为了对一个单个像素内插颜色值,通常需要一个 5×5 像素的区块。

3.6　光学格式和像素大小

3.6.1　光学格式

光学格式(或光学图像的大小)由通过成像透镜投影在图像传感器的光学图像的对角线尺寸来表示。通常情况下,对角的 1in(英寸)的光学图像尺寸约为 16mm,而不是 25.4mm(与 1in 等值的公制量),因为光学格式最初是被标准化为真空管成像器件的直径,它具有比其实际的光学图像尺寸更大的对角线长度。通常对于光学格式大于 0.5in 的固态图像传感器,其图像对角线长度的近似值可以认为是 1in 或者 16mm;而对于格式小于 1/3in 的图像传感器,其近似值可以认为是 1in 或者 18mm。[34]一直到现在,光学格式虽然已经可以用 in 表示,但仍然保留着当初影像管的痕迹。然而,现在的说法为"类型",如 1/1.8 型,而不是 1/1.8in。

表 3.2 和表 3.3 分别列出了成像阵列的大小与光学格式以及个人计算机显示器所定义的标准阵列之间的关系。

表 3.2　光学格式和有效阵列大小

格式(型)	对角线(mm)	水平(mm)	垂直(mm)	
1	16.0	12.80	9.60	16mm/in
2/3	11.0	8.80	6.60	
1/1.8	8.89	7.11	5.33	
1/2	8.00	6.40	4.80	
1/2.5	7.20	5.76	4.32	18mm/in
1/2.7	6.67	5.33	4.00	
1/3	6.00	4.80	3.60	
1/3.2	5.63	4.50	3.38	
1/4	4.50	3.60	2.70	
1/5	3.60	2.88	2.16	
1/6	3.00	2.40	1.80	
对于数码单反相机格式	对角线(mm)	水平(mm)	垂直(mm)	横纵比
35mm	43.27	36.00	24.00	3:2
APS-DX	28.37	23.7	15.6	
APS-C	27.26	22.7	15.1	
APS-H	33.93	28.7	19.1	
Four-thirds	21.63	17.3	13.0	4:3

表 3.3　个人计算机显示器分辨率

	格　式	分辨率(像素)
QCIF	Quarter common intermediate format	176×144
CIF	Common intermediate format	352×288
QVGA	Quarter video graphics array	320×240
VGA	Video graphics array	640×480
SVGA	Super video graphics array	800×600
XGA	Extended graphics array	1024×768
SXGA	Super extended graphics array	1280×1024
UXGA	Ultra extended graphics array	1600×1200
QXGA	Quad extended graphics array	2048×1536

(在第 4 章的图 4.31 中,显示了像素数目与采用光学格式表示的像素大小之间的关系)

3.6.2　像素大小的考虑

在本书撰写时,CCD 传感器中像素尺寸最小到 $2.2\mu m$,而 CMOS 传感器的像素尺寸最小到 $2.25\mu m$。[35]然而,像素的灵敏度和满阱容量随像素尺寸线性减小。正如在 3.4.2 节所述,最大 SNR 只由满阱容量确定(假设信噪比只由光子散粒噪声限制)。此外,如 2.2.4 节所述,艾里斑(Airy disk)的半径由下式给出:

$$r = 1.22\lambda F \tag{3.63}$$

一方面,小像素的分辨能力具有一定的衍射限制。因为衍射点随着 F 值的减少而增加,而低的 F 值会造成光入射到像素上的角度较大从而引起更多的阴影和串扰,因此,可以采取的 F 值的范围是相当有限的。另外,随着更小像素所带来的更大的景深,还原小像素图像传感器得到的图像往往是泛焦的。而为了补偿在 2.1.3 节中所提过的由于像素减小而带来的一些畸变,对于透镜系统的设计要求也更为复杂。在减小像素尺寸的同时,为了保持图像的质量,需要弥补此前提到的小像素的负面影响,这将需要后端处理器发挥更大的作用。

另一方面,具有大像素的高分辨率图像传感器构成的数码单反相机可以提供更高的灵敏度、更宽的动态范围,以及更广泛的 F 值,而这些使得多种照片拍摄技术成为可能。但是其成本也较高,对于一个大的图像传感器芯片而言,需要更大的镜头系统,结果造就了更大、更昂贵的 DSC。另外,由于芯片面积的增加,导致每片晶圆上图像传感器芯片的数量下降,从而图像传感器的成本较高。每片晶圆上良好成像芯片的产量也可能受到影响,从另一方面也提高了传感器的成本。

尽管现阶段可以做到 800 万像素的傻瓜式相机、1700 万像素的数码单反相机,但是约 160 万像素～870 万像素就足够以 300 点每英寸(dpi)来打印 L 尺寸(3.5 英寸～5 英寸)和 A4 尺寸大小的印刷品。因此,在可以预见的将来,消费者应该通过考虑前面提到的情况来选择 DSC。而对于更长远的考虑,请参见第 11 章。

3.7 CCD 图像传感器与 CMOS 图像传感器的对比

自从 20 世纪 90 年代初提出 CMOS 有源像素传感器的概念以来,[36] CMOS 图像传感器技术的性能已经发展到能够与 CCD 技术相提并论的水平。早期的 CMOS 图像传感器由于暗电流的不均匀性,导致了较大的 FPN。许多怀疑者指出,即使 CMOS 图像传感器有很多优良的特性,如低功耗、可以片上集成信号处理电路等,但是对于 CMOS 图像传感器而言,提高图像质量仍是一个很大的问题。然而,随着钳位光电二极管(PPD)技术的提出,CMOS 图像质量问题正迅速得到解决。将 PPD 有源像素结构与片上信号处理电路结合,可以获得比 CCD 图像传感器更低的暂态噪声。[37,38] 拥有大尺寸像素的高分辨率的 CMOS 图像传感器实际上已经应用到几种数码单反相机中,[39-42] 它们已经被证实拥有着出色的图像质量、更高速度的像素速率以及更低的功耗。

此前,由于 CMOS 图像传感器的像素总是比 CCD 图像传感器大,因此,除了用于 DSLR 领域外,CMOS 图像传感器(因其成本低)主要被用于低端数码相机。近年来,由于更先进的加工技术和像素共享结构的提出(见 5.2.2 节),CMOS 图像传感器的像素尺寸显著地降低,随着这些技术的改进,CMOS 图像传感器已成为紧凑型 DSC 和数码单反相机领域有力的竞争者。

在另一方面,CCD 图像传感器也取得了长足的进步。除了固有的良好的图像还原能力,近期的 CCD 图像传感器还具有多种特别适合 DSC 领域应用的特点(见 4.3 节和 4.4 节)。

参 考 文 献

[1]　S. M. Sze,*Semiconductor Devices*：*Physics and Technology*,John Wiley & Sons,NewYork,256,
Chapter 7,1985.

[2]　H. F. Wolf,*Silicon Semiconductor Data*,Pergamon Press,Oxford,110,Chapter 2,1969.

[3]　G. P. Weckler, Operation of p-n junction photodetectors in a photon flux integratingmode,*IEEE J.
Solid-State Circuits*,SC-2(3),65-73,September 1967.

[4]　W. F. Kosonocky and J. E. Carnes,Two-phase charge-coupled devices with overlappingpolysilicon and
aluminum gates,*RCA Rev.*,34,164-202,1973.

[5]　M. H. White, D. R. Lampe,F. C. Blaha,and I. A. Mack,Characterization of surfacechannel CCD
image arrays at low light levels,*IEEE J. Solid-State Circuits*,SC-9(1),1-13,1974.

[6]　B. E. Bayer, US patent 3971,065,Color imaging array,July 20,1976.

[7]　Y. Ishihara and K. Tanigaki,A high photosensitivity IL-CCD image sensor withmonolithic resin lens
array,*IEDM Tech. Dig.*,497-500,December 1983.

[8]　M. Furumiya, K. Hatano,I. Murakami,T. Kawasaki,C. Ogawa,and Y. Nakashiba,A 1/3-in. 1.3-
Mpixel,single-layer electrode CCD with a high-frame-rate skip mode,*IEEE Trans. Electron Devices*,
48(9),1915-1921,September 2001.

[9]　H. Rhodes, G. Agranov,C. Hong,U. Boettiger,R. Mauritzson,J. Ladd,I. Karasev,J. McKee,E.
Jenkins,W. Quinlin,I. Patrick,J. Li,X. Fan,R. Panicacci,S. Smith,C. Mouli,and J. Bruce,CMOS
imager technology shrinks and image performance,*Proc. IEEE Workshop Microelectron. Electron
Devices*,7-18,April 2004.

[10]　M. Deguchi, T. Maruyama,F. Yamasaki,T. Hamamoto,and A. Izumi,Microlensdesign using
simulation program for CCD image sensor,*IEEE Trans. ConsumerElectron.*,38(3),583-588,August
1992.

[11]　G. Agranov, V. Berezin,and R. H. Tsai,Crosstalk and microlens study in a colorCMOS image
sensor,*IEEE Trans. Electron Devices*,50(1),4-11,January 2003.

[12]　J. T. Bosiers, A. C. Kleimann,H. C. Van Kuijk,L. Le Cam,H. L. Peek,J. P. Maas,andA. J. P.
Theuwissen,Frame transfer CCDs for digital still cameras：concept,design,and evaluation,*IEEE
Trans. Electron Devices*,49(3),377-386,March 2002.

[13]　H. Peek, D. Verbugt,J. Maas,and M. Beenhakkers,Technology and performanceof VGA FT-
imagers with double and single layer membrane poly-Si gates,*Program IEEE Workshop Charge-
Coupled Devices Adv. Image Sensors*,R10,1-4,June 1997.

[14]　H. C. van Kuijk,J. T. Bosiers,A. C. Kleimann,L. L. Cam,J. P. Maas,H. L. Peek,C. R. Peschel,
Sensitivity improvement in progressive-scan FT-CCDs for digital still cameraapplications,*IEDM
Tech. Dig.*,689-692,2000.

[15]　A. Tsukamoto, W. Kamisaka,H. Senda,N. Niisoe,H. Aoki,T. Otagaki,Y. Shigeta,M. Asaumi,
Y. Miyata,Y. Sano,T. Kuriyama,and S. Terakawa,High-sensitivity pixeltechnology for a 1/4-inch
PAL 430-kpixel IT-CCD,*IEEE Custom Integrated CircuitConf.*,39-42,1996.

[16]　H. Mutoh, 3-D wave optical simulation of inner-layer lens structures,*Program IEEE Workshop
Charge-Coupled Devices Adv. Image Sensors*,106-109,June 1999.

[17]　M. Negishi, H. Yamada,K. Harada,M. Yamagishi,and K. Yonemoto,A low-smearstructure for
2-Mpixel CCD image sensors,*IEEE Trans. Consumer Electron.*,37(3),494-500,August 1991.

[18]　F. A. Jenkins and H. E. White,*Fundamentals of Optics*,4th ed.,McGraw-Hill, New York,526,
Chapter 25,1981.

[19]　I. Murakami, T. Nakano, K. Hatano, Y. Nakashiba, M. Furumiya, T. Nagata, T. Kawasaki, H. Utsumi, S. Uchiya, K. Arai, N. Mutoh, A. Kohno, N. Teranishi, and Y. Hokari, Technologies to improve photo-sensitivity and reduce VOD shutter voltagefor CCD image sensors, *IEEE Trans. Electron Devices*, 47(8), 1566-1572, August 2000.

[20]　S. M. Sze, *Semiconductor Devices: Physics and Technology*, John Wiley & Sons, NewYork, 48-55, Chapter 2, 1985.

[21]　R. N. Hall, Electron-hole recombination in germanium, *Phys. Rev.*, 87, 387, July 1952.

[22]　W. Shockley and W. T. Read, Jr., Statistics of recombinations of holes and electrons, *Phys. Rev.*, 87, 835-842, September 1952.

[23]　R. F. Pierret, *Modular Series on Solid State Physics*, vol. Ⅵ, Addison-Wesley, Reading, MA, Chapter 5, 1987.

[24]　N. Teranishi, A. Kohno, Y. Ishihara, E. Oda, and K. Arai, No image lag photodiodestructure in the interline CCD image sensor, *IEDM Tech. Dig.*, 324-327, December 1982.

[25]　W. C. McColgin, J. P. Lavine, J. Kyan, D. N. Nichols, and C. V. Stancampiano, Darkcurrent quantization in CCD image sensors, *IEDM Tech. Dig.*, 113-116, December 1992.

[26]　N. S. Saks, A technique for suppressing dark current generated by interface states inburied channel CCD imagers, *IEEE Electron Device Lett.*, EDL-1, 131-133, July 1980.

[27]　C-C. Wang and C. G. Sodini, The effect of hot carriers on the operation of CMOSactive pixel sensors, *IEDM Tech. Dig.*, 563-566, December 2001.

[28]　I. Takayanagi, J. Nakamura, E.-S. Eid, E. Fossum, K. Nagashima, T. Kunihiro, andH. Yurimoto, A low dark current stacked CMOS-APS for charged particle imaging, *IEDM Tech. Dig.*, 551-554, December 2001.

[29]　B. Razavi, *Design of Analog CMOS Integrated Circuits*, McGraw-Hill, New York, 209-218, Chapter 7, 2001.

[30]　J. Janesick, CCD characterization using the photon transfer technique, *Proc. SPIE*, 570, *Solid State Imaging Arrays*, 7-19, 1985.

[31]　E. G. Stevens, Photoresponse nonlinearity of solid-state image sensors with antibloomingprotection, *IEEE Trans. Electron Devices*, 38(2), 299-302, February 1991.

[32]　S. Kawai, M. Morimoto, N. Mutoh, and N. Teranishi, Photo response analysis inCCD image sensors with a VOD structure, *IEEE Trans. Electron Devices*, 42(4), 652-655, April 1995.

[33]　M. Furumiya, H. Ohkubo, Y. Muramatsu, S. Kurosawa, F. Okamaoto, Y. Fujimoto, and Y. Nakashiba, High-sensitivity and no-cross-talk pixel technology for embeddedCMOS image sensor, *IEEE Trans. Electron Devices*, 48(10), 2221-2227, October 2001.

[34]　N. Egami, Optical image size, *J. ITEJ*, 56(10), 1575-1576, October 2002(in Japanese).

[35]　M. Mori, M. Katsuno, S. Kasuga, T. Murata, and T. Yamaguchi, A π-inch 2-MpixelCMOS image sensor with 1.75 transistor/pixel, *ISSCC Dig. Tech. Papers*, 110-111, February 2004.

[36]　E. R. Fossum, Active pixel sensors: are CCDs dinosaurs? *Proc. SPIE*, 1900, *Charge-Coupled Devices and Solid-State Optical Sensors* Ⅲ, 2-14, 1993.

[37]　L. J. Kozlowski, J. Luo, and A. Tomasini, Performance limits in visible and infraredimage sensors, *IEDM Tech. Dig.*, 867-870, December 1999.

[38]　A. Krymski, N. Khaliullin, and H. Rhodes, A 2 e-noise, 1.3 megapixel CMOS sensor, *Program IEEE Workshop Charge-Coupled Devices Adv. Image Sensors*, May 2003.

[39]　S. Inoue, K. Sakurai, I. Ueno, T. Koizumi, H. Hiyama, T. Asaba, S. Sugawa, A. Maeda, K. Higashitani, H. Kato, K. Iizuka, and M. Yamawaki, A 3.25-Mpixel APSCsize CMOS image sensor, *Program IEEE Workshop Charge-Coupled Devices Adv. Image Sensors*, 16-19, June 2001.

[40] A. Rush and P. Hubel, X3 sensor characteristics, *J. Soc. Photogr. Sci. Technol. Jpn.*, 66(1), 57-60, 2003.

[41] G. Meynants, B. Dierickx, A. Alaerts, D. Uwaerts, S. Cos, and D. Scheffer, A 35-mm 13.89-million pixel CMOS active pixel image sensor, *Program IEEE WorkshopCharge-Coupled Devices Adv. Image Sensors*, May 2003.

[42] T. Isogai, T. Ishida, A. Kamashita, S. Suzuki, M. Juen, and T. Kazama, 4.1-MpixelJFET imaging sensor LBCAST, *Proc. SPIE*, 5301, 258-263, 2004.

第 4 章　CCD 图像传感器

4.1　CCD 基础

4.1.1　电荷耦合器件的概念

电荷耦合器件(charge coupled device,CCD)是一种能够在半导体中以电荷包的形式存储和传输信号电子(偶尔传输空穴)的器件[1]。如图 4.1(a)所示,CCD 的主要结构为金属氧化物半导体(MOS)电容。当金属电极加正电压时,p 型硅衬底的多数载流子空穴从硅表面区域被排斥走,随之在硅表面区域形成耗尽层,从电极出发的电场线终止于耗尽层中由受主离子形成的负空间电荷区。在这种非热平衡条件下,注入的少数载流子电子就会被吸引到电极下的 Si-SiO₂界面,如图 4.1(b)所示,这意味着在 Si-SiO₂界面形成了一个电子的势阱。通常,我们用如图 4.1(c)的流体模型来描述电荷包存储和转移的情况。

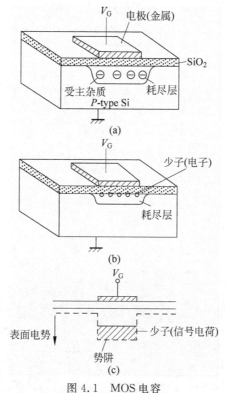

图 4.1　MOS 电容

(a)非热平衡深耗尽情况;(b)电子存储情况;(c)电荷在势阱中存储的流体模型

接着,我们考虑相邻 MOS 电容之间的交互作用,如图 4.2 所示。图 4.2(a)所示的例子中,相邻两电极 G1 和 G2 之间有较大的空间,且两电极上均施加正高电压,在 G1 下的势阱中存储了一个电子电荷包,在 G2 下的势阱中没有电荷。在这种情况下,相邻 MOS 电容之间没有交互作用发生。当 G1 与 G2 之间的空间变得很窄时,这两个势阱会耦合在一起。于是,存储在 G1 下的电子电荷包将由 G1 与 G2 之下的耦合势阱共享,如图 4.2(b)所示。然后,通过降低 G1 上的电压,电子电荷包可以完全转移到 G2 下的势阱中,如图 4.2(c)所示。因此,我们能够将一个电荷包从 G1 所在位置转移到 G2 所在位置。

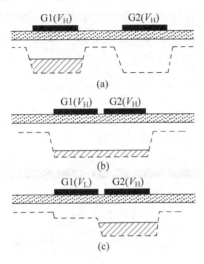

图 4.2　电荷转移的原理

(a) G1 和 G2 被施加高偏压且分置开来；(b) G1 和 G2 被紧密放置；(c) 降低 G1 上的偏压

如果我们将大量的 MOS 电容紧密放置成一行,就可以通过控制势阱,自由地将电荷包从一个电容移动到另一个电容。在这种方式下,CCD 的作用相当于以电荷包中的电子数目为传递信号的模拟移位寄存器。在 CCD 中进行电荷转移的关键在于将存储在势阱中的所有电子完全转移至相邻势阱中,这称作完全电荷转移模式。因为势阱中的电子数目不受电压和电流波动的影响,完全电荷转移模式使 CCD 成为最适合于图像传感器应用的结构。CCD 有极高的信噪比。

4.1.2　电荷转移机制

基本电荷转移取决于 3 个机制:自激漂移(self-induced drift)、热扩散(thermal diffusion)和边缘场效应(fringing field drift)。图 4.3(a)和(b)显示了一个不考虑边缘场效应的简单模型,其中电荷从电极 G2 下转移到电极 G3 下。当电荷包较大时(例如在电荷转移刚开始的时候),载流子之间的静电排斥作用所引起的自激漂移控制转移的进行。在转移 t 时间之后 G2 下的剩余电荷满足下面的近似公式[2]:

$$Q(t)/Q_0 \approx t_0/(t_0+t) \tag{4.1}$$

$$t_0 = \pi L^3 W C_{\mathrm{eff}}/2\mu Q_0 = \pi/2 \cdot L^2/\mu(V_1-V_0) \tag{4.2}$$

式中,L 和 W 分别表示电极 G2 的长和宽；μ 表示载流子(电子)迁移率；C_{eff} 表示单位面积有效存储电容,它与之前所提到的 CCD 中所用 MOS 电容的栅氧化层有关。$V_1-V_0 = Q_0/LWC_{\mathrm{eff}}$ 是将载流子移动至相邻电极 G3 的初始电压。

式(4.1)和式(4.2)意味着衰减速度与初始电荷密度成正比。当 G2 下的剩余电荷产生的沟道电压低至阈值电压 kT/q 时(室温下为 $26\mathrm{mV}$),如图 4.3(b)所示,转移过程主要是热扩散,这就使得 G2 下存储的电荷以指数形式减少。热扩散时间常量 τ_{th} 可以用以下公式表示:

$$\tau_{\mathrm{th}} = 4L^2/\pi^2 D \tag{4.3}$$

式中,D 是载流子扩散系数。在不考虑边缘场效应的情况下,热扩散决定电荷传输性能,因为剩余电荷最终会减少至几个电子。实际上,边缘场 E_y 是由两个电极之间的电压差引起的,并且加快了最后阶段的电荷转移,如图 4.3(c)所示。边缘场的强度和形状取决于栅氧化层厚度、硅中的杂质分布情况和电极的压差。单位载流子通过长度为 L 的电极的渡越时间 t_{tr} 为

$$t_{\mathrm{tr}} = \frac{1}{\mu}\int_0^L (1/E_y)\mathrm{d}y \tag{4.4}^{[2]}$$

在高速操作时,例如在 $10\mathrm{MHz}$ 时钟下,边缘场是最重要的一个电荷转移的驱动力。因此,在设计 CCD 时必须要考虑如何增强边缘场。

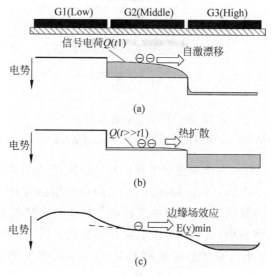

图 4.3　电荷转移机制

(a) 自激漂移;(b) 热扩散;(c) 边缘场效应

传输效率 η 用来评价 CCD 的性能[4],定义如下:

$$\eta = [Q_t/Q_i]^{1/N} \times 100[\%] \tag{4.5}$$

式中,Q_i 是输入脉冲信号电荷;Q_t 是初始电荷包中的转移电荷;N 是转移电荷的总次数。

4.1.3　表面沟道与掩埋沟道

在先前介绍的 CCD 中,电荷包是在 MOS 结构的硅表面进行存储与传输的,如图 4.1 和图 4.2 所示,这种类型叫做表面沟道 CCD。图 4.4 展示了在电极上施加正电压 V_G 时产生的一维能带弯曲以及存储电荷包 Q_s。表面电势 V_s 可以通过用耗尽近似的方法求解泊松方程得到[5]:

$$V_s = qN_A x_d^2/2\varepsilon_s \tag{4.6}$$

$$V_G - V_{\mathrm{FB}} = V_s + V_{\mathrm{ox}} = V_s + qN_A x_d/C_{\mathrm{ox}} + Q_s/C_{\mathrm{ox}} \tag{4.7}$$

式中，N_A 是受主杂质离子的掺杂浓度；x_d 是耗尽区宽度；ε_s 是硅的介电常数；V_{ox} 是氧化层上的电压差；V_{FB} 是平带电压；Q_s 是单位表面积的存储电荷；C_{ox} 是氧化层电容（氧化层介电常数 ε_{ox} 除以氧化层厚度 t_{ox}）。

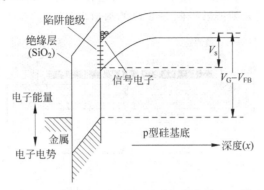

图 4.4　CCD 中表面沟道的能带图与存储电子情况

通过方程(4.6)和方程(4.7)求解 V_s，可以得到以下方程：

$$V_s = V'_G + V_0 - (2V'_G V_0 + V_0^2)^{1/2} \tag{4.8}$$

式中

$$V'_G = V_G - V_{FB} - Q_s/C_{ox} \tag{4.9}$$

$$V_0 = V_G - V_{FB} - qN_A\varepsilon_s/C_{ox}^2 \tag{4.10}$$

根据式(4.8)，我们以 N_A 和 t_{ox} 为参数绘制表面电势 V_s 与 V_G 的关系曲线，如图 4.5 所示。当 N_A 下降且 V_G 上升时，曲线近似一条直线，且斜率为 1。

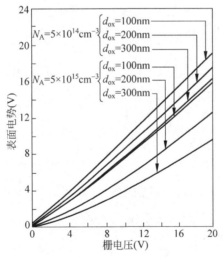

图 4.5　在 3 种氧化层厚度和两种衬底杂质密度下的栅表面沟道电势与栅（电极）电压的关系曲线

表面沟道有一个严重的缺点：由于硅表面的晶格极不规则，在硅表面的禁带引入了高密度的载流子陷阱能级，这又被称为表面态或界面态。因此，信号电子（偶尔是空穴）在表面传输时会被表面态俘获（俘获的可能性取决于陷阱能级的分布），且在整个传输过程中会损失很多电子。换言之，表面沟道不能以高的传输效率（高于每单位传输级 99.99%）传输电荷包，且不适于大规模 CCD。[6]

人们为克服这些问题，开发具有高效传输能力的掩埋沟道 CCD(BCCD)[7]，其剖面图如图 4.6 所示。埋藏沟道包括一个处于 p 型硅衬底上的 n 型杂质层，且在初始时刻通过在 n 型层和 p 衬底之间加反偏电压使其完全耗尽。通过在 n 型层上的电极上施加电压（以与表面沟道 CCD 相同的方式），就能够控制 BCCD 的沟道电势。

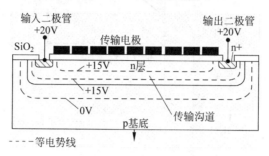

图 4.6　CCD 掩埋沟道剖面图（参照 Walden, R. H. *et al.*, BellSyst. Tech. J., 51,1635-1640,1972.）

BCCD 的一维能带图如图 4.7 所示。图 4.7(a)和(b)分别显示了反向偏置电压为零时的能带图和通过在电极上加近零电压来提供足够大的反向偏置电压而使得 n 型层完全耗尽的能带图，如图所示，能带被电极电势提升至硅表面。图 4.7(c)显示了 n 型层中有电荷包的情形，如图所示，电子被存储在最低电势区域，且表面耗尽层将其与硅表面隔开。

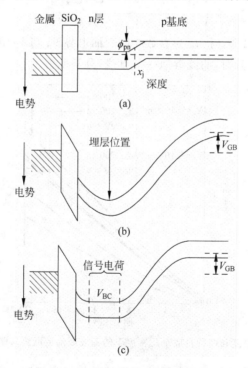

图 4.7　BCCD 的一维能带图

(a) 零偏状态；(b) BCCD 在强反偏压下完全耗尽；(c) 信号电荷进入到 BCCD 中

因为电子无法与界面态（陷阱能级）相互作用，BCCD 有着极好的电荷传输效率。一维电势分布可以用泊松方程来分析，其中，对 n 型层和 p 衬底的杂质采取耗尽近似：

$$\frac{\mathrm{d}^2 V_B}{\mathrm{d}x^2} = -qN_D/\varepsilon_s (0 \leqslant x \leqslant x_j) \tag{4.11}$$

$$\frac{\mathrm{d}^2 V_B}{\mathrm{d}x^2} = qN_D/\varepsilon_s (x_j < x) \tag{4.12}$$

式中，V_B 是 BCCD 的沟道电势；N_D 是 n 型层中的施主杂质的浓度；x_j 是 p-n 结深度。简单分析模型如图 4.8 所示。以偏置电压等于 V_{GB} 作为边界条件来解方程(4.11)和方程(4.12)(电势和电介质中的电位移需要分别在 $x = x_j$ 和 $x = 0$ 处连续)，最大沟道电势 V_{MB}(对于电子来说是最小电势)可以根据栅电极电压 $V_{GB} - V_{FB}$ 表示为

$$\sqrt{V_{MB}} = \sqrt{V_K} - [V_K + (V_{GB} - V_{FB} - V_I) \cdot (N_A + N_D)/N_D]^{1/2} \tag{4.13}$$

其中

$$V_K = qN_A(N_A + N_D)\left(\frac{t_{ox}\varepsilon_s}{\varepsilon_{ox}} + x_j\right)^2/N_D \tag{4.14}$$

$$V_I = qN_D x_j \left(\frac{2t_{ox}\varepsilon_s}{\varepsilon_{ox}} + x_j\right)/2\varepsilon_s \tag{4.15}$$

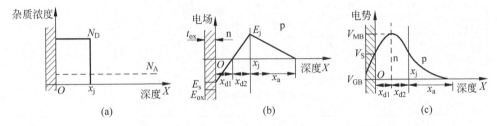

图 4.8　BCCD 的一维分析模型

(a) 采用突变结近似的掺杂分布；(b) 电场；(c) 不考虑信号电荷的采用耗尽近似的 BCCD 静电势

图 4.9 显示了经计算得到的 V_{MB}-V_{GB} 曲线，其中分别使用 3 种 n 型层掺杂密度的实验值作为器件参数。在此图中，各条曲线均在负电压 V_{GB} 处有一拐点。这些拐点是由于空穴注入到 n 型层的表面形成的，这些空穴来自于 BCCD 周围的 p 型区，例如 p 型沟道截止区。电场(电通量)线终止于这些注入空穴，同时这些注入空穴将表面电势钳位至衬底电势。这种现象，如图 4.10 所示，被称为价带钳位，其极大地提升了 BCCD 的特性。[9]实际上，表面积

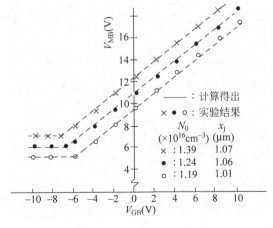

图 4.9　3 个 BCCD 样品在零电荷情况下分别通过计算和实验得到的 V_{MB}-V_{GB} 特性

累的空穴抑制了分布于禁带中部的表面态产生的热电流,这些热电流叫做暗电流,表现为图像传感器应用(具体阐释见 4.2 节)中的暂态噪声或固定模式噪声(FPN)。在价带钳位的情况下,表面产生的暗电流表示如下:

$$|I_s| = -eU_s = eS_{on}n_1^2/p_s$$
$$= (eS_{on}n_i/2) \times (2n_i/p_s) \tag{4.16}$$

式中,U_s 是表面产生率;S_{on} 是表面产生速度;p_s 是表面区域的空穴密度,且在非热平衡情况下假定 $n_s p_s \ll n_i^2$。例如,超过临界钳位电压 1 V 时,p_s 大于 10^{17},且室温下 $2n_i/p_s$ 约为 10^{-7},这意味着暗电流小至可以忽略的水平。

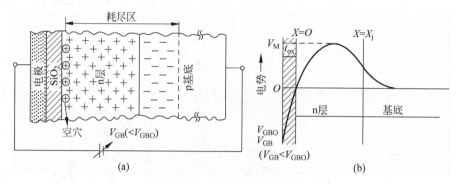

图 4.10 掩埋沟道,在价带钳位状态
(a) 物理结构;(b) 电势分布

实质上,当钳位出现时,暗电流急剧减少,如图 4.11 所示。图中为 BCCD 中的暗电流的测量曲线。

图中 V_{GBO} 是产生价带钳位的临界电极电压。因此施加一个负电压作为时钟脉冲的低电平,从而通过价带钳位抑制垂直转移 CCD(VCCD)的暗电流噪声。BCCD 的另一优点是可以增强电荷传输沟道的边缘场效应,因为电极和沟道电势最大处的距离比 SCCD 中的长。[7]除此之外,体中的电子迁移率比表面的电子迁移率高 2～3 倍。增强的边缘场和高的迁移率加快了 BCCD 的电荷转移速度。拥有这些优势使得 BCCD 成为一种标准的 CCD,它可以实现高于 99.9999% 的电荷转移效率。

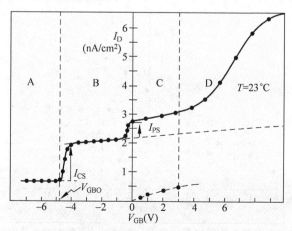

图 4.11 测试得到的暗电流与电极电压的关系曲线

4.1.4　典型的结构和工作方式(两相和四相时钟)

CCD 要求电极的距离尽可能的小,例如小于 $0.1\mu\text{m}$,因此通常采用双层多晶硅交叠的方法来制作电极。图 4.12(a)和图 4.13(a)表示两个典型的 CCD 的截面图,其中图 4.12(a)表示两相驱动 CCD,图 4.13(a)表示四相驱动 CCD,两者都属于 BCCD,在两相驱动 CCD 中,第一层和第二层多晶硅电极成对连接。我们通过向其注入例如硼离子等 p 型杂质,使第二层电极下的 n 层的掺杂浓度低于第一层电极。

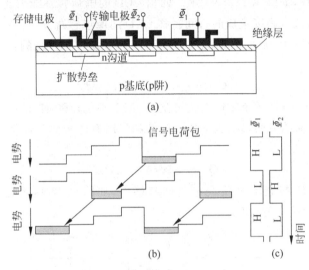

图 4.12　两相 CCD

(a)截面图;(b)两相脉冲下的沟道电势分布;(c)两相脉冲 $\Phi1$ 和 $\Phi2$

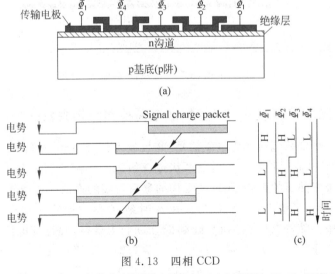

图 4.13　四相 CCD

(a)截面图;(b)四相脉冲下的沟道电势分布;(c)四相脉冲 $\Phi1$、$\Phi2$、$\Phi3$ 和 $\Phi4$

因此,电势的步进在同相电极下的沟道中形成,如图 4.12(b)所示,可利用两相时钟来实现电荷包的传输。电势的步进阻止了电荷的回流,决定了电荷转移的方向,并且在时钟脉冲稍微降低时,也可以保证电荷的转移。两相 CCD 的电荷转移能力由第二层电极(转移电极)下的势垒高度和第一层电极(存储电极)的面积大小决定,尽管两相 CCD 的电荷存储能力比四相电极小,但是它适用于高速传输。

在四相 CCD 中,沟道中的杂质浓度基本一致,相邻的两个电极作为存储电极(storage electrodes),另外两个电极作为势垒电极(barrier electrodes),如图 4.13 所示。[4]一个转移单元需要四个电极作用,因此要提供四相时钟脉冲,每一个脉冲的占空比都应该大于 0.5,因为在转移过程的开始阶段,其前边的电极应该为高电平,随后,其后边的电极变为低电平以保证电荷正确转移,如图 4.13(b)所示。四相 CCD 的电荷转移能力比两相 CCD 强几倍,因此四相 CCD 非常适合高度集成的行间转移 CCD 图像传感器,这将在后面的章节中提到。通常,在转移单元长度 L_s 不变的情况下,多相(三相或更多)CCD 的可转移电荷的最大值 Q_m 可由下式得到:

$$Q_m = q_i W (M-2) L_s / M \tag{4.17}$$

式中,q_i 为单位面积可转移电荷数;W 为沟道宽度;M 为单位转移阶段的相位数。从式(4.17)中可以看出当 M 值增加的时候,Q_m 也增加。此外如果所有电极的长度都为 L_e,Q_m 的值可以由下式得到:

$$Q_m = q_i W (M-2) L_e \tag{4.18}$$

因此增加相位数 M 能有效提高电荷转移能力,如图 4.14 所示是十相 CCD,可以将 80% 的转移单元作为有效存储区。

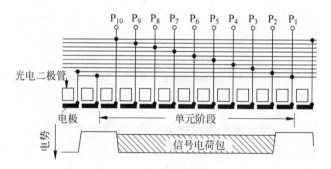

图 4.14　十相 CCD 的电极排列和电势分布

4.1.5　输出电路和降低噪声:浮置扩散电荷检测和相关双采样

输出电路将信号电荷包转换为电压信号,并且放大信号电流。目前最受欢迎的输出电路由浮置扩散(FD)电荷探测器和随后的两级或三级源级跟随器组成。采用浮置扩散电荷探测器和两级源级跟随器的两相 CCD 的工作的最后阶段的横截面如图 4.15 所示。[13]

图中,时序图给出了输出信号的波形。在 t_1 时刻,在复位栅的 RS 脉冲为高电平时,FD 被复位到参考电压。随着 RS 脉冲由高降到低,FD 变为悬空,并且其电位降低,这是由 RS 脉冲的电容耦合造成的。在 t_2 时刻的输出电平称为馈通电平(thefeed-through level)。在 $t = t_3$ 时,最后的 CCD 电极 Φ_2 变为低电平;通过输出栅极电位,电荷包被传送到 FD。根据电荷包的电子数目,FD 的电位下降为某一低电平。在这种情况下,复位栅关断后,产生于复位栅沟道的热噪声就保存在 FD 中,因为馈通电平和信号电平中的热噪声部分相同,所以在信号电平中减去馈通电平就可以消除热噪声,这种降噪技术称为相关双采样技术(CDS)。[16]

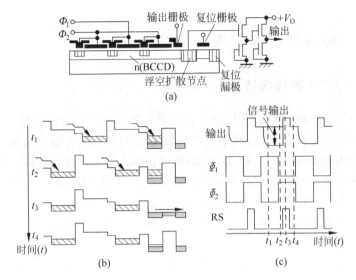

图 4.15　信号电荷探测原理

(a) HCCD 和浮空扩散型电荷探测器的横截面图；(b) 在 t_1、t_2、t_3 和 t_4 时刻的电势分布和电荷转移包；(c) 时序图

电荷探测器最重要的性能指标是电荷检测灵敏度和转换增益(C.G.)，后者由 FD 节点的静电电容 C_{FD} 和源级跟随器的增益决定：

$$C.G. = A_G \cdot \frac{q}{C_{FD}} \tag{4.19}$$

式中，A_G 为源级跟随器的电压增益。

因此为了达到高的电荷检测的灵敏度，C_{FD} 应该尽可能的小，C_{FD} 包含 pn 结电容、复位栅与输出栅的耦合电容、源级跟随器布线的寄生电容和第一级源级跟随器的栅电容。第一级源级跟随器的栅电容包含漏耦合电容和沟道调制电容，如图 4.16 所示。降低 C_{FD} 的一个例子如图 4.17 所示，复位栅和输出栅与 FD 的原始电荷存储区(高掺杂浓度区域)分开，这也同样降低了耦合复位噪声。[17]通过这种方法可以实现高达 $80\mu V/e^-$ 的高转换增益。

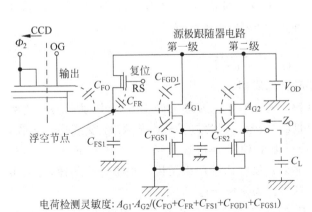

电荷检测灵敏度：$A_{G1} \cdot A_{G2}/(C_{FO}+C_{FR}+C_{FS1}+C_{FGD1}+C_{FGS1})$

图 4.16　信号电荷探测的等效电路

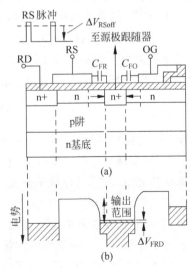

图 4.17　增强 FD 电荷探测灵敏度的关键技术

4.2　CCD 图像传感器的结构和特性

4.2.1　帧转移 CCD 和行间转移 CCD

图 4.18 显示了三种类型的 CCD 图像传感器。图 4.18(a)为帧转移 CCD(FTCCD)的框图,它包含成像区、电荷存储区、水平电荷转移 CCD(HCCD)和输出电路。[18]成像区和电荷存储区由一个多通道垂直转移 CCD 组成,可以在垂直方向上并行转移电荷包。存储区和 HCCD 被金属覆盖以屏蔽入射光。穿过多晶硅电极入射到成像区的光线被硅衬底吸收,产生电子空穴对。在成像区势阱中或势阱附近产生的电子被势阱收集和积分,成为图像信号电荷包。经过一定积分时间得到的信号电荷并行地传输到存储区域,该存储区作为一个模拟帧存储器。

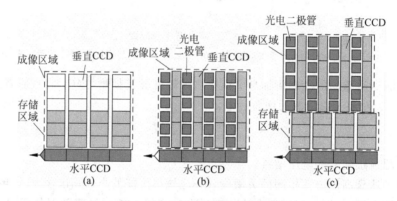

图 4.18　三种 CCD 图像传感器
(a) 帧转移 CCD(FTCCD);(b) 行间转移 CCD(ITCCD);(c) 帧-行间转移(FIT)CCD

在完成这个操作之后,在水平消隐期间,一条水平线上的电荷包转移到 HCCD,该过程被称为线转移,之后,电荷包一个接一个地作为电压信号连续地转移到输出电路进行输出。因为 FTCCD 的像素结构简单,所以它可以相对容易地做成小面积的像素。但是 FTCCD 有一个严重的问题,就是存在杂散信号,也称为漏光,这是由于电荷包在成像区转移时,转移期间生成的光生载流子会叠加到信号中。为了减小漏光,需要采用高频率时钟使从成像区到存储区的帧转移速度足够高。信号与漏光比 SMR 和帧转移频率 f_F 成反比。

$$\text{SMR} \propto \frac{t_F}{T_{\text{INT}}} = \frac{1}{f_F \cdot T_{\text{INT}}} \tag{4.20}$$

式中,T_{INT} 为信号积分时间;t_F 为帧转移时钟的周期。

此外,多晶硅栅极主要收集短波长的光,例如蓝光。因此在 CCD 沟道中,大部分蓝光都不能到达光电二极管,导致了蓝光的灵敏度比较低。因此为了避免光谱中蓝光部分的损失,我们需要引入透明电极(如 ITO),或者通过虚相 CCD 解决这个问题。[19]虽然 FTCCD 结构简单,但是它需要额外的电荷存储区域,如果它仅应用于用机械快门拍摄静止图像,可以不需要这个存储区。这种类型的图像传感器被称为全帧转移 CCD。[20]

图 4.18(b)为行间转移 CCD(ITCCD)的框图,它是摄像机和数码相机常用的图像传感器。光电二极管在矩形晶格的位置,垂直转移 CCD(VCCD)位于光电二极管的行间。在这

种情况下,行间 VCCD 被光屏蔽,并且作为模拟帧存储器。通过打开传输栅,在光电二极管中经过积分产生的信号电荷包以微秒级速率传输到 VCCDS。同时我们用与 FTCDD 相同的方法,将 VCCDS 中的电荷转移到 HCCD 中并将其通过输出电路输出。

　　ITCCD 像素的截面图如图 4.19(a)所示,传输栅是 VCCD 电极的一部分,其用于形成VCCD 的表面沟道而不是掩埋沟道。因为 VCCD 通常工作在负脉冲电压下,所以传输栅下的表面沟道实现空穴的积累,从而形成了电子的势垒。埋沟为电荷转移的提供势阱,如图 4.19(b)所示。当 VCCD 电极为正的电压脉冲时,存储在光电二极管中的信号电荷转移到 VCCD 的埋沟中,如图 4.19(c)所示。VCCD 工作时需要三级电平脉冲,因为了为简化像素结构,VCCD 电极还用作传输栅。

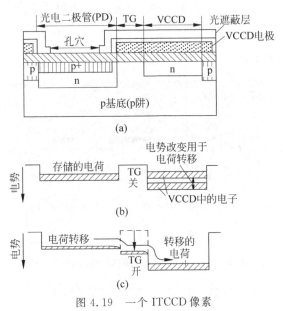

图 4.19　一个 ITCCD 像素

(a) ITCCD 像素横截面;(b) 电荷在 VCCD 中垂直转移时的电势分布;
(c) 信号电荷从光电二极管转移到 VCCD 时的电势分布

　　在 ITCCD 中,漏光的问题基本上是可以避免的,因为 VCCD 几乎是完全光屏蔽的。此外,因为光电二极管与 VCCD 是分开的,它可以被独立设计成最优结构从而实现最好的性能,例如高灵敏度、低噪声和宽动态范围。对于摄像机和数码相机来说,ITCCD 已经成为一种标准的图像传感器。因此在本文中重点介绍 ITCCD 图像传感器。

　　另一种众所周知的 CCD 图像传感器是帧行间转移(FIT)CCD,如图 4.18(c)所示。[22]FIT 具有如 FTCCD 一样的成像区和存储区,也包含与 ITCCD 相同的像素结构。FIT 的优点是高漏光抑制。尽管在 ITCCD 中的 VCCD 是光屏蔽的,漏到 VCCD 的光线还是会产生光生电荷,同时部分光生电荷扩散到 VCCD 成为漏光电子。FIT 将拖尾减小了 f_H/f_F 倍,其中 f_H 是线移位频率,它由水平视频线上电荷包全部输出所需的时间决定。然而,FITCCD并没有像 FTCCD 那样具有简单的像素结构,而且又有一些 FTCCD 的缺点,例如需要存储区。这导致需要较大的芯片面积和较重的帧转移时钟负载,从而产生了大的功耗。基于以上原因,FIT 适用于相对较贵的相机系统,如广播级摄像机。

4.2.2   p 衬底结构和 p 阱结构

在 CCD 的早期发展阶段,ITCCD 图像传感器做在 p 型 Si 衬底上,使得光生电子在电中性的 Si 衬底上均匀分散,从而导致相邻的光电二极管之间的信号串扰和漏光产生,如图 4.20 所示。产生于 Si 衬底的少数载流子的热扩散电流流入光电二极管和 VCCD 中,形成暗电流噪声。在适当边界条件下,这个扩散电流可以通过计算沿 pn 结的耗尽层边缘开始的深度 x 的一维线性方程得到,这个 pn 结为 n 型光电二极管或掩埋沟道与 p 型衬底之间的 pn 结。

$$\frac{D_n \mathrm{d}^2 n_p}{\mathrm{d}x^2} + G_L - \frac{n_p - n_{p0}}{\tau_n} = 0 \tag{4.21}$$

式中,D_n 为电子的扩散系数;G_L 为光生载流子速率;τ_n 为电子寿命;n_p 为电子浓度;n_{p0} 为热平衡条件下 p 型 Si 衬底的电子密度。

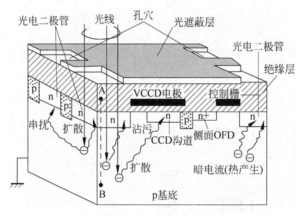

图 4.20   在 p 衬底中产生的电子所引起的问题

当边界条件满足:①在耗尽区的边缘,n_p 为 0,即 $n_p(0)=0$;②在 Si 衬底深处,n_p 为一个常数,即 $n(\infty)=n_{p0}+\tau_n G_L$ 时,从式(4.21)可解得 $n_p(x)$ 为

$$n_p(x) = (n_{p0} + \tau_n G_L)[1 - \exp(-x/L_n)] \tag{4.22}$$

式中,L_n 为扩散长度,$L_n = \sqrt{D_n \tau_n}$。在这种情况下,为了简化讨论,设 G_L 为恒定的,流入光电二极管或 VCCD 的扩散电流密度 I_{DF} 可以表示为

$$I_{DF} = eD_n \left(\frac{\mathrm{d}n_p}{\mathrm{d}x}\right)\bigg|_{x=0} = eD_n^{\frac{1}{2}}(\tau_n^{-\frac{1}{2}} n_{p0} + \tau_n^{-\frac{1}{2}} G_L) \tag{4.23}$$

从方程中可以看出,长寿命即 τ_n 大时可以抑制暗电流噪声,但是它却增加了光生扩散电流,从而导致了信号串扰和漏光。换句话说,使用 p 型衬底,没有有效的方案能够同时抑制扩散电流和不希望得到的光生电流。

此外,当光线很强烈时,产生的过剩电子会从光电二极管渗出到 Si 衬底,并且扩散到 VCCD 和光电二极管中。溢出的电子从强光照射区扩散到成像区的周围,使得成像区域变白,成为虚假的图像,称为高光溢出(blooming)。因此在光电二极管的接触区要有一个抗高光溢出漏极来排出多余的电子,如图 4.20 所示,这就是所谓的横向溢出漏极。[23]然而它占据了像素中很大的面积,使得像素面积很难减小。

为了解决这些问题,大部分 CCD 图像传感器中常使用 p 阱结构[24]。图 4.21 显示了一

个在 n 衬底上的 p 阱中实现的典型的 CCD 图像传感器的横截面。相对于接地的 p 阱来说，
n 衬底是反向偏置的。在这种结构中，形成了一个势垒，阻止了扩散电流流入光电二极管和
VCCD 中。因此 p 阱虽然提高了传感器的性能，却改变了光谱响应，特别是减小了对长波长
的光的响应，例如红光和红外波段，通过求解扩散方程可以得到光谱响应。图 4.22 为在同
一 p 衬底上三种不同结深理论上的光谱响应。这些曲线表明 p 阱结构传感器实现的光谱响
应和人眼实现的很相似，p 阱结构已经得到认可，适用于可见光图像传感器。

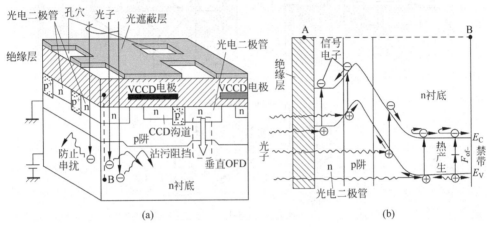

图 4.21　基于 p 阱的先进 ITCCD 结构

(a) 剖面图和 p 阱反偏带来的影响；(b) 从光电二极管到 n 衬底的电势分布图

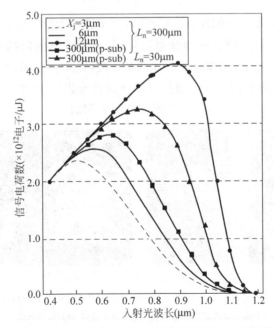

图 4.22　三种 p 阱深度和两个衬底扩散长度的理论光谱响应

4.2.3　抗高光溢出和低噪声像素（光电二极管和 VCCD）

使用 p 型衬底的同时需要横向溢出漏极，它由高掺杂浓度 n 型漏极和抗高光溢出
（blooming）的溢出控制电极组成，正如前面提到的，它占据了很大的像素面积。在 p 阱结构

中,n衬底可以作为抗高光溢出的漏区,这个溢出漏极被称为垂直溢出漏极(VOD),因为采用三维结构,它可以防止高光溢出的产生,却不牺牲像素内有效的光传感区域。[25,26]图 4.23 为 VOD 的原理图。

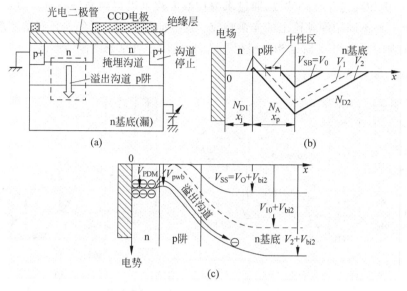

图 4.23　垂直溢出漏极的原理
(a) 截面图;(b) 三个反向偏置的电场;(c) 三个反向偏置和过剩电荷溢出操作的电势分布

通过在 n 衬底上施加适当的反向电压,光电二极管下方的 p 阱变成耗尽状态,那么 n 衬底到 n 型之间的光电二极管就会形成穿通,即耗尽区不能起到阻挡电荷的流通的作用。p阱的静电势由反向偏压决定,从而保证了过剩电子被衬底吸收。图 4.24 显示了有高光溢出的图像和使用 VOD 改进后的图像。当传感器有抗高光溢出能力时,其能承受的亮度可以超过 10^5 LX,这种技术的发展对于小尺寸像素是很有利的。

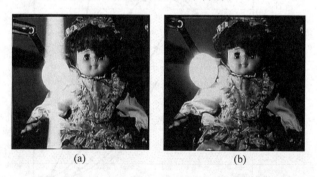

图 4.24　(本图参见彩页)一个高光溢出图像和采用 VOD 技术的图像
(a) 由于高光溢出导致了伪图像;(b) 通过 VOFD 技术实现

另一种重要的像素技术是掩埋型光电二极管,其横截面以及电位分布如图 4.25 所示。表面区域有一个高掺杂浓度的 p 层(p+),其位于光电二极管的 n 型电荷存储区的上面,与地相接,呈现电中性。p+层可以抑制表面的热生暗电流,如 4.1.3 节中提到的价带钳位的影响相似。在这种结构中,从表面经过 p+层进入到 n 型光电二极管的暗电流 I_s 可由式(4.16)计算得到,其中用表面杂质浓度 N_{SA} 替换 p_s,得到 I_s。

$$| I_s | = -eU_s = eS_{on}n_i^2/N_{SA} = (eS_{on}n_i/2) \times (2n_i/N_{SA}) \quad (4.24)$$

当 N_{SA} 为 $10^{17}/\mathrm{cm}^3$ 及以上的数量级时,抑制因子小于 $1/10^7$,I_s 小到可以忽略。

电荷从光电二极管转移到 VCCD 应该是像 4.1.1 节所讨论的完全转移。如果电子的转移是不完全的,那么传输沟道的电阻产生的热噪声会使传输的信号电荷产生波动。此外根据玻尔兹曼分布函数可知,具有高热量的残余电子在下一帧会发射到 VCCD,即使场景变为黑暗,这种现象在再次生成图像时这体现为残像(image lag)。

对于掩埋型光电二极管来说,其电子清空后的电势低至 4～5V,这是由于 p+表面层与地相接,拉低了光电二极管的电势,因此光电二极管很容易实现完全耗尽,电子可以从光电二极管完全转移到 VCCD。表面的 p+层和 n 层之间的光电二极管的 pn 结电容提高了其电荷存储能力。

采用这些技术得到的标准的像素结构如图 4.26 所示。图中,彩色滤光片覆盖在像素上,来感知彩色图像,在彩色滤光片上又放置了微透镜来有效地收集入射光线,使其通过遮光金属的开口进入到光电二极管中。

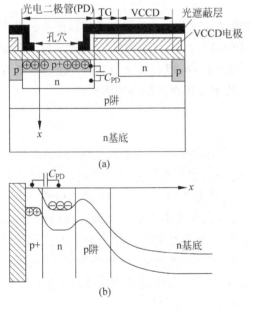

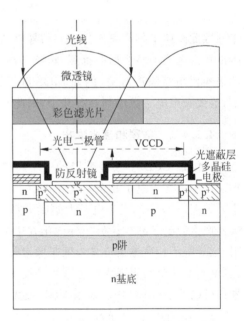

图 4.25 埋层型光电二极管

（a）ITCCD 像素中的光电二极管的截面图；

（b）带有 VOFD 的埋层光电二极管的电势分布

图 4.26 一个先进的 ITCCD 像素的截面图

4.2.4 CCD 图像传感器的特性

4.2.4.1 光电转换特性

光电转换特性如图 4.27 所示。输出信号与光强和积分时间大致成正比。假设芯片上的微透镜完全覆盖像素面积光敏性与像素面积大致成正比。通常,饱和电压(V_{sat})由最大的储存电子量或光电二极管的满阱电荷容量决定,动态范围被定义为 V_{sat} 和暗噪声的比值。

在通常光照条件下,信噪比由产生的信号电荷数 N 与光的散粒噪声 $\sqrt{N}$ 的比决定,散粒噪声由光生载流子数目的波动产生,这里给出了正态分布的标准偏差。信噪比由下式定义:

$$S/N = \frac{N}{\sqrt{N}} = \sqrt{N} \qquad (4.25)$$

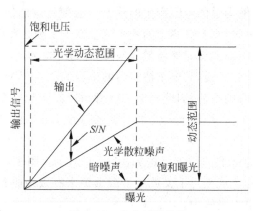

图 4.27　光电转换特性

因此光照下的信噪比仅仅与信号电荷包里的电子数有关。信号电子数可以由输出电压除以输出电路的转换增益得到,转换增益可以由式(4.19)计算。另一方面,昏暗环境下图像的信噪比与暗噪声有关,例如 MOS 源极跟随器电路的热噪声和 $1/f$ 噪声。[29]在昏暗条件下,等效噪声电子数小到只有几个,因此 CCD 图像传感器可以实现高信噪比。

4.2.4.2　拖尾和高光溢出

拖尾是 CCD 图像传感器的一个特殊现象,这是由那些多余电子产生的,例如扩散到 VCCD 中的光生电子和杂散光在 VCCD 中产生的电子。我们可以采用 p 阱和 VOD 结构使注入到 VCCD 中的光生电子大幅度下降,也可以优化覆盖 VCCD 的遮光金属结构使得由杂散光产生的电子减少。另一种优化方法是减小金属边缘与光电二极管表面之间的空间,如图 4.26 所示。拖尾被定义为低于像素阵列中心有效成像像素 10% 高度照射下的拖尾信号比(见 6.3.6 节),表现为白色垂直条纹图像(见图 4.28)。在先进的 CCD 传感器中,拖尾信号比可以低于 −100dB。采用 VOD 技术可以有效控制对自然静物成像时的高光溢出。如 4.2.3 节所描述的,其抗高光溢出的能力可以承受超过 10^5Lx 的亮度。

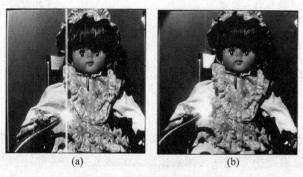

(a)　　　　　　　　　　　　(b)

图 4.28　拖尾图像和改进图像
(a) 由拖尾造成的伪图像;(b) 采用 p 阱结构改进后的图像

4.2.4.3　暗电流噪声

几乎所有的暗电流 I_D 都来自 VCCD 的表面耗尽层的产生-复合电流。[10]电子由价带通过中间的禁带到达导带，其中禁带带隙为 E_g（Si 的 E_g 为 1.1eV），暗电流的激活能约为 $E_g/2$，即有

$$I_D \propto \exp(-E_g/2kT) \tag{4.26}$$

图 4.29 为测得的暗电流的一个例子。在这个例子中，激活能大概为 0.6eV，并且温度每升高 8℃，暗电流增加一倍。暗电流的偏差表现为 FPN。同样，暗电流在时间上的波动可以通过暗电流的散粒噪声观察到，这个散粒噪声的标准偏差正比于 $\sqrt{N_D}$，N_D 为暗电子的平均数量。

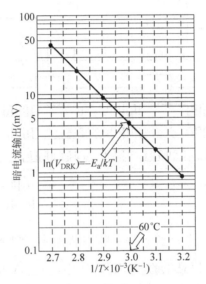

图 4.29　随温度变化的暗电流特性

4.2.4.4　白色斑点与黑色缺陷

我们提到的白色斑点指的是还原得到的图片上的白斑，这主要是因为局部像素产生的巨大暗电流引起的，该暗电流的产生中心主要是重金属离子在 Si 禁带中间附近产生的能级，例如铁离子。因此白色斑点具有与暗电流类似的热特性，可以通过对传感器芯片降温处理来抑制。而黑色缺陷（Black Defect）是由很多原因造成的，例如颗粒、灰尘或像素上的残留物。在很多情况下，黑色缺陷的输出与曝光成正比，但它的反应低于正常像素。因此，其输出可以表示为正常响应的一个百分数。

4.2.4.5　电荷转移效率

近年来，电荷的转移效率已经高于 99.9999%，可以实现超过 10 000 级掩埋沟道传输并且减小电极间距离。然而，如果在 VCCD 中存在任何一种缺陷，将会导致局部效率低下，并体现为一个垂直条纹。

4.2.5 工作方法与功耗

一般来讲,ITCCD 图像传感器有三种控制电压,例如 15V、3V 和 −8V,图 4.30 为典型的驱动脉冲时序。VCCD 由三级脉冲驱动,通过对 VCCD 施加高脉冲,将光电二极管中的信号电荷包转移到 VCCD 中,再通过 −8～0V 的电压转换完成电荷包在 VCCD 中垂直方向上的转移。当脉冲为 −8V 脉冲时,VCCD 的掩埋沟道被拉到了价带钳位状态,这样就抑制了 VCCD 中暗电流的产生。HCCD 可以由 0～3V 的时钟驱动,这是因为 HCCD 的沟道宽度通常可以达到几十微米。

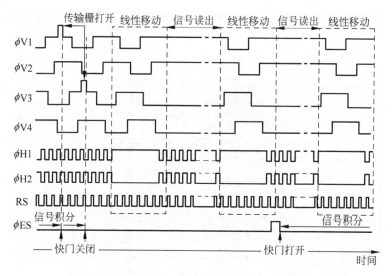

图 4.30   一个 ITCCD 图像传感器的时序驱动图

HCCD 的驱动脉冲之所以是正的,是因为 VCCD 的 −8V 电压与 HCCD 的 3V 电压之差会产生一个很强的边缘电场,使得信号电荷可以平滑地从 VCCD 转移到 HCCD。当电极电压为 0V 时,HCCD 的掩埋沟道的电压为 7～9V,输出栅极电压比 HCCD 高 1～3V。因此在许多 DSC 的应用中,FD 电压应该高于 10V,并且用于复位的漏极电压应该为 12～15V。

当向 n 衬底提供一个足够的高电压脉冲(电动快门:ES 脉冲)时,存储在光电二极管中的电荷注入到 VOD 中,当关断 ES 时,电荷积分重新开始。电子快门的速度由 ES 脉冲和 TG 脉冲的关断之间的时间间隔决定的,如图 4.30 所示[30] ES 脉冲电压可以由 −8V 和 15V 耦合得到,为 23V。

驱动 CCD 电荷的功耗 P_C 可以表示为

$$P_C = f_C C_{CL} V_C^2 \qquad (4.27)$$

式中,f_C 为转移脉冲的频率;C_{CL} 是 CCD 的负载电容;V_C 为转移脉冲电压。

由于 ES 和 TG 的脉冲只在一个帧周期内出现一次,所以功耗小到可以忽略。一般来说,VCCD 的负载电容比 HCCD 的负载电容大一到两个数量级,但是对于百万像素级的 DSC 应用中的 ITCCD 而言,其线移位频率比 HCCD 低 3 个数量级或更多,因此功率主要消耗在驱动 HCCD 上。另一个消耗大量功率的是源极跟随器电流缓冲器。例如,当 3 百万像素的图像传感器数据传送速率为 24MHz,HCCD 的时钟为 3.3V,漏极电压为 15V 时,功耗为 120mW。减小功耗的关键在于如何减小 HCCD 的时钟电压和源极跟随器的漏极电压。

4.3　数码相机的应用

4.3.1　数码相机的应用需求

应用于数码相机的图像传感器应具备的特点总结如下：

（1）高分辨率：为获得能与传统胶片相机相比拟的高质量图片，需要至少 200 万或更多的像素。

（2）高灵敏度：为了获得高信噪比的图片，并且在高速拍摄时可以避免因为相机抖动而造成的图像模糊。

（3）较大的动态范围：为了覆盖场景中从暗到亮的所有物体。

（4）采用同步逐行扫描：为了使用完全的电子快门来取代机械快门。

（5）低拖尾和抗高光溢出性能，尤其是针对无机械快门相机。

（6）较低的暗电流：为了获得夜间拍摄所需要的较长的积分时间。

（7）具有还原真实色彩的能力。

（8）兼顾高分辨率的静止图像拍摄和高帧速率的视频拍摄功能。

（9）功耗低、体积小、成本低等。

通常情况下，我们应该在保持芯片大小不变的情况下，增加像素的数量，这样可以保持较低传感器成本，并且能够与光学透镜系统兼容。图 4.31 是在消费级数码相机中普遍使用的几种成像尺寸下像素面积与像素数量的关系曲线。如图所示，像素的大小与像素的数量成反比，像素尺寸的减小使得灵敏度减小，同时动态范围也以相同的比例减小，因为它们大致与像素的尺寸成正比。灵敏度、动态范围和分辨率是决定图像传感器性能的重要因素。高分辨率（1）、高灵敏度（2）和宽动态范围（3）是相互折中的，像素小型化设计的挑战在于如何通过优化片上微透镜以及在 $Si\text{-}SiO_2$ 界面引入减反射层来减少入射光线的损失。同时如何通过优化像素布局和 Si 的掺杂来扩大电荷存储和传输能力也是一个挑战。图 4.26 展示了一种先进像素的截面图。

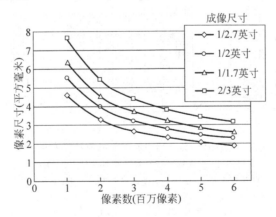

图 4.31　像素尺寸和像素数量的关系

ITCCD 通过采用三层多晶硅电极技术实现同步扫描（4），然而这种技术将引入额外的工序并使加工过程复杂化，像素的有源区也将减小，这将在 4.3.2 节中提到，因此很多数码相机不愿意采用机械快门的隔行扫描方式。低拖尾、抗高光溢出(5)、低暗电流(7)是图像传感器的基本要求。在数码相机的应用中,真彩图像的还原能力也是很重要的,为了满足这个要求,数码相机放弃了几乎用于所有视频摄像机图像传感器中的互补色滤光片,而改用红绿蓝原色滤光片。现在最常用的原色滤光阵列是按照拜耳模式排列的,如图4.32 所示。同时数码相机应用也要求功耗低、体积小、成本低(9)。兼顾高分辨率的静态图像和高帧速率的动态图像的拍摄性能(8)也很重要,这个问题将在 4.3.5 节中讨论。

图 4.32　Bayer 彩色滤光片排列

4.3.2　隔行扫描和逐行扫描

在数码相机的应用中,主要使用隔行扫描型和逐行扫描型两种 ITCCD 图像传感器。隔行扫描的信号读出顺序如图 4.33 所示。在奇数行水平线上的信号电荷包从光电二极管转移到 VCCD 中,然后一行一行地完全转移到 HCCD 中。在所有奇数行(称为奇数场)上的电荷被读出后,位于偶数行上的电荷包也将从光电二极管转移到 VCCD 再到 HCCD 上,从而形成偶数场。这种扫描类型适合隔行扫描的视频制式,例如 NTSC 和 PAL。在这种情况下,偶数场拍摄图像的时间与奇数场的不同。

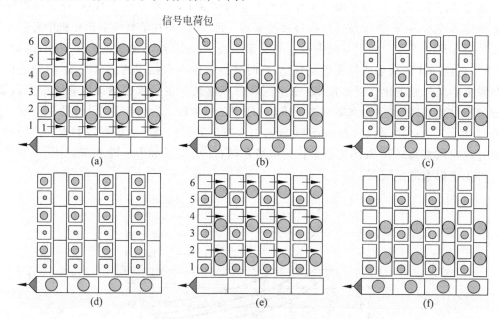

图 4.33　隔行扫描的信号电荷转移方式

(a) 奇数场的电荷移入 VCCD 中;(b) 第一行电荷移入 HCCD 中;(c) 第三行电荷移入 HCCD 中;
(d) 第五行电荷移入 HCCD 中;(e) 偶数场的电荷移入 VCCD 中;(f) 第二行电荷移入 HCCD 中

在数码相机应用中,对于奇数场和偶数场来说,信号电荷的积分开始时间是相同的,但是在完成积分之后,两个场的读出顺序是有先后的。因此在读出电荷信号期间,使用隔行扫描图像传感器时需要采用精确的机械快门来阻止读出期间产生额外的光电荷。

另一方面,逐行扫描型 CCD 同时将所有的光电荷包由光电二极管传输到 VCCD,如

图 4.34 所示。因此，每一帧的电荷包都是在相同的拍摄时间点获得信息，因此，在不采用机械快门的情况下，即使目标物体是移动的，我们也可以获得清晰的图片。

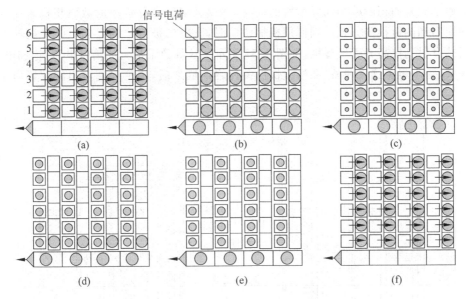

图 4.34　逐行扫描的信号电荷转移方式

（a）一帧电荷移入 VCCD 中；（b）第一行电荷移入 HCCD 中；（c）第二行电荷移入 HCCD 中；
（d）第五行电荷移入 HCCD 中；（e）第六行电荷移入 HCCD 中；（f）下一帧电荷移入 VCCD 中

图 4.35 分别是使用隔行扫描 CCD 和逐行扫描 CCD 在无机械快门的情况下得到的图片，图中还包括一幅采用行地址型图像传感器（如 CMOS 图像传感器）拍摄的图片。

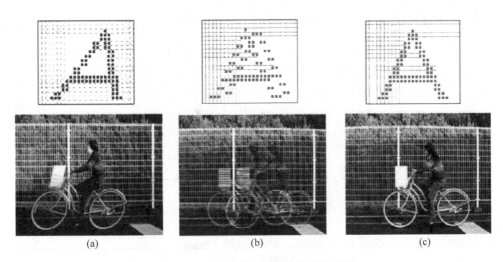

图 4.35　（本图可参见彩页）拍摄的图片

（a）行地址扫描 CMOS 图像传感器拍摄的图片；（b）隔行扫描 CCD 图像传感器拍摄的图片；
（c）逐行扫描 CCD 图像传感器拍摄的图片

从传感器制造的角度来看，隔行扫描式可以用标准的双层多晶硅技术来制作，但是逐行扫描式需要三层多晶硅电极，因此需要额外的工序和复杂的制造过程。这两种类型的像素结构图如图 4.36 所示。在逐行扫描式的成像区域中,VCCD 之间的额外电极布线占用了很大的面积,在硅体中这个区域被称为无信号区(dead space),这种结构的复杂性和有源区的减小阻碍了像素面积的减小和像素数的提高,因此大多数高分辨率的数码相机采用高精度的机械快门和隔行扫描方式。当使用机械快门时,光电二极管中的存储电子在机械快门关闭之后热发射到抗高光溢出漏极,如图 4.37 所示。这导致了最大的信号电压(饱和电压)的严重损失,为了避免这一现象,在机械快门关掉之前或之后,用于控制溢出的偏置电平应低一点。

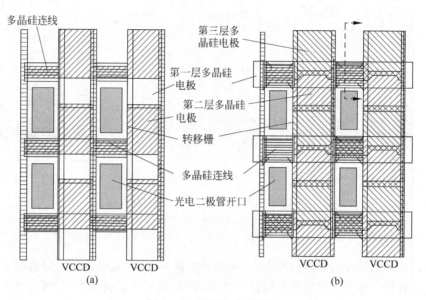

图 4.36　ITCCD 的版图

(a) 隔行扫描方式;(b) 逐行扫描方式

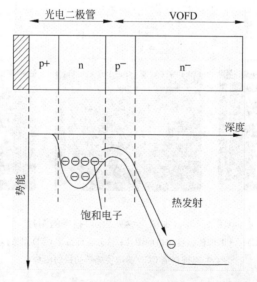

图 4.37　电子从光电二极管发射到 n 衬底

4.3.3　成像操作

正如前面所提到的,数码相机可以采用逐行扫描 CCD 图像传感器实现完全电子快门,图 4.38 显示了完全的电子快门的工作原理,首先将积分脉冲 Φ_{ES} 叠加至 n 型衬底的溢出控制偏压上,从而抽走光电二极管中的电子,这就是光生电子积分的开始,相当于电子快门的打开。在成像物体曝光之后,传输栅脉冲 Φ_{TG} 被加到 VCCD 电极,积分电荷包从 PD 转移到VCCD,这相当于电子快门的关闭。在 Φ_{ES} 和 Φ_{TG} 下降沿之间的时间称为快门速度,设置快门速度小于 100ms 是很容易的,因此可以实现小于 1/10 000s 的超高速度快门动作,其采样图片如图 4.39 所示。

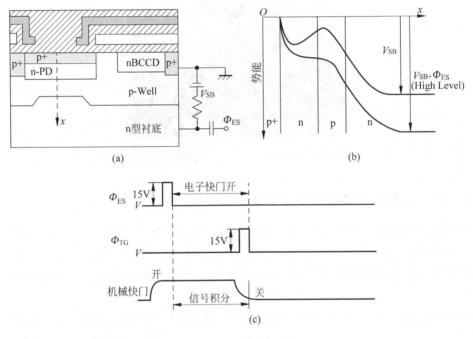

图 4.38　电子快门原理

(a) ITCCD 像素的截面图;(b) 信号电荷积分和清空积分电荷时的电势分布;(c) 电子快门工作的时序图

在采用消费级机械快门的情况下,与电子快门一样,通过在衬底上提供 Φ_{ES} 来完成快门的开启,然后通过关闭机械快门来完成拍摄,这个时序如图 4.38 所示。一般来说机械快门的响应时间很慢,所以超高速的快门是不可能实现的,最快的速度大概是 1/2000s。另外,单反数码相机都采用焦平面式机械快门,其最快的速度为 1/4000s,最近发布了一款单反数码相机,它通过使用逐行扫描 CCD 来提供超高速(如 1/8000s)的电子快门。

使用机械快门有两个优点,分别是完全无拖尾成像和多场读出。关闭机械快门后,积累在 VCCD 中的拖尾电子可以在信号电子由光电二极管转移到 VCCD 之前通过时钟控制VCCD 而被扫出,然后该信号电子可以通过清空过的 VCCD 转移和读出。多场读出是前边提到的隔行扫描的扩展形式,即所有的信号电荷包可以被三个场、四个场或更多的场分别读出。具有隔行扫描式电极的 ITCCD 如图 4.36(a)所示,在四场读出模式下可以采用八个电极来实现八相位的 VCCD 转移。由式 4.18 所示,八相位的 VCCD 的转移能力比四相位的转移能力高三倍,所以 VCCD 的沟道宽度可以最大限度地缩小,这有助于减小像素的尺寸。

图 4.39　（本图可参见彩页）用 1/10 000s 电子快门拍摄的图片

4.3.4　像元交叉阵列结构 CCD(超级 CCD)

正如前边所提到的,ITCCD 适用于隔行扫描,但它基本上不适用于逐行扫描,因为它是面向通常采用隔行扫描格式(如 NTSC 和 PAL)的视频应用领域而研发的。此外,为了给每个 VCCD 电极提供传输脉冲,需要额外的布线,这就不可避免地损失了一定的像素有源区面积。

像元交叉阵列结构 CCD(PIACCD)是一种适用于逐行扫描的图像传感器,并且可以采用标准的双层多晶硅工艺制作。PIACCD 的版图布局与 ITCCD 的比较如图 4.40 所示。图中,四相的 VCCD 由标准的双层多晶硅电极 $\Phi 1$、$\Phi 2$、$\Phi 3$、$\Phi 4$ 组成。每个 VCCD 沟道沿着光电二极管和边界延伸到下一个 VCCD 沟道,不产生额外的布线。根据式(4.17)可知,其电荷的处理能力是在 ITCCD 中广泛应用的三相 CCD 的 1.5 倍。图 4.41 中的曲线是在图中给出的设计条件下,PIACCD 和 ITCCD 中相对有源区和像素面积的关系。

从图中可以看出 PIACCD 将像素中的相对有源区的面积增大到 ITCCD 的 1.3 倍。PIACCD 的饱和电压 V_{SAT} 也是 ITCCD 的 1.3 倍,因为 V_{SAT} 与有源区的面积是大致成比例的。在图 4.40 中,八边形代表着光电二极管,灰色区域为在二极管上的开口,由于光屏蔽金属需要做到等边长,则在被扩大 1.3 倍的光电二极管上的开口扩大了 1.4 倍。与 ITCCD 上的长方形孔相比这个扩大了的等边孔能收集到更多穿过片上微透镜的光线。高的空间效率使得 PIACCD 更适用于小像素的集成,特别是在逐行扫描的应用中。

PIACCD 具有形状独特的四相电极,并且在像素上有两倍长的传输沟道,沟道中的电荷转移过程的电势等高线如图 4.42 所示,这是一个三维器件的仿真结果。$\Phi 1-\Phi 2$ 接口的加宽缩短了有效传输长度 L_{eff} 和电荷传输时间 τ,因为 τ 与 L_{eff} 存在如下的关系:

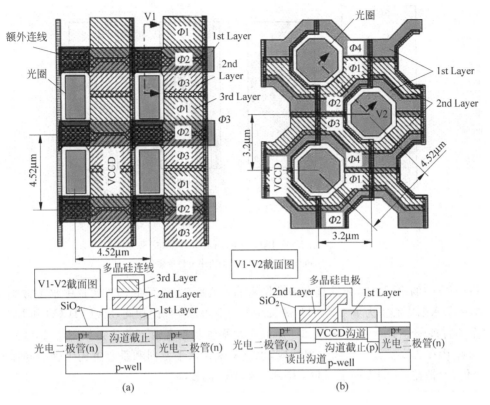

图 4.40　像素版图

(a) ITCCD；(b) PIACCD

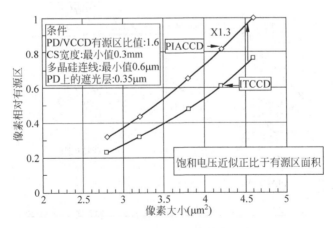

图 4.41　相对有源区面积与像素尺寸关系

$$\tau \propto L_{\text{eff}}^2 \tag{4.28}^{[3]}$$

此外,在 $\Phi 2$ 和 $\Phi 4$ 下方由窄电极部分延伸到宽电极部分的电场是由窄沟道效应产生的,这个电场加速了 VCCD 沟道中的电荷转移。如图 4.42 中的电势分布显示出 PIACCD 可以平稳地传输大量的信号电荷,而不影响传输速度。

PIACCD 的分辨率特性与 ITCCD 的不同。PIACCD 和 ITCCD 的像素阵列如图 4.43(a)所

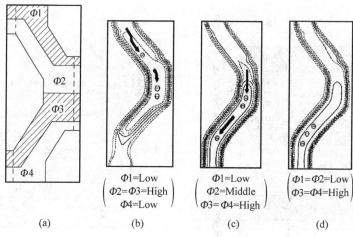

图 4.42　PIACCD 的沟道电势分布

（a）电极版图；（b—d）沟道中电势轮廓

示。ITCCD 中的水平方向和垂直方向的像素的中心距为 p，而在 PIACCD 中水平方向和垂直方向的像素的中心距为 $p/2^{1/2}$，因为像素间距与空间采样间距相同，所以 ITCCD 和 PIACCD 的尼奎斯特极限分别为 $1/2p$ 和 $1/2^{1/2}p$，其在水平轴和垂直轴上的分布如图 4.43（b）所示。这意味着 PIACCD 扩宽了空间频率响应，也就是说在水平方向和垂直方向上使分辨率提高了 $2^{1/2}$ 倍，但是在 $45°$ 的方向上，ITCCD 的分辨率会比较高。

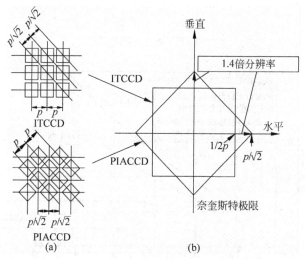

图 4.43　ITCCD 和 PIACCD 的像素排列和尼奎斯特极限

（a）像素排列；（b）尼奎斯特极限

对于水平和垂直的精细图案来说，眼睛是最为敏感的。自然景物的高频空间功率谱集中在水平和垂直方向上，如图 4.44 和图 4.45 所示。因此，PIACCD 中空间交错像素排布的分辨率特性符合人眼和自然景物的特性。

通过像素插值的信号处理，空间交错的像素可以在真正的像素之间产生相同数量的虚拟像素，如图 4.46 所示，有效像素的数量增大了两倍。带有有彩色滤光片阵列的 PIACCD 的框图如图 4.47 所示。

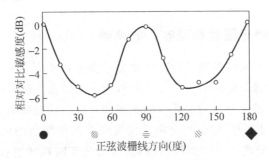

图 4.44　人眼的空间响应[27]

（数据来自 Watanabe，A. 等人，视觉研究，8，1245-1263，1968）

图 4.45　500 个场景的平均空间功率谱分布

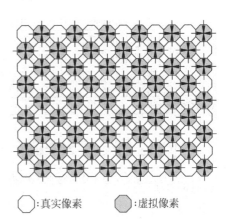

图 4.46　还原图片时像素差值的概念

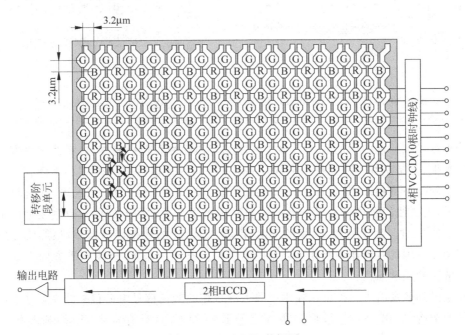

图 4.47　PIACCD 的框图

4.3.5　高分辨率的静止图片和高帧率的视频

在 DSC 系统中,将实时的视频显示在电子显示器上已不足为奇,例如采用液晶显示屏来确定拍摄对象并抓拍喜欢的瞬间。小于 130 万像素的图像传感器就可以很容易地完成实时图像捕获。能够在电视屏幕进行高质量的视频回放这一功能甚至已经成为一大卖点。

在 ITCCD 的拜耳滤光片阵列中,每条视频线仅有两种颜色的信号,G 和 R 或 G 和 B,如图 4.48(a)所示。为形成一条扫描线,我们需要通过实时视频监控的行存储器来连接两条视频线,并且每条扫描线上都要包含 G、B 和 R 信号,如图 4.48(c)所示。另一方面,由于PIACCD 每条视频线上都有 G、B 和 R 信号,监控扫描线就可以撇开行存储器而从任意选择的线中产生,如图 4.48(b)、(d)所示。然而当像素增至超过了 2 百万或 3 百万的数量时,只提取视频线来完成高质量的视频(如高帧率的 VGA 级视频)将变得很困难。

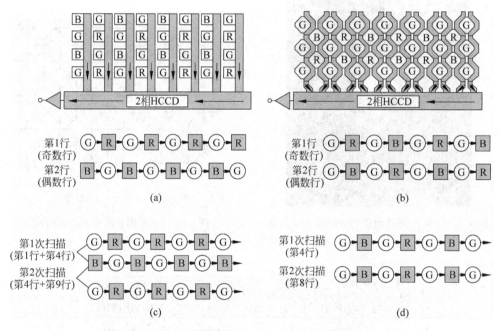

图 4.48　ITCCD(Bayer)和 PIACCD 的全帧信号序列及每四行选定的信号序列

(a)ITCCD(Bayer)和(b)PIACCD 的全帧信号序列;(c)ITCCD(Bayer)和(d)PIACCD 每四行选定的信号序列

线提取可以通过向选定的 VCCD 电极施加转移脉冲而轻松完成,这将使垂直方向上的像素数减少,但是这并不减少每个视频线上水平方向的像素数量。在 PIACCD 有 3 百万像素(包含 1060 条视频线,并且每一条水平线上有 1408×2 个像素)的情况下,通过每两行寻址的方式,视频线的数量减少了一半(530 行),但由于水平方向上的像素数量太大而不能制作 VGA 视频,并且对于每秒 30 帧的输出,需要 72MHz 的数据传输速率,最终将导致不必要的高功耗。因此对于兼顾制作高质量的电影与静态图片来说,减少水平方向上的像素数量是要解决的关键问题。

现在已经开发出了一种可以在水平线上混合相同颜色信号电荷包来减少水平方向上像素数量的架构,它由一个与最后一级 VCCD 连接的 CCD 行存储器(LM)和多相 HCCD(4、6 或 8 相)组成,拥有电荷混合电路的 PIACCD 的框图如图 4.49 所示。转移混合电荷包与之前相比,HCCD 的转移次数减少了一半,但是 HCCD 的驱动频率却没有加倍。水平线上的信号电荷并行地从 VCCD 传输到行存储器,通过在 HCCD 的电极上选择性地提供高电平,使得选定的信号电荷包能从水平线传输到 HCCD。

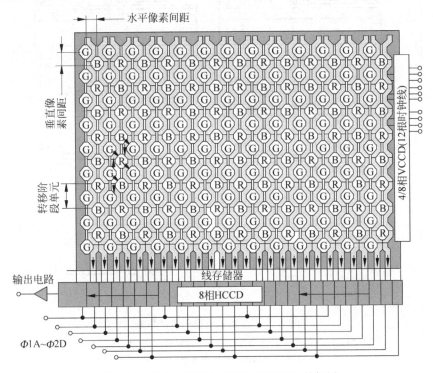

图 4.49　带有电荷混合电路的 PIACCD 的框图

这种选择性的电荷转移机制如图 4.50 所示。只有当行存储器(LM)被偏置在一个较小的电压、HCCD 被偏置在一个高电压时电荷包才会转移。电荷包的混合流程如图 4.51 所示。通过用多相脉冲控制 HCCD,图中每个先被选中然后被转移至 HCCD 的电荷包都能向左转移,直到 LM 处。LM 中存储着等待混合的电荷包,并且周围分布着电极。接下来,存储在 LM 中的电荷包转移到 HCCD 中,与另外通过选择性转移过程转移来的电荷包进行混合。最终,G、B 和 R 的电荷包分别与相邻相同颜色的电荷包混合,并且在水平方向上的信号序列变为 2G-2R-2G-2B-2G-2R-2G-2B。

采用水平电荷混合方式,300 万像素的图像传感器可以将具有 1408(H)×530(V)个像素的实时视频以 30 帧每秒和 36MHz 数据率进行输出。因为在每个视频线上有 708 个绿色像素,所以此操作可以提供优质的 VGA 图片。电荷包的混合也适用于视频线间的混合(即垂直方向上的电荷包的混合)。图 4.52 是垂直和水平方向上的电荷包混合的一个例子。在这种情况下,每个彩色信号的输出被放大 4 倍,这意味着混合信号具有 4 倍的灵敏度,而高灵敏度对于监控和拍摄黑暗的场景是十分重要的。

另一种水平方向上的电荷包的混合方法如图 4.53 所示。在这种情况下,HCCD 的传输次数并不减半,并且水平方向上的混合电荷包是隔级分布的。空的传输阶段用来将接下来的水平的视频线上的信号电荷包进行混合,这意味着两条视频线在 HCCD 中可以得到复用并且一个接一个交替地输出。

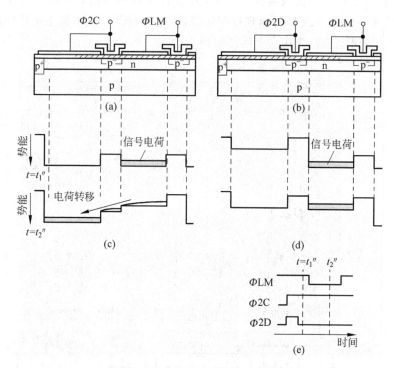

图 4.50　选中的电荷包转移机制

（a）选中沟道的横截面；（b）未选中的沟道的横截面；（c）选中沟道的电势分布；

（d）未选中的沟道的电势分布；（e）时序图

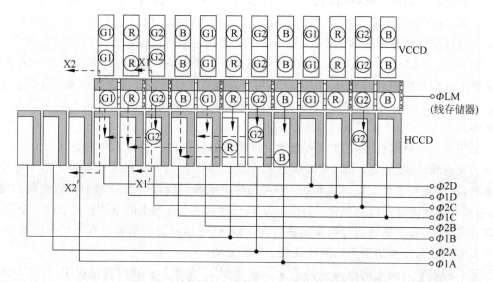

图 4.51　电荷包混合过程

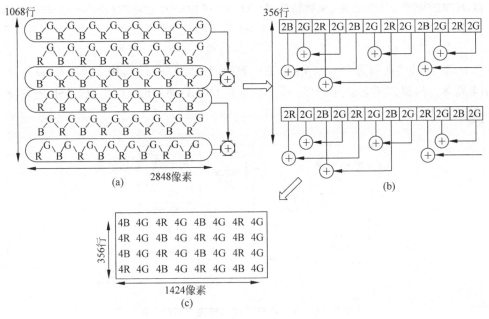

图 4.52　水平和竖直相结合的电荷混合方法

（a）水平线选中；（b）水平信号混合；（c）输出用于视频的信号

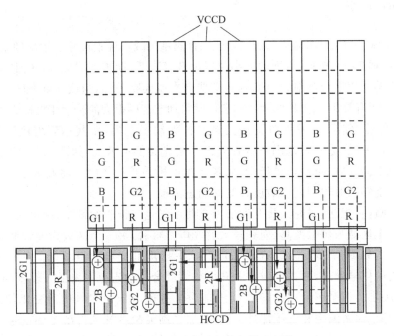

图 4.53　另一种水平电荷包混合方法

4.3.6　利用 CCD 图像传感器的系统解决方案

　　CCD 图像传感器的制作技术与一般的 CMOS 逻辑不一样，硅芯片的尺寸比较大，尤其对于超过 1 百万像素的情况，所以它不能有效地在一块芯片上集成周边电路，例如时序发生器(TG)、时钟驱动、CDS 电路、模数转换器(ADC)、图像信号处理器(ISP)等。一个 CCD 相机系统使用 3～4 个 IC 作为芯片组。图 4.54 是 CCD 图像系统的一个解决方案的例子。VCCD 的驱动芯片包含供电电路并且给 VCCD 提供驱动脉冲,脉冲的摆幅为 0～7V,或是 0～8V;TG 脉冲的摆幅为 12～15V;直流电源的摆幅为 12～15V,用来控制 CCD 芯片上的输出电路等。模拟前端电路由 CDS、ADC 和带有 HCCD 驱动的 TG 组成。ISP 的各种功能将在第 8 章和第 9 章中介绍。

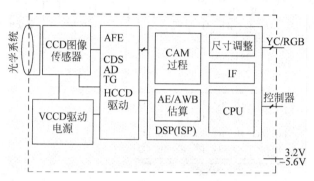

图 4.54 CCD 图像系统的解决方案的框图

4.4 发展前景

应用于 DSC 的 CCD 图像传感器的发展一直侧重于减小像素尺寸和增加像素数量。像素尺寸已经减小到 $2\mu m^2$,然而,像素的减小使得灵敏度降低,动态范围减小,从而降低了图像的质量。6 百万像素以上分辨率的 DSC 对于消费者来说太高了,因为该分辨率已经可以与胶片相机相媲美。而由 DSC 拍摄的图片的动态范围与动态范围很大的胶片相机相比实在太小了。

CCD 图像传感器下一发展阶段的关键是扩大动态范围,使其达到堪比胶片照片的程度。对于 DSC 来说,宽动态范围意味着大饱和曝光和低灵敏度,如图 4.55 所示。然而,高灵敏度是图像传感器的重要衡量指标,尤其是在拍摄昏暗场景时。将高灵敏度和低灵敏度特性相结合,能够同时得到高灵敏度和宽的动态范围。

为了实现这一想法,研究人员开发出了有两个光电二极管的像素,这里一个像素被分为两个区域,一个区域为灵敏度高、面积较大的光电二极管,另一个区域为灵敏度低、面积较小的光电二极管,如图 4.56 所示。高灵敏度和低灵敏度的光电二极管的图像信号被分别读出,通过适当的信号处理,两幅图像在 ISP 中得到混合。动态范围由低灵敏度的光电二极管的饱和曝光决定。两个图像信号单独读出是为了避免由于饱和电压的变化使图像中出现 FPN。如果每个像素的饱和电压都是一致的,那么高灵敏度和低灵敏度的信号可以在 CCD 中混合,这将大大简化信号处理过程,并利用饱和特性使 CCD 进入到宽动态范围的时代。

当视频等级高于 VGA(例如高清(HD)级)时,同时兼顾高分辨率的静止图像拍摄和高质量的视频拍摄是很重要的,同时也需要新的设计以提高数据速率,满足这一需求的办法是信号并行读出技术。显然,降低功耗对于 CCD 图像传感器也很重要,而降低功耗的关键是降低 CCD 和输出电路的驱动电压。因此,以后 CCD 图像传感器将从不同的方向提高性能,并且加入更多的新功能来满足未来 DSC 系统的需要。

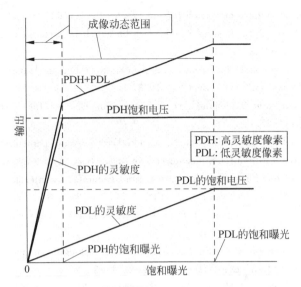

图 4.55 在不牺牲灵敏度的情况下扩展动态范围的原理

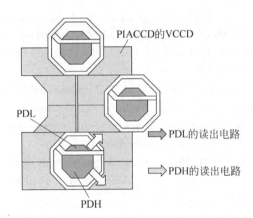

图 4.56 用于大动态范围成像的双光电二极管像素

参 考 文 献

[1] W. S. Boyle and G. E. Smith, Charge-coupled semiconductor devices, *Bell Syst. Tech. J.*, 49, 587-593, 1970.

[2] C. H. Sequin and M. F. Tompsett, *Charge Transfer Devices*, Academic Press, New York, 1975.

[3] S. M. Sze, *Physics of Semiconductor Devices*, 2nd ed., A Wiley-Interscience Publication, John Wiley & Sons, New York, 415, 1981.

[4] D. F. Barbe, Imaging devices using the charge-coupled concept, *Proc. IEEE*, 63(1), 38-67, 1975.

[5] G. F. Amelio, W. J. Bertram, Jr., and M. F. Tompsett, Charge-coupled imaging devices: design considerations, *IEEE Trans. Electron Devices*, ED-18(1)1, 986-992, 1971.

[6] J. E. Carnes and W. F. Kosonocky, First interface-state losses in charge-coupled devices, *Appl. Phys. Lett.*, 20, 261-263, 1972.

[7] R. H. Walden, R. H. Krambeck, R. J. Strain, J. McKenna, N. L. Schryer, and G. E. Smith, The

buried channel charge coupled devices, *Bell Syst. Tech. J.*, 51, 1635-1640, 1972.

[8] A. W. Lees and W. D. Ryan, A simple model of a buried-channel charge-coupled device, *Solid-State Electron.*, 17, 1163-1169, 1974.

[9] T. Yamada, H. Okano, and N. Suzuki, The evaluation of buried channel layer in BCCDs, *IEEE Trans. Electron Devices*, ED-25(5), 544-546, 1978.

[10] A. S. Grove, *Physics and Technology of Semiconductor Devices*, John Wiley & Sons, Inc., New York 136-140, 267, 1967.

[11] T. Yamada, H. Okano, K. Sekine, and N. Suzuki, Dark current characteristics in a buried channel CCD, Extended Abs. (38th autumn meeting); *The Japan Soc. Appl. Phys.*, 258, 1977.

[12] N. S. Saks, A technique for suppressing dark current generated by interface states in buried channel CCD imagers, *IEEE Electron Device Lett.*, EDL-1(7), 131-133, 1980.

[13] W. F. Kosonocky and J. E. Carnes, Two-phase charge coupled devices with overlapping polysilicon and aluminum gates, *RCA Rev.*, 34, 164-202, 1973.

[14] D. M. Erb, W. Kotyczka, S. C. Su, C. Wang, and G. Clough, An overlapping electrode buried channel CCD, *IEDM, Tech. Digest*, December, 24-26, 1973.

[15] T. Yamada, K. Ikeda, and N. Suzuki, A line-address CCD image sensor, *ISSCC Dig. Tech. Papers*, February, 106-107, 1987.

[16] M. H. White, D. R. Lampe, F. C. Blaha, and I. A. Mack, Characterization of surface channel CCD imaging arrays at low light levels, *IEEE Trans. Solid-State Circuits*, SC-9, February, 1-13, 1974.

[17] T. Yamada, T. Yanai, and T. Kaneko, 2/3 inch 400 000 pixel CCD area image sensor, Toshiba Rev., No. 162, 16-20, Winter 1987.

[18] C. H. Séquin, F. J. Morris, T. A. Shankoff, M. F. Tompsett, and E. J. Zimany, Chargecoupled area image sensor using three levels of polysilicon, *IEEE Trans. Electron Devices*, ED-21, 712-720, 1974.

[19] J. Hynecek, Virtual phase technology: a new approach to fabrication of large-area CCDs, *IEEE Trans. Electron Devices*, ED-28, 483-489, May 1981.

[20] E. G. Stevens, T.-H. Lee, D. N. Nichols, C. N. Anagnostpoulos, B. C. Berkey, W. C. Chang, T. M. Kelly, R. P. Khosla, D. L. Losee, and T. J. Tredwell, A 1.4-million-element CCD image sensor, *ISSCC Dig. Tech. Papers*, 114-115, Feb. 1987.

[21] G. F. Amelio, Physics and applications of charge coupled devices, *IEEE INTERCON*, New York, Digest, 6, paper 1/3, 1973.

[22] K. Horii, T. Kuroda, and S. Matsumoto, A new configuration of CCD imager with avery low smear level FIT-CCD imager, *IEEE Trans. Electron Devices*, ED-31(7), 904-909, 1984.

[23] A. Furukawa, Y. Matsunaga, N. Suzuki, N. Harada, Y. Endo, Y. Hayashimoto, S. Sato, Y. Egawa, and O. Yoshida, An interline transfer CCD for a single sensor 2/3 color camera, *IEDM Tech. Dig.*, December, 346-349, 1980.

[24] T. Yamada, H. Goto, A. Shudo, and N. Suzuki, A 3648 element CCD linear image sensor, *IEDM Tech. Dig.*, December, 320-323, 1982.

[25] H. Goto, H. Sekine, T. Yamada, and N. Suzuki, CCD linear image sensor with buried overflow drain structure, *Electron. Lett.*, 17(24), 904-905, 1981.

[26] Y. Ishihara, E. Oda, H. Tanigawa, N. Teranishi, E. Takeuchi, I. Akiyama, K. Arai, M. Nishimura, and T. Kamata, Interline CCD image sensor with an anti blooming structure, *ISSCC Dig. Tech. Papers*, February, 168-169, 1982.

[27] N. Teranishi, A. Kohno, Y. Ishihara, E. Oda, and K. Arai, No image lag photodiode structure in the interline CCD image sensor, *IEDM Tech. Dig.*, December, 324-327, 1982.

[28] Y. Matsunaga and N. Suzuki, An interline transfer CCD imager, *ISSCC Dig. Tech. Papers*,

February,32-33,1984.

[29]　J. E. Carnes and W. F. Kosonocky,Noise sources in charge-coupled devices,*RCA Rev.* ,33,327-343,
1972.

[30]　M. Hamasaki, T. Suzuki,Y. Kagawa,K. Ishikawa,M. Miyata,and H. Kambe,An ITCCD imager
with electronically variable shutter speed,*ITEJ Tech. Rep.* ,12(12),31-36,1988.

[31]　T. Ishigami, A. Kobayashi,Y. Naito,A. Izumi,T. Hanagata,and K. Nakashima,A 1/2-in 380k-
pixel progressive scan CCD image sensor,*ITE Tech. Rep.* ,17(16),39-44,March,1993.

[32]　S. Uya,N. Suzuki,K. Ogawa,T. Toma and T. Yamada,A 1/2 format 2. 17M square pixel CCD
image sensor,*ITE Tech. Rep.* ,25(28),73-77,2001.

[33]　T. Yamada, K. Ikeda,Y. G. Kim,H. Wakoh,T. Toma,T. Sakamoto,K. Ogawa,E. Okamoto,K.
Masukane,K. Oda,and M. Inuiya. A progressive scan CCD image sensor for DSC applications,
IEEE J. Solid-State Circuits ,35(12),2044-2054,2000.

[34]　H. Mutoh, 3-D optical and electrical simulation for CMOS image sensor,in Program of 2003 IEEE
Workshop on CCD and AIS,Session 2,2004.

[35]　H. Mutoh, Simulation for 3-D optical and electrical analysis of CCD,*IEEE Trans. Electron
Devices* ,44(10),1604-1610,October,1997.

[36]　Y. D. Hagiwara, M. Abe,and C. Okada,A 380H \ 488V CCD imager with narrow channel transfer
gates,Proc. 10th Conf. Solid State Devices,Tokyo,1978；JJAP,18,Suppl. 18-1,335-340,1978.

[37]　A. Watanabe, T. Mori,S. Nagata,and K. Hiwatashi,Spatial sine-wave responses of the human
visual system,*Vision Res.* 8,1245-1263,1968.

[38]　M. Tamaru, M. Inuiya,T. Misawa,and T. Yamada,Development of new structure CCD for digital
still camera,*ITE Tech. Rep.* ,23(75),31-36,1999.

[39]　T. Misawa, N. Kubo,M. Inuiya,K. Ikeda,K. Fujisawa,and T. Yamada,Development of the
3 300 000 pixels CCD image sensor with 30 fps VGA movie readout function,*ITE Tech. Rep.* ,
26(26),65-70,2002.

[40]　K. Oda, H. Kobayasi,K. Takemura,Y. Takeuchi,and T. Yamada,The development of wide
dynamic range image sensor,*ITE Tech. Rep.* ,27(25),17-20,2003.

第 5 章　CMOS 图像传感器

本章将讨论互补金属氧化物半导体(CMOS)图像传感器技术发展的驱动因素及其在数码相机的应用。5.1 节将对 CMOS 图像传感器的基本结构、工作方式和特点进行介绍,5.2 节将对 CMOS 像素技术进行阐述,涉及 CMOS 架构、设计技术以及有关性能限制的一些有趣的话题将在 5.3 节中描述,5.4 节解释了 DSC 应用的要求,5.5 节探讨了 CMOS 图像传感器的前景。

5.1　CMOS 图像传感器简介

5.1.1　CMOS 图像传感器的概念

CMOS 是用于数字信号、模拟信号和混合信号应用的主流技术。它的快速增长源自巨大的市场,包括中央处理器(CPU)、固态存储器、专用集成电路(ASIC)、通用逻辑集成电路和现在的图像传感器。CMOS 模拟电路的性能得到很大发展,大部分分立模拟元件(除了极其特殊的元件外)均可以使用目前的 CMOS 工艺来制造。在芯片内部的电路中,金属氧化物半导体场效应晶体管(MOSFET)可以用于制造具有非常高关断阻抗的模拟开关,使用这一技术可以实现性能优秀的采样保持电路和开关电容电路。后面章节中会提到,采样保持电路和开关电容电路是 CMOS 图像传感器中非常重要的组成模块。

CMOS 技术另一众所周知的好处是低功耗。为了满足更低的功耗要求,CMOS 器件的电源电压(V_{DD})随着器件特征尺寸的缩小而按比例降低。MOSFET 的高关断阻抗,也可以最大限度地减少电流消耗。基于以上特点,采用 CMOS 工艺制作图像传感器拥有两大好处:低功耗和多种功能片上集成,这将有利于制造低功耗、人性化、智能化的图像传感器,例如高集成度的片上摄像设备。

大约在 1990 年,在向片上系统(SoC)CMOS 图像传感器转型的过程中,有两个开创性的概念被提出并得到发展,它们分别是片上摄像机[1]和片上图像处理[2]。在 1993 年,与 CCD 图像传感器相比,CMOS 图像传感器技术因其潜在优势成为当时炙手可热的话题。

早期的 CMOS 图像传感器由于光电二极管的高暗电流和高读出噪声,其光学性能不如 CCD 图像传感器。因此,早期 CMOS 图像传感器几乎完全被局限于低成本摄像机或特殊摄像系统的应用,例如,科学应用场合和工业化的高速视觉仪器的应用场合。然而,在 20 世纪 90 年代后期,针对 CMOS 图像传感器,包括电荷传输门、表面钳位光电二极管和微透镜在内的一些重要的 CCD 技术都被优化并转移到 CMOS 图像传感器上。因此,CMOS 图像传感器的性能显著提高,并已达到 DSC 应用可接受的水平。

CMOS 图像传感器应用了 X-Y 寻址的像素扫描方式以及有源像素结构。X-Y 地址扫描体系结构的研究始于 20 世纪 60 年代,早于 CCD 图像传感器的发明[5,6]。这种体系结构被转用到 MOS 型图像传感器[7,8]和 CPD 图像传感器[9]上,在 20 世纪 80 年代这些类型的图像传感器被生产并应用于摄像机中。然而,随着 CCD 技术的发展,由于 MOS 型图像传感器较大的像素读出噪声,到 1990 年,CCD 图像传感器取代了大多数的 MOS 型图像传感器。

有源像素中产生的光生电荷被放大,放大后的信号再被读出,这个构思起源于光电晶体管阵列图像传感器。[5,10]有源像素的优点之一是信号读出路径上产生和引入的噪声得到了抑制,如图 5.1(a)所示。与有源像素相反,没有进行信号放大的像素称为无源像素,其结构如图 5.1(b)所示(这里提到的 20 世纪 80 年代的 MOS 型图像传感器是一个无源像素设备,它通过一个由 NMOS 晶体管通路组成的 X-Y 模拟多路选择器将电荷转移到连接像素的大型读出总线上)。由于像素阵列尺寸的增加,从像素输出总线上看过去的大寄生电容会降低输出信号。此外,直接注入到读出总线的噪声增加了输出信号的噪声。

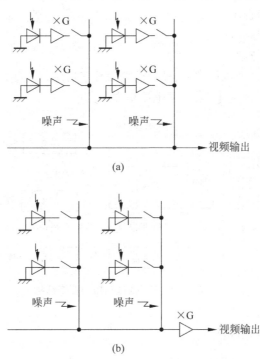

图 5.1　有源像素和无源像素

(a) 有源；(b) 无源

CCD 图像传感器被归类为无源像素的图像传感器,这是因为光生电荷在从像素传递到输出放大器的过程中没有经过放大,因此,电荷转移过程中引入的噪声严重影响了 CCD 传感器的图像质量,表现为拖影(参见 4.2.4 节)。与此相反,有源像素结构的 CMOS 图像传感器中很少观察到伪像现象。有源像素由一个光电二极管和若干 MOS 晶体管组成,这种结构在 1968 年被提出并仍是当今的 CMOS 图像传感器像素的基础[11]。

CMOS 图像传感器和 CCD 图像传感器之间的区别在于:

(1) 基于 CMOS 的制造工艺。CMOS 工艺的基本流程和设备基础都已经存在,而 CCD 技术是高度专用化的。

(2) 读出的灵活性。CMOS 技术的 X-Y 读出方案提供了在几个读出模式中进行选择的灵活性,例如窗选读出和跳跃式读出。在一般情况下,X-Y 读出方式在高速读出中有低功耗的优点,因为只有选中的像素被激活。

(3) 低电源电压和低功耗。CMOS 电路可以工作在比 CCD 更低的电源电压下。此外,X-Y 的寻址方案及片上功能实现都有助于降低系统功耗,此特性在高速读出的应用场合尤为重要。

(4) 芯片性能。CMOS 工艺能够集成芯片控制电路,简化相机电路。模拟-数字转换和图像处理也可以很容易地实现,从而使图像传感器具有完全的数字接口。

5.1.2　基本结构

CMOS 图像传感器的基本结构如图 5.2 所示。根据接口的规格其可以分为 3 类:

- 模拟输出图像传感器;
- 数字输出图像传感器;
- SoC 型图像传感器。

SoC 图像传感器中包含成像部分、模拟前端和数字后端。一些控制功能,例如时序产生器、时钟驱动器和参考电压发生器,通常也被集成于其中。

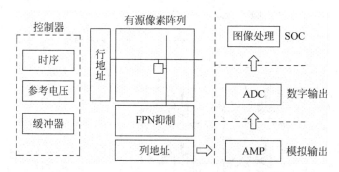

图 5.2　CMOS 图像传感器的典型结构

5.1.2.1　像素和像素阵列

CMOS 图像传感器中的像素可以看作是由一个光电二极管、光电二极管复位开关、信号放大和输出电路组成的电路。具有信号放大功能的像素被称为有源像素。图 5.3(a)显示了一个典型的三管有源像素及外围电路的简化结构。光电二极管的复位晶体管 M_{RS} 和位线选择晶体管 M_{SEL} 连接到行总线上,像素输出端连接到列总线上。行地址电路输出行控制信号到被选中的行上。当行选择脉冲加在 M_{SEL} 的栅极时,M_{RD} 和偏置电流负载形成一个源极跟随器。光电二极管的电压 V_{PIX} 被源跟随器所缓冲,输出节点 V_{PIXOUT} 处的缓冲放大输出电压被采样到一个采样保持电容 C_{SH} 上。列寻址电路在水平扫描期间扫描该采样信号。

源极跟随器是一种电压缓冲器,具有电流放大能力,但不进行电压放大。然而,作为信号电荷,光生电荷由式 $A_v \cdot (C_{SH}/C_{PIX})$ 得出,其中 A_v 和 C_{PIX} 分别是源极跟随器的电压增益(<1)和像素内的存储节点的电容。如果 $C_{PIX}=5fF$,$C_{SH}=1pF$,$A_v=0.8$,则电荷增益为 160。

无源像素也可以用于 CMOS 图像传感器中[1],其基本结构如图 5.3(b)所示。无源像素仅包括一个光电二极管和一个选择开关。光生电荷直接从像素读出并由像素阵列外的电

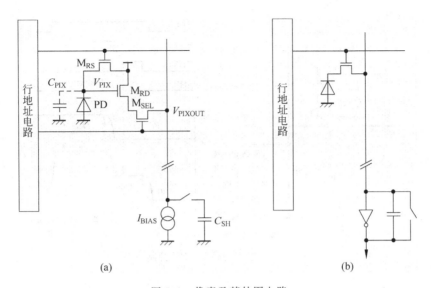

图 5.3　像素及其外围电路

(a) 三管有源像素和源级跟随器读出电路；(b) 无源像素和放大读出电路

荷检测放大器进行放大。虽然无源像素结构使得降低像素大小更为简便容易，但是光生电荷对于像素输出端和电荷检测放大器之间引入的噪声很敏感。因为这个缺点在大规模像素阵列场合变得尤为明显，所以无源像素方案并不适合 DSC 应用场合。

5.1.2.2　X-Y 像素寻址

视频信号是通过行(垂直)和列(水平)扫描器对像素阵列进行光栅扫描获得的。一般情况下，行扫描器在每一帧时间内产生一个行选择脉冲和一个复位脉冲并送入选定行的像素中，列扫描器在每一个行周期扫描各列。CMOS 图像传感器中两种常见的扫描器是移位寄存器和解码器。移位寄存器的优点是结构简单，翻转噪声低，在一些改进结构中读出更加灵活[12]。而解码器具有比移位寄存器更大的扫描灵活性，可以应用窗选读出或跳跃式读出。

5.1.2.3　固定模式噪声抑制

CCD 将光生电荷转移到位于 CCD 寄存器后端的电荷检测放大器，使得所有信号均通过同样的放大器后读出，因此，放大器的失调保持恒定。另一方面，CMOS 图像传感器中的每个像素的放大器都有失调的波动，这会导致固定模式噪声的产生。M_{RD} 阈值电压的波动是该噪声的主要来源，其大小一般为几十毫伏。因此，CMOS 图像传感器必须增加噪声抑制电路来抑制失调的波动。

固定模式噪声抑制的原理如图 5.4 所示。首先，经过一段积分时间后，像素输出一个包含光生信号和放大器失调的信号 V_{SIG}，这个信号读出后被存储在一个存储单元中。像素被复位后输出一个仅包含放大器失调的信号 V_{RST}，这个信号再次被读出并存储在另一个存储单元中。通过对两次输出做差，放大器的失调可以抵消。应该指出的是，由暗电流的变化引起的失调不能被抑制。噪声抑制电路的详细内容将会在 5.3 节中进行描述。

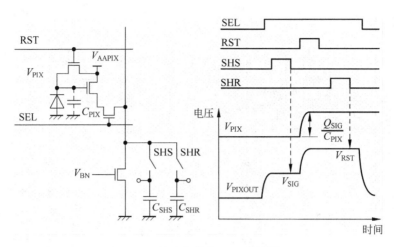

图 5.4　三管有源像素 FPN 抑制原理

5.1.2.4　输出级

正如本节开始所描述的，CMOS 图像传感器的三种输出类型分别是模拟、数字和 SoC 型。模拟信号输出的图像传感器在输出方案上有一些不同，如单端输出方案（具有片上的 FPN 抑制功能）和双端差分输出方案（一端输出等于 V_{SIG}，另一端输出等于 V_{RST}）。单端输出允许使用 CCD 图像传感器传统的模拟前端（AFE）集成电路。

片上模数转换器（ADC）的数字输出已经成为最流行的消费类产品应用的方案，因为它取消了图像传感器电路的模拟接口和 AFE 电路（事实上，不再需要 AFE），从而使摄像机前端的设计得到了大大简化。对于 SoC 型图像传感器，其内部集成了数字信号处理器。基本的图像处理，如曝光控制、增益控制、白平衡、色彩插值，都被集成到片上处理器中。

5.1.2.5　其他外围电路

在大多数 CMOS 图像传感器中，参考电压/电流发生器、驱动器、时序控制器都集成在芯片上。片上集成的时序发生器和时钟缓冲器可以减少外部控制信号，片上参考电压发生器允许图像传感器运行在单电源电压的模式下。这些片上集成器件减少了接口功耗并且可以消除通过芯片间接口电路引入的噪声。

5.1.3　像素寻址和信号处理结构

一些像素寻址和信号处理的结构可以用于 CMOS 图像传感器中，例如 FPN 抑制结构和模数转换结构。可以根据被同时读出和处理的像素数量对它们进行分类，如图 5.5 所示。如 3.1.3 节所描述的，除非使用全局快门（见 5.4.2.3 节），在 X-Y 寻址方案中不同像素或行的积分时间是不同的。每个像素的积分时间取决于图 5.5 所示的处理器结构。

5.1.3.1　像素串行读出结构

在像素串行处理结构（如图 5.5(a) 所示）中，行和列选择脉冲一次选定一个像素，然后进行读出和处理，并依次循环。该方案实现了完整的 X-Y 寻址。每个像素的积分时间在逐渐偏移。TSL(transversal signal line)图像传感器[13]和噪声/信号顺序读出图像传感器[14]使用这种像素串行读出方法。

5.1.3.2　列并行读出结构

列并行读出结构如图 5.5(b)所示,这是一种非常流行的结构,用在大多数的 CMOS 图像传感器中。同一行中的像素被同时读出然后并行处理。处理后的信号被存储在一个行存储器中,并按顺序读出。积分时间逐行出现偏移。在这种结构中,一个像素只需要一个行选择脉冲,从而减少了用于传输像素控制脉冲的总线数量,因此,可以实现适用于像素尺寸减小的一个相对简单的像素结构。由于一个行时间分配给一个行处理,列并行处理器工作在相对较低的频率。而较低的频率可以使用低功耗模拟电路,在高分辨率、高像素读出的应用(例如 DSC)中,这种读出方式非常有效。

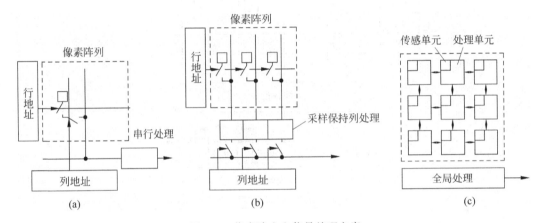

图 5.5　像素读出和信号处理方案

(a)像素串行读出和处理;(b)列并行读出和处理;(c)像素并行读出和处理

5.1.3.3　像素并行读出结构

像素并行读出或帧同步读出,应用于特殊的场合,例如高速图像处理中[15,16]。该结构中处理器单元(PE)存在于每一个像素中,可以并行地进行图像处理,如图 5.5(c)所示。被压缩的信号或仅感兴趣的信号通过全局处理器输出。与其他结构相比,由于采用并行处理机制并突破了像素读出速率的瓶颈,像素并行读出结构在进行机器视觉应用所要求的高速工作中具有突出的优势。这种结构的缺点在于像素结构变得更加复杂,导致像素尺寸大、填充因子低。因此在可预见的将来,这种结构并不适于 DSC 应用。

5.1.4　卷帘式快门和全局快门

为了控制曝光时间,CMOS 图像传感器需要额外的复位扫描,在读出扫描信号进行扫描之前,这个快门扫描信号开始扫描像素阵列[17],如图 5.6 所示。快门脉冲和读出脉冲之间的时间间隔决定了曝光时间。这个过程类似于机械卷帘式快门(称为焦平面快门)。因此,对应于 CCD 图像传感器的全局快门,这种快门工作方式叫做电子卷帘式快门。

　　视频应用以视频速率将连续的图像再现于显示器上,从而使卷帘快门和全局快门之间的区别难以察觉。半导体成像出现之前,摄像管工作在卷帘快门模式下。然而,在拍摄静态图像时,曝光时间的偏移使运动物体的图像发生扭曲,如图 5.7 所示。解决失真问题的方法包括使用机械快门、提高帧频和实现片上帧存储器(见 5.4.2.3 节)。静态成像所使用的快门控制将在 5.4 节中讨论。

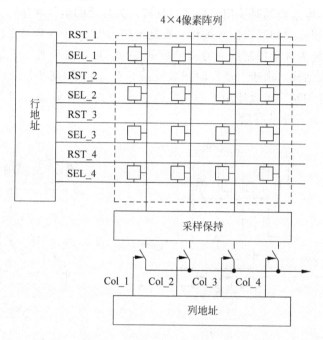

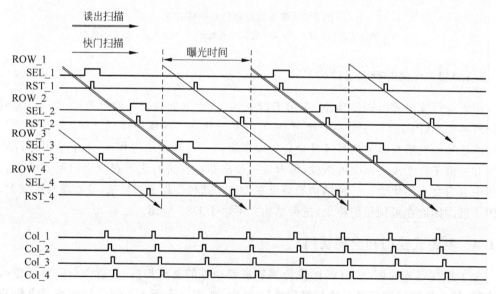

图 5.6　采用滚筒快门的像素扫描

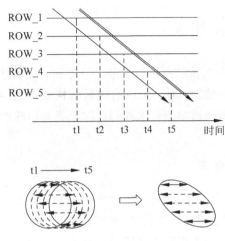

图 5.7　卷帘快门下移动物体的形变失真

5.1.5　功耗

由于 CMOS 图像传感器芯片中集成了一些电路模块(如芯片控制器、FPN 抑制电路、增益级和 ADC),在比较 CMOS 和 CCD 两类图像传感器的功耗时,应当考虑到 CCD 相机系统中相应的独立部分。基于这种比较,CMOS 图像传感器型摄像头的功耗是 CCD 图像传感器型摄像头的 $\frac{1}{10} \sim \frac{1}{2}$。除了 CMOS 器件固有的低能耗需求外,以下因素也促成了其低功耗:

(1) 低电源供电。CMOS 图像传感器工作的电源电压为 2.5～3.3 V,远远低于 CCD 图像传感器典型的 $-8V$、3V 和 15 V 的工作电压。同时,CCD 图像传感器的输出缓冲器也需要一个很高的电源电压(参见 4.2.5 节)。

(2) X-Y 地址读出。由于 CMOS 传感器的 X-Y 寻址策略,在任意给定的时间内只有选定的像素消耗功率。与之相反的,对于 CCD 传感器而言,为了转移电荷,所有寄存器需要被连续不断地并行驱动。因此,使用 X-Y 寻址的 CMOS 图像传感器的功耗比 CCD 图像传感器低得多。

(3) 单电源供电和片上集成。CMOS 图像传感器可以在单电源供电的情况下工作。此外,时序控制器和参考电压发生器的片内集成减少了片间连接所需的外部器件数,从而降低了功耗需求。

(4) 片上信号处理。近年来,数字输出的 CMOS 图像传感器多用于消费级应用。在图像传感器中集成模拟增益和模数转换器,可以消除那些比数字接口消耗功率更多的外部 AFE 和高速模拟 I/O。

在 CMOS 图像传感器中,因为使用 X-Y 寻址方式。芯片尺寸的增加大体上并不会影响功耗,另一方面,在 CCD 图像传感器中,较大面积的 CCD 寄存器直接增加了时钟驱动器的负载电容;此外,较大的芯片尺寸要求更高的电荷转移效率,因此难以降低驱动脉冲的高度。因此,CMOS 图像传感器和 CCD 图像传感器之间的功耗差异随着芯片尺寸和帧频的增加而增加。

5.2 CMOS 有源像素技术

CMOS 图像传感器的有源像素由一个光电二极管和一个读出电路构成,因此很多种像素结构被提出并得到论证。然而,DSC 应用的像素结构应该是尽可能的简单,以获得出色的光电二极管填充因子和高分辨率的像素阵列。本节将介绍两种主要的光电二极管结构和相应的读出方案。

5.2.1 PN 光电二极管像素

PN 光电二极管像素在早期的 CMOS 图像传感器中比较流行。它只需相对简单的修改就可以被整合到 CMOS 制造和设计工艺中,并且这种修改可以通过电路原理图来表述,从而使图像传感器的设计兼容于通用集成电路设计环境中。因此,对于低成本图像传感器或小规模定制化图像传感器来讲,PN 光电二极管像素仍然是划算的解决方案。

虽然噪声性能通常不如钳位光电二极管像素(5.2.2 节中有描述),但 PN 光电二极管像素在提供更大的满阱容量上具有明显的优势。满阱容量可以通过增加 PN 光电二极管像素的光电二极管电容得到提升,但是钳位光电二极管像素的满阱容量受到光电二极管钳位电势的限制。

5.2.1.1 PN 光电二极管结构

n^+/p 阱(PW)或 n 阱(NW)/p 衬底(PSUB)结是常用的光电二极管的形式,如图 5.8 所示。在 n^+/PW 光电二极管中,在 PW 区域内形成一个高浓度的浅 n^+ 区,光电转换发生在该结的耗尽区中。虽然这样的光电二极管很简单,但在近来的高集成度 CMOS 技术中,PW 区域不断提高的掺杂浓度减小了 PN 结耗尽层的厚度,进而影响了像素的灵敏度[18]。考虑到实际的灵敏度,n^+/PW 光电二极管适用于特征尺寸大于 $0.5\sim0.8\mu m$ 的 CMOS工艺。

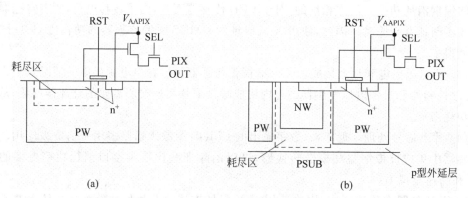

图 5.8　PN 光电二极管结构

(a) n^+/PW 光电二极管结构;(b) NW/PSUB 光电二极管结构

对于 $0.35\sim0.5\mu m$ 以下的 CMOS 工艺,一般使用 n 阱(NW)/p 衬底(PSUB)结制作光电二极管。表面 n 阱区在低掺杂的外延层上形成,光电二极管的外围通过 PW 隔离。由于外延层的掺杂浓度非常低,耗尽层将会到达 p 衬底的边缘。因此,即使在高度集成的 CMOS 工艺中也可以获得较大的光转换量。

PN 二极管的根本问题是表面产生的暗电流和光电二极管复位时产生的热噪声。为了降低表面产生的暗电流,掩埋型光电二极管和钳位二极管的结构被引用到 NW/PSUB 光电二极管中[19]。然而,复位晶体管的源衬结仍然会有温度引起的漏电现象。

5.2.1.2　光电二极管复位噪声(kTC 噪音)

正如 3.3.3.4 节中所描述的,光电二极管复位电路构成一个 RC 低通滤波电路,并在复位操作时产生复位噪声(或称 kTC 噪声),复位噪声由下式给出:

$$v_n = \sqrt{\frac{kT}{C_{PD}}} \tag{5.1}$$

5.1.2.3 节中描述的 FPN 抑制方法中,含有光生信号和像素源级跟随器失调电压信号的像素输出信号首先被读出,当像素复位结束后输出一个含有源级跟随器失调的信号,这两个信号相减后仅剩余光生信号。然而,两个信号中的复位噪声成分是不同的,因为第一个输出信号的复位不同于第二个信号的复位,这两个复位所引入的噪声是非相关的。因此,最终信号中的复位噪声是式(5.1)所得值的 $\sqrt{2}$ 倍。

5.2.1.3　硬复位和软复位

实际的复位噪声取决于复位晶体管的工作模式。当复位晶体管工作在饱和区时,存储在光电二极管中的电子在复位期间流向复位漏极。当它工作在线性区时,存储在光电二极管中的电子可以在光电二极管和复位漏极之间来回移动。图 5.9 表示了这两种复位方式的电势图。复位晶体管工作在饱和模式下的复位被称为"软复位",工作于线性模式下的复位则被称为"硬复位"。硬复位的噪声电平由式(5.1)给出。在软复位模式下的复位噪声被降低到大约 $1/\sqrt{2}$,这是复位期间对电流的整流效果造成的。对复位噪声的详细分析请参考相关文献[20,21]。

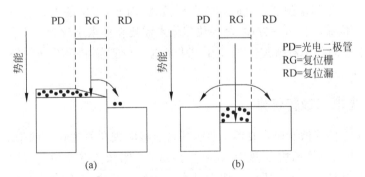

图 5.9　复位操作的电势图
(a) 软复位;(b) 硬复位

软复位的一个缺点是它引入了图像拖尾,这是由复位后光电二极管电压对曝光的依赖引起的,即在有限的复位时间内复位电压不足以达到某一固定电压值。在软复位操作前,注入偏置电荷(称为"刷新复位")可以消除图像拖尾[22]。

复位噪声显著影响暂态本底噪声。例如,具有 5fF 电容和 1V 电压摆幅的光电二极管,软复位的 kTC 噪声电荷和满阱容量分别是 $28e^-$ 和 $32ke^-$,这意味着复位噪声将最大动态范围限制为 61dB。

5.2.1.4　PN 光电二极管像素的复位噪声抑制

复位噪声抑制是 PN 光电二极管像素的一个重大难题。事实上,在上面的例子中,本底噪声为 $28e^-$,远远高于本底噪声仅为 $10e^-$ 的 CCD 图像传感器和钳位光电二极管像素 CMOS 图像传感器。目前已经出现了几种复位噪声的抑制方案。

1. 使用无损读出实现复位降噪

如图 5.4 所示的三管像素,如果多次施加行选择脉冲且之间没有穿插复位脉冲,像素信号可以被无损读出多次。利用这一特点,复位噪声可以通过与复位帧做差的方法得到抑制[23]。复位动作后,像素输出立即被无损地读出并保存在外部失调帧存储器中,这时曝光开始。曝光时间结束后,像素信号再次被读出,并与那些保存在失调帧存储器中的像素偏移量作差。由于每一个像素的复位噪声和偏移量被包含在偏移帧中,复位噪声由此抵消。有报道称该方案最高能将噪声降低三分之一,且已被用于科学应用中[24]。

2. 有源反馈复位噪声校正

复位噪声表现为光电二极管的电压波动,现在已经提出了多种通过电路设计来抑制电压波动的方法。复位噪声抑制电路的一个共同原则是于光电二极管电压节点构造一个负反馈结构。像素读出电路工作在反向放大器模式,在该模式中的反馈机制迫使光电二极管节点处在复位期间产生一个固定的复位电平上[25,26]。同时,人们也提出了一种基于列的反馈电路,该电路在复位阶段形成从列信号线到像素中复位栅的负反馈环路,有报道称使用此技术复位噪声降低了近一个数量级[27]。

这些通过改进电路设计来提高像素性能的方法非常耐人寻味。虽然采用有源反馈像素的 DSC 图像传感器尚未见报,但是有源读出方式在未来图像传感器(如堆栈式光电二极管图像传感器[28]和全局快门像素)的应用中非常具有潜力。在堆栈式光电二极管像素中,通常需要在光电二极管和检测节点之间设置金属接触,因此,完整的电荷转移很难实现,这反过来又产生了复位噪声。另一方面,全局快门像素需要在像素中放置一个存储电容(请参阅5.4.2.3 节像素中的存储器结构),正如在 PN 光电二极管像素中看到的那样,复位该存储电容也会产生复位噪声。

5.2.2　钳位光电二极管像素

传统的 PN 二极管像素中存在两个重大挑战:暗电流和复位噪声的消减。为了解决这些问题,钳位光电二极管结构[29]被引入并成为 CMOS 图像传感器的主流,基本的钳位光电二极管像素结构如图 5.10(a)所示。像素是由一个钳位光电二极管和四个晶体管组成,这四个晶体管包括传输晶体管(M_{TX})、复位晶体管(M_{RS})、放大晶体管(M_{RD})和一个选择晶体管(M_{SEL})。因此,相对于传统的三管像素,这一像素结构通常被称为四管像素。

工作时序与相应的电势图分别如图 5.10(b)和(c)所示。像素读出时,浮置扩散(FD)节点由复位晶体管复位,然后像素输出(V_{PIXOUT})被读出一次,记作复位信号(V_{RST})。其中,V_{RST} 包括像素失调和 FD 节点的复位噪声。接着传输管 M_{TX} 开启,以使在钳位光电二极管内累积的电荷完全转移到 FD 节点。由于电荷完全转移,因此在转移过程中不会产生复位噪声。转移过去的电荷使得 FD 节点的电势下降,因此 V_{PIXOUT} 电压降低。传输过程结束后,V_{PIXOUT} 被再次读出,记为 V_{SIG}。V_{SIG} 减去 V_{RST},像素的 FPN 和复位噪声被抵消,使读出噪声小于 $10e^-$。[30]钳位光电二极管的另一个重要优点是低暗电流,因为钳位光电二极管的表面被 p^+ 层隔离,$60℃$时暗电流可以减小至 $50pA/cm$。[30]

接下来将介绍关于钳位光电二极管像素的几个重要问题。

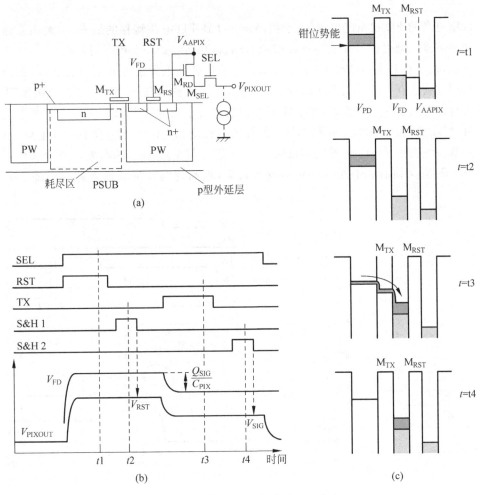

图 5.10　钳位光电二极管像素(4T 像素)

(a) 像素结构;(b) 工作时序;(c) 电势图

5.2.2.1　低电压电荷转移

尽管钳位光电二极管和传输管结构已被用于 CCD 图像传感器中,但是 CMOS 图像传感器中的电源电压比 CCD 转移脉冲高度低得多。从光电二极管到 FD 节点的不完整的电荷转移会导致额外的噪声、图像拖尾和非线性响应。因此,CMOS 图像传感器中的钳位光电二极管和传输管需要针对低电压场合进行优化。

当使用的电源电压为 $2.5\sim3.3$ V 时,FD 节点的复位电平大约是 $2\sim2.5$V。考虑到电荷转移过程中 FD 电压的压降,可接受的钳位光电二极管的电位为 1.0~1.5V。因此,制造过程中需要非常精确的掺杂浓度控制。低压转移脉冲的高效传输要求优化光电二极管的结构,包括光电二极管边缘之间的区域和传输管[32],以及优化光电二极管的深度。在像素布局方面,由于存在三维电势效应[33],形成一个 L 形的传输管也能提高传输效率。在 3.3V 电源电压下其高速电荷转移缩短至 2ns。

5.2.2.2　升压

设定更高的 FD 初始电压,有助于提高从 PD 到 FD 电荷转移的效率,扩大像素输出摆幅的动态范围。通过提高片上功率以增加 RST 脉冲高度是一个很好的方法[34]。

然而,在 n 型衬底的情况下(参见 5.2.2.4 节),公共电源通过 n 型衬底连接,正向升压难以实现。为了获得更高的 FD 初始电压,引入了像素内升压[35]电路,像素结构如图 5.11 所示。与传统的三管结构相反,M_{RD} 和 M_{SEL} 位置进行了互换。当 M_{SEL} 由断开状态变为开启状态时,M_{RST} 开启。当 M_{SEL} 导通时,M_{RD} 的源极电压增加。由于 M_{RD} 栅下形成了反型层,该电压的增加将会通过 M_{RD} 的栅电容反馈给 V_{FD},使之与 V_{PIXOUT} 一同增大。通过这种方式可以使 V_{FD} 升高,从而有利于栅极产生边缘场效应,提高传输效率和像素源极跟随器的动态范围。

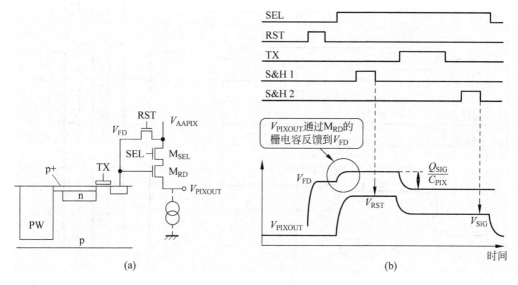

图 5.11　升压像素
(a)像素结构;(b)工作时序

5.2.2.3　像素结构的简化

减少像素中晶体管的数量有利于减少像素的尺寸。在钳位光电二极管中,钳位光电二极管与输出晶体管通过传输管隔离,此结构使得一个读出电路由多个光电二极管共享,能够减少每个像素的晶体管的数量。如图 5.12 所示,从而降低了像素的尺寸。此像素共享结构有几种变形,FD 可以由四个连续的行像素[36]、两个列像素[35]或者 2×2 像素[37]共享。这种共享的像素结构适合制造小像素,但在设计时必须谨慎以保证共享同一个输出电路的众多像素具有一致的特性。

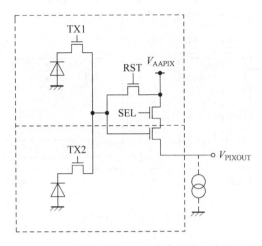

图 5.12　共享的像素结构(两个像素共享一个读出电路)

　　为了进一步减少晶体管的数量,可以采用像素复位电压控制方式来取代选择晶体管 M_{SEL} ,如图 5.13 所示。像素读出后,像素的复位电压 V_{RST} 变得更低,并在 FD 节点被采样。由于 FD 的电压保持在低电压,所以像素保持未激活状态直到下一次读出操作,从而像素选择晶体管可以被省略。V_{RST} 与 V_{AAPIX}[35] 或 V_{PIXOUT}[36] 共享总线可以实现进一步像素简化。

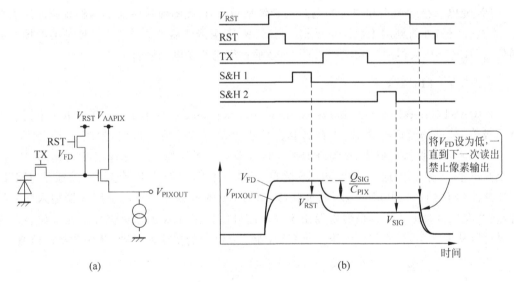

图 5.13　像素复位电压控制方式
(a) 像素结构;(b) 工作时序

5.2.2.4　p 型和 n 型衬底

　　因为 CMOS 像素没有使用垂直快门(参见 4.3.3 节),n 型和 p 型衬底均可以用于 CMOS 图像传感器中,如图 5.14 所示。然而出于两个原因,p 型衬底在通用 CMOS 工艺中更常用。一方面从电路设计的角度来看,大量的 CMOS IP 核是基于 p 型衬底开发的,并且使用 p 型衬底只需要对传统的 CMOS 工艺进行小的修改。另一方面,p 型衬底或 p 阱产生的载流子可以扩散到邻近的像素中,这会导致像素间的串扰,而且衬底可能存在扩散的暗电流。因此,改进工艺来抑制 p 型衬底的载流子扩散是非常必要的。

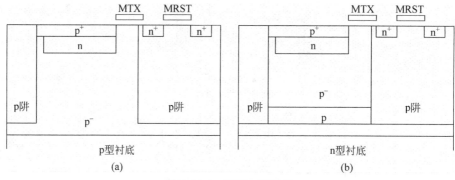

图 5.14　p 型和 n 型衬底

(a) p 型衬底;(b) n 型衬底

n 型衬底可以获得更好的像素间的隔离,因为深衬底或者 p 阱区域的光生载流子主要通过 n 型衬底排出。为了避免 n 型衬底和 n 型光电二极管间的穿通效应,在光电二极管下引入深 p 阱区域[35]。这一 p 阱的深度和剖面决定了光电转换层的厚度。

5.2.3　其他大画幅、高分辨率 CMOS 图像传感器的像素结构

PN 光电二极管像素和钳位光电二极管像素是 CMOS 图像传感器中两种普遍的像素技术,本文介绍另外两种用于数码单反相机(DSLR)图像传感器中的结构:一种是结型场效应晶体管(JFET)放大器的有源像素,另一种是垂直集成的光电二极管像素。

5.2.3.1　LBCAST

LBCAST(lateral buried charge accumulator and sensing transistor)阵列由一个钳位光电二极管、结型场效应晶体管、电荷转移晶体管以及复位晶体管组成,如图 5.15 所示[38]。在积累期间,RS 保持低电平,n 沟道 JFET 的 p 栅处于关断状态。在像素读出期间,RS 翻转至高电平,p 栅电压通过栅极和 RS 之间的耦合电容的作用开始上升,并激活 JFET。PIXOUT 连接到一个恒定的电流源负载,因此 JFET 的 p 栅充当了源极跟随器输入管。接着,在光电二极管上累积的信号电荷由于 TG 信号翻转至开启状态而被转移到 p 栅极。光信号可以从 PIXOUT 的节点电压变化获得,而节点电压的变化通过列 CDS 电路来检测(图

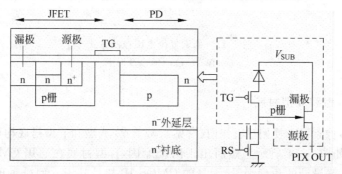

图 5.15　LBCAST

中未示出)。除了低暗电流和应用钳位光电二极管而使电荷完全转移外,由于 JFET 比 MOSFET 有更低的暂态噪声特性,晶体管的低噪声性质得到进一步加强。

5.2.3.2　垂直整合光电二极管像素

半导体的吸收深度与入射光的波长与有关。如第 3 章的图 3.2 所示,像紫光这类波长较短的光在光电二极管的表面附近被吸收,像红光这类波长较长的光可以达到较深的区域,这一特性可用于颜色分离。[39-41]

如图 5.16 所示,在同一位置层叠 3 个光电二极管,它们分别检测红、绿、蓝(RGB)3 种光的光生电荷,这样就可以提供这个位置的红、绿、蓝颜色信息。[42] 与带有片上滤色器的图像传感器相比,这种垂直整合像素为产生的载流子和免插值彩色图像传感器提供了一个更大的收集区。虽然这种结构并未解决 PN 光电二极管像素的根本问题(即复位噪声和暗电流),但仍不失为一种令人相当感兴趣的方法。

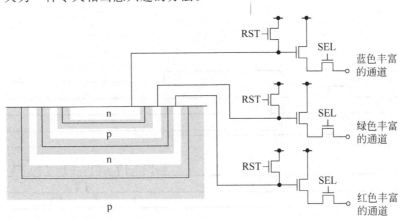

图 5.16　垂直整合光电二极管像素

5.3　信号处理和噪声特性

本节将介绍两种典型的噪声抑制方案和信号处理器的结构,接着描述 CMOS 图像传感器中的噪声产生机制。下面将介绍基于钳位光电二极管与最常用的四管像素技术相结合的像素结构。虽然在 5.2 节中介绍的是几种用于 DSC 图像传感器的像素结构,但是讨论时所用的原理同其他 CMOS 图像传感器是一样的。

5.3.1　像素信号读出和 FPN 抑制电路

光生电荷在像素中被放大并传送到噪声抑制电路,该结构对 CMOS 图像传感器的图像质量具有特殊且十分重要的贡献。在近年来的 CMOS 像素结构中,像素暂态噪声已经被降低到小于 $500\mu V$。因此,噪声抑制电路需要抑制像素的偏移量,使其小于暂态噪声,即 $100\sim 200\mu V$ 的有效电压。由于像素/信号链的改进,暂态噪声得到抑制,剩余的 FPN,即 FPN 抑制电路的输出,必须要远低于暂态噪声。

电压域的源极跟随器读出是最常见的读出结构。如 5.1 节中所描述的,需要抑制由

MOS 的阈值电压波动引起的 FPN。除下文提到的两个代表性的结构外，一些其他的独特的结构也已经被提出并得到实现。[14,46]

5.3.1.1　列相关双采样（CDS）结构

如图 5.17 所示，像素的源极跟随器和列 CDS 电路的组合[43]是最基本的结构。一个偏置电流源连接在像素输出节点从而组成源极跟随器电路，用作 FD 电压输出的缓冲。

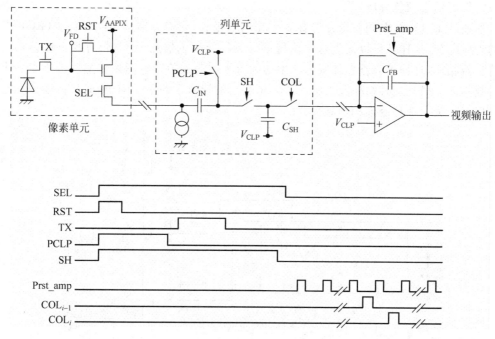

图 5.17　CDS 的结构和工作时序

FD 被初始化时，采样和保持（S/H）电容被钳位在 V_{CLP}。钳位开关关闭后，电荷转移栅 TX 打开，并且信号电荷从光电二极管转移到 FD，使 V_{FD} 因电荷的注入而下降。接下来 S/H 电容采样这一压降，并且像素的直流偏移量由 CDS 方式抑制。S/H 电容 C_{SH} 记忆的信号电压可以表示为

$$V_{SH} = V_{CLP} - A_V \cdot \frac{Q_{PH}}{C_{FD}} \cdot \frac{C_{IN}}{C_{IN} + C_{SH}} \qquad (5.2)$$

其中 A_V、Q_{PH}、C_{IN} 和 C_{FD} 分别是源极跟随器的增益、信号电荷、CDS 电路的输入电容和 FD 的电容。在列 CDS 之后，储存在该列的 S/H 电容器中的信号将被扫描。

虽然电路比较简单，但是其性能受到电压增益损失（$C_{IN}/(C_{IN}+C_{SH})$）、钳位开关的阈值电压变化及较小的共模噪声抑制影响。使用开关电容（SC）放大器和多个 SC 级可以解决这些问题。[44]

5.3.1.2　DDS

引入 DDS(differential delta sampling)噪声抑制电路是为了消除差分 FPN 抑制电路中两个信号路径的特性失配。[45] 图 5.18 显示了一个采用 DDS 的 FPN 抑制电路例子。S/H

电容 C_{SHS} 和 C_{SHR} 分别采样 V_{SIG} 和 V_{RST}。每个 PMOS 源极跟随器缓冲器的输出通过一个偏移电容连接到一个差分放大器的差分输入。

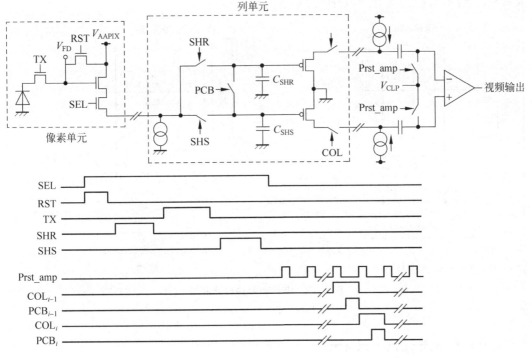

图 5.18　DDS 的结构和工作时序

这两个信号由 S/H 电容进行采样和保持后,水平扫描开始。当第 i 列被列寻址电路中 COL_i 脉冲选中时,两个平行的 PMOS 源极跟随器电路被激活,并且产生对应 V_{SIG} 和 V_{RST} 的差分输出。差分放大器的输入被初始化为 V_{CLP},消除了 PMOS 源极跟随器的失调电压。然后,给 PCB 施加高脉冲,电路短路。列信号读出的前半个周期,差分放大器输出它自身的偏移量。当两个 S/H 电容由短路开关短接时,输出发生变化,该变化取决于 V_{SIG} 和 V_{RST} 的压差。

短路操作后产生的差分信号可以表示为

$$\{(\alpha_1 + \alpha_2)/2\} \cdot (V_{RST} - V_{SIG})$$

式中,α_1,α_2 是不同路径的增益。因为最终结果由两个增益因子取平均得到,而两个信道之失配相互抵消,所以增益失配可以得到抑制。

5.3.2　模拟前端

CMOS 图像传感器的模拟信号处理被划分成列并行和串行两部分。一般来说,噪声抑制电路存在于列并行结构中。噪声抑制电路后是一个模拟可编程增益级和一个 ADC 级。可编程增益放大器(PGA)的增益决定了相机的 ISO 速度,这一增益是可以设置的,这样利于 ADC 输入范围的有效利用。

5.3.2.1　串行 PGA 和 ADC

可编程增益放大器(PGA)和 ADC 的结构如图 5.19(a)所示,与 CCD 信号处理所采用的 AFE 设备非常类似。一行的噪声抑制信号被同时存储在 S/H 的存储器阵列上,然后对所存储的模拟信号进行扫描,并串行转移到 PGA 和 ADC。多级、可编程增益、视频带宽放大器和流水线 ADC 的组合是串行处理最普遍的结构。

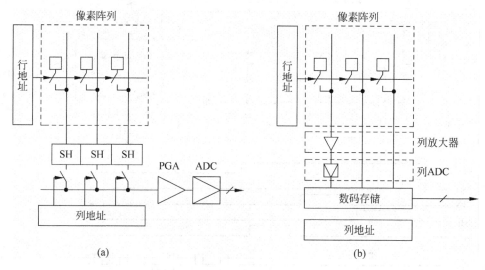

图 5.19　串行和列并行处理器
(a) 串行；(b) 列并行

5.3.2.2　列并行 PGA 和 ADC

当增益放大器用于列并行部分时,放大器块被称为"线放大器"或"列放大器"。类似地,当多个 ADC 用于列中时,该结构被称为"列 ADC"。列 ADC 结构如图 5.19(b)所示,其噪声抑制、放大和模-数转换是并行执行的,所得到的数字数据存储于线缓冲存储器中,再由列译码器对线缓冲存储器进行扫描。

列并行 ADC 所需的采样率定义为一个行周期的倒数,通常是 10～100kHz,因此,我们会使用低速且低功耗的 ADC 方案(如斜坡 ADC[47-49]或逐次逼近型 ADC[50])会得到使用。与串行方法相比,列并行 ADC 的优点在于它凭借高度集成并行处理结构能够高速工作[51,52]。

5.3.3　CMOS 图像传感器的噪声

除了像素噪声外,处理电路在输出图像中也生成噪声。为了估计噪声源和提高性能,了解噪声源和输出图像中观测到的噪声之间的关系是非常重要的。对于静态图像,因为暂态噪声是锁定在静态图像上的,暂态噪声和 FPN 等效地影响图像质量。

5.3.3.1　像素间的随机噪声

由于图像中像素到像素的噪声是完全随机的,噪声由个别像素的噪声或信号路径上单纯的暂态噪声产生。像素的随机噪声可分为像素 FPN 和像素暂态噪声。像素 FPN 由暗电流、光电二极管灵敏度、存储电容、源极跟随器特性(偏移和增益)等因素的变化而引起。像素暂态噪声受光电二极管复位噪声、光子散粒噪声、暗电流散粒噪声和像素的源极跟随器电路噪声的影响。对于钳位光电二极管像素,CDS 方式下的复位噪声可以忽略不计(见 5.2.1.2 节)。

散粒噪声可以表示为

$$v_{\text{n\_shot}} = \frac{q}{C_{\text{FD}}} \sqrt{N_{\text{sig}} + N_{\text{dark}}} \tag{5.3}$$

式中,N_{sig} 和 N_{dark} 分别是光生电子和热产生的泄漏电子的数目。

假设有理想的偏置电流源和足够的稳定时间,像素跟随器电路的噪声功率和噪声带宽分别表示为 $\gamma \cdot 4kT/g_{\text{m}}$ 和 $(1/4)g_{\text{m}}/C_{\text{LV}}$,其中 g_{m} 和 C_{LV} 分别表示 M_{RD} 的跨导和源极跟随器输出的负载电容;γ 是 MOS 信道噪声因子,对于长沟道晶体管近似为 $2/3$;C_{LV} 包括采样和保持电容及像素信号总线的总寄生电容。假设采用双采样进行噪声抑制,热噪声将增加约 $\sqrt{2}$ 倍。因此,噪声抑制后像素源极跟随器的热噪声分量可以表示为

$$v_{\text{n\_therm}} \sim \sqrt{\frac{4}{3}kT/C_{\text{LV}}} \tag{5.4}$$

在典型的 CMOS 图像传感器中,C_{LV} 的值为几个皮法。当 C_{LV} 为 5pF 时,式(5.4)估算出 FD 节点的热噪声分量为 $33\mu V_{\text{rms}}$。

散粒噪声功率谱密度可以由 $S_{\text{n}}(f) = K'_f/f$ 近似给出,其中 K'_f 是一个取决于器件参数(如晶体管的尺寸、表面陷阱态密度等)的系数。因为散粒噪声具有时域相关性,采用 CDS 方式下的传输函数来估计 M_{RD} 散粒噪声的影响。假设每个采样操作被表示为 δ 函数,则该 CDS 传递函数可表示为式(5.5):

$$H(\text{j}2\pi f) = 1 - e^{-\text{j}2\pi f\nabla T} \tag{5.5}$$

式中,ΔT 是两个 CDS 样本之间的间隔时间。

由散粒噪声分量产生的输出可用下式估算:

$$v_{\text{n\_flicker}}^2 = \int_0^\infty |H_{\text{CDS}}(\text{j}2\pi f)|^2 \cdot |H_{\text{SF}}(\text{j}2\pi f)|^2 \cdot \frac{K'_f}{f} \cdot \text{d}f \tag{5.6}$$

式中,$H_{\text{SF}}(\text{j}2\pi f)$ 是源极跟随器的传递函数。如果 $H_{\text{SF}}(\text{j}2\pi f)$ 用一个单极点、低频电压增益为 A_{v}、截止频率为 f_c 的低通滤波器来表示,式(5.6)可以改写为

$$v_{\text{n\_flicker}}^2 = 2K'_f \cdot \int_0^\infty \frac{A_{\text{V}}^2}{1 + (f^2/f_c^2)} \cdot \frac{1 - \cos(2\pi f\Delta T)}{f} \cdot \text{d}f \tag{5.7}$$

因此,设计 CDS 电路时,应仔细考虑闪烁噪声系数 K'_f 和两个样本之间的间隔时间 ΔT。

5.3.3.2　行噪声和列噪声

因为条纹噪声比像素随机噪声要高 4~5 倍,降低条纹噪声是 CMOS 图像传感器发展中最重要的问题之一。列并行部分(如噪声抑制电路)的性能往往会产生纵向条纹噪声。加入了列并行 AGC 和 ADC 结构后,增益和残余偏移的波动也会引起纵向条纹噪声。在一个特定的横向(纵向)扫描期内周期性噪声的注入也会导致纵向条纹噪声。这类噪声注入主要是由二进制计数器翻转噪声、列解码器的翻转噪声及列选择开关的电荷注入引起的,且其中大部分都受到列工作频率的影响。

另一方面,因为同一行的所有信号均同时受到噪声的影响,故横向条纹噪声是由在像素读出操作或列并行操作期间常见的噪声注入引起的。例如,噪声抑制块中像素信号采样和保持电路的电源电压波动会产生横向条纹噪声。

5.3.3.3　阴影

有两个因素会导致 CMOS 图像传感器中的阴影,第一个是光的不均匀性,第二个是自然界的电学特性,接下来会详细介绍。在 CMOS 传感器中阴影的原理类似于 CCD 传感器。灵敏度的光倾斜角依赖性对光阴影的影响程度由镜头的 F 数决定,同时,光的阴影受微透镜的优化、像素布局的优化以及硅和微透镜之间的材料变薄的影响。电学的阴影由电压降、脉冲延迟和阵列块内的分布式寄生效应造成。往往采用双行驱动结构由阵列两侧向像素提供驱动脉冲,这样可以最大限度地减少脉冲延迟。

为了减少供电电源的电压降,已经出现了树形结构偏置线[53],以及在每列中应用本地偏置生成器的结构[54]。

5.3.3.4　拖尾与高光溢出

有源像素图像传感器具有非常高的拖尾保护。一般情况下,CMOS 图像传感器的拖尾现象远低于可接受的限度。CMOS 图像传感器的抗高光溢出性能取决于衬底类型以及像素溢出过剩电荷的情况。

暗条件下的本底噪声已经通过掩埋型钳位光电二极管得到解决。CMOS 图像传感器像素的基本性能已经非常接近 CCD 图像传感器。CMOS 图像传感器的光学性能、像素尺寸以及噪声问题也正在不断地改善。然而,CMOS 图像传感器的金属层间隔比 CCD 厚很多,在小像素中影响了光学串扰、降低了分辨率以及角度容差。由于可以提高透射率及优化微透镜的结构,降低层间厚度成为目前 CMOS 图像传感器设计的主要焦点。目前正在探索的一种方法是用比传统 CMOS 芯片更少的金属层来设计图像传感器[34-37]。

5.4　CMOS 图像传感器的 DSC 应用

5.4.1　片上集成和 DSC 产品分类

按照 1.3 节所描述的,DSC 产品可以分为几类。本章的重点是 DSC 相机,包括玩具相机、中等紧凑型相机和数码单反相机。每种相机的评测标准包括相机的类型、性能要求以及对于每类 DCS 的 CMOS 图像传感器适合的片上集成度。每类 DSC 适合的片上集成度参见图 5.20。

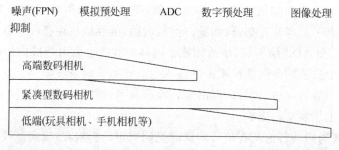

图 5.20　片上集成不同信号处理功能与 DSC 应用的关系

5.4.1.1　玩具相机

玩具相机和低端数码相机具有功能简单、尺寸小、价格低(约 100 美元)等特点。低端数码相机与手机的相机类似,低成本应当摆在首位。因此,这类相机通常使用一个固定焦距的镜头,并且几乎不使用机械快门和 LCD 显示屏。图像传感器的片上集成化对于降低电子部件的数量非常有效,这也降低了系统成本,并可以减小相机尺寸。事实上,SoC 型 CMOS 图像传感器在手机中使用越来越广泛,预计也将在未来的低端数码相机中使用。

5.4.1.2　中等紧凑型数码相机

这一类相机对图像处理性能的要求相对较高,通常会使用专用的图像处理模块。这表明,这类相机要求的 CMOS 图像传感器的片上功能(包括 ADC 和前级的预处理,如噪声抑制)基本上来自传感器的模拟前端。由于取景、自动曝光(AE)、自动白平衡(AWB)的控制,以及自动对焦(AF)调校都是由图像传感器输出完成的,因此具备“亚分辨率”的视频速率读出模式是必要的。

本文写作时,像素尺寸为 $2.2 \sim 3.5 \mu m$ 的 CCD 图像传感器是这一类 DSC 产品的绝对主流。然而,正如前文所述,CMOS 图像传感器的性能正在接近 CCD 图像传感器,甚至在尺寸上也是如此,正是因为使用了 5.2.2 节所讨论的共享型像素结构,CMOS 图像传感器像素尺寸能减小至 $3\mu m$ 以下的水平。一旦 CMOS 和 CCD 传感器的性能相当,CMOS 图像传感器的优势就可以在数码相机中得到充分利用,如高帧速率条件下的低功耗,而这些优势是现在的数码相机所不具备的。

5.4.1.3　数码单反相机

获得尽可能高的图像质量对数码单反相机来说意味着全部。因此,无论是 CMOS 还是 CCD 图像传感器,设计中最重要的就是提高光学性能。同时,因为数码单反相机中使用独立的 AE/AWB/AF 传感器和光学取景器,亚分辨率下的视频读出也许不再是传感器的一个必要功能。然而,CMOS 图像传感器的高速读出能力对于连续的多帧图像捕捉是非常重要的,而且 5.1.1 节描述的 CMOS 图像传感器的优点可以被充分利用在需要高帧频大画幅图像传感器的应用中。[55,56]正如 5.1.5 节描述的那样,CMOS 和 CCD 图像传感器之间的功耗差异随着芯片尺寸和帧频的增加而变大,所以 CMOS 图像传感器的功耗要比 CCD 低得多。在高分辨率和高帧速率条件下,片上集成的列并行模拟-数字转换能够提供更高速的读出和更低的功率消耗。[55]

5.4.2　拍摄静态图像的工作顺序

本节将对工作顺序进行说明,重点介绍 CMOS 图像传感器和机械快门之间的工作时序。如图 5.6 所描述的,CMOS 图像传感器通常采用逐行的复位/读出操作,因此,每一行的像素积分时间偏移了一个行周期,这是对机械快门操作和闪光灯时序的约束条件。

5.4.2.1　同步滚动复位和机械快门

当图像传感器工作在滚动复位模式时,只有在垂直消隐期间打开机械快门才正确。机械快门的时序和内部卷帘式快门的工作顺序如图 5.21 所示。首先,在机械快门关闭时完成复位扫描,复位后每一行像素开始积分;然后,机械快门按预先的设定打开一段时间,这段时间即是曝光时间。机械快门关闭后,像素开始读出。如果在复位或读出的扫描期间内机械快门处于打开状态,阵列中的部分行将产生一个不同的曝光时间。

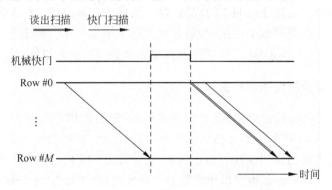

图 5.21　具有滚动复位的机械快门时序

此方案的优点是避免了由暗电流引起的阴影偏移,因为所有行的积分时间是相同的。然而,它并不是没有缺点,预复位扫描和使用常开型的机械快门会导致快门滞后较长。

5.4.2.2　全局同步复位和机械快门

为了使用常开型机械快门,需要对所有像素进行同时复位(亦称全局复位)或使用快速复位扫描。图 5.22 显示了带有内部复位/读出时序的快门时序。当所有的像素同时复位或复位扫描在与曝光时间相比可以忽略不计的时间内完成时,曝光开始。机械快门关闭之后,读出开始。该方案类似隔行扫描的 CCD 图像传感器的时序。一个常开的快门可以与焦平面 AE/AF 搭配使用完成静态成像。这一方式的缺点在于:每一行的暗电流积分时间不同,从而可能会造成阴影。

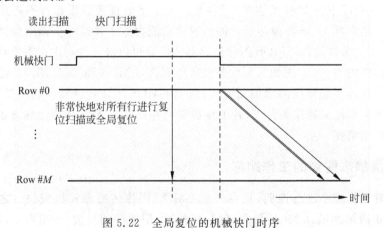

图 5.22　全局复位的机械快门时序

5.4.2.3　全局电子快门

为了使所有像素的积分周期相同,类似于隔行扫描 CCD 图像传感器,有必要在 CMOS

图像传感器中使用全局电子快门。虽然该方案尚未使用在 DSC 应用的 CMOS 图像传感器中,但却有很大的市场需求。因为如果没有全局电子快门,就必须使用机械快门,机械快门能决定连续成像模式下的图像捕捉时间间隔,但速度比不上全局电子快门所提供的全电子曝光控制。

连续图像捕获的速度如果提高到与帧速率相同,这样图像传感器就无须机械快门(需要注意的是,与曝光控制相同,CMOS 图像传感器的读出速度比 CCD 图像传感器快)。虽然滚动复位/读出方式无须使用机械快门就可以捕捉连续的图像,但是它在静止图像中会产生畸变,因此很少用在 DSC 应用中,如图 5.7 所示。

CMOS 图像传感器使用全局快门有两种途径:一种是像素内存储器[57],另一种是帧存储器[58],尽管这些措施尚未应用在 DSC 中,但仍属未来的发展趋势。

像素内存储器方案已经被用于面向高帧频的 CMOS 图像传感器中[51],在此方案中,光生电荷的累计和读出操作是各自独立进行的。如图 5.23 所示,PG 脉冲初始化了曝光的开端,然后,TG 在垂直消隐期间开启,随即进行读出扫描。这种工作模式与 CCD 的行间传输方式很相似,脉冲 PG 相当于 CCD 图像传感器中的电子快门。和 CCD 图像传感器一样,存储期间 t_s 内像素存储器中亮光造成的光泄漏会影响被存储的信号。区别于 CCD 图像传感器的垂直拖尾现象,在 CMOS 图像传感器中它会导致滞后伪像,因为光漏仅影响强光曝光下的像素。对于 DSC 应用,需要进一步改进技术以减少存储节点的光泄漏和热泄漏、降低读出噪声(尤其是抑制 kTC 噪声)。

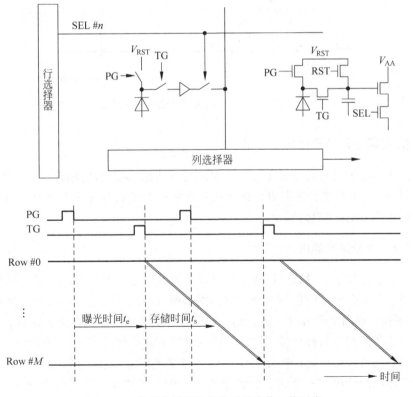

图 5.23　像素存储器结构和连续成像工作时序

如图 5.24 所示,帧存储器的方法与 CCD 帧转移(FTCCD)的概念类似。像素信号被尽可能快地读出并逐行转移到帧存储器,然后,对存储的信号进行扫描输出。帧存储器应完全被金属遮光材料覆盖以避免存储单元发生光漏,这一无光漏结构与像素内存储器结构相比有很大的优势。使用帧存储器方案时必须解决以下问题:由于使用额外的片上存储器而造成的芯片成本增加,行与行之间曝光时间的差异(在大规模像素阵列中尤为显著),以及如何实现像素阵列低噪声信号的读出。

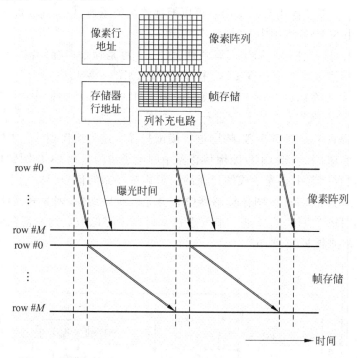

图 5.24　帧存储器 CMOS 图像传感器结构和连续成像工作时序

5.4.3　视频和 AE/AF 模式

视频模式逐渐成为数码相机中一个非常流行的功能,这要求使用视频输出时,帧读出足够快以实现 AE/AF 调整。本节将会描述视频成像技术和亚分辨率工作模式,以及 X-Y 寻址读出图像传感器的一些特点。

5.4.3.1　亚分辨率读出

亚分辨率读出使取景 AE/AF 操作和视频成像的帧速率更快,这是 DSC 图像传感器中很常见的功能。亚分辨率读出的两种方案分别是像素跳跃读出和信号合并。像素跳跃读出在 CMOS 图像传感器中很容易实现,因为 X-Y 地址读出有很好的扫描灵活性。图 5.25 展示了彩色图像传感器中两种截然不同的三取一跳读方式的例子:图 5.25(a)中,被选定读出的像素之间的距离保持恒定;图 5.25(b)中每 4 个彩色像素分为一组,每一组当做一个虚拟像素。恒定间距的读出方式提供了更好的空间分辨率,但增加了色彩失真(也称为彩色莫尔效应)。另一方面,虚拟像素间隔读出使色彩失真最小化,但提供的空间分辨率较低。因此,跳跃读出方式的选择取决于接下来的后端处理中的亚分辨率读出和插值算法所要达到的目标。

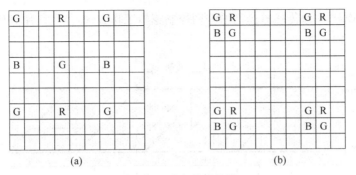

图 5.25　彩色像素跳读

(a) 恒定距离跳读；(b) 虚拟像素跳读

5.4.3.2　像素合并

类似填充因子降低，跳跃式读出也会产生混叠现象（见 3.5.2 节）。在亚分辨率单元加入像素信号可降低混叠[59]，如图 5.26 所示，这种方法叫做像素合并，而这种方法在 CCD 图像传感器中则表现为在 CCD 寄存器中进行电荷混合，如 4.3.5 节中所述。在 CMOS 图像传感器中，除了特殊的像素外，一般像素合并可以通过电路动作来进行（如 5.3 节中介绍的共享像素结构）。

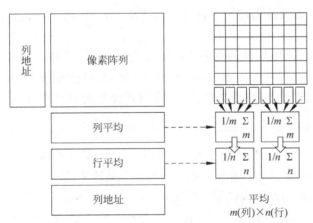

图 5.26　像素合并

对于 CCD 的电荷混合，信号电荷将增加 N 倍，其中 N 是合并的像素数量。由于 CCD 寄存器的电荷处理能力有限，故灵敏度增加 N 倍而饱和曝光减小到 $1/N$。这意味着电荷合并对动态范围没有任何影响。在 CMOS 图像传感器中，可行的合并方案多种多样[58,59]，这得益于片上信号处理电路的应用，能够实现比 CCD 图像传感器电荷混合更高的性能。

5.4.3.3　模式转换与死帧

在连续成像 AE/AF 模式或视频模式经常需要更改扫描模式或曝光时间。由于使用了滚动复位机制，连续成像的模式转换多少有些复杂。以图 5.27 为例，内部工作时序改变，曝光时间由 t_{int1} 延长为 t_{int2}，曝光控制没有完成，从而形成了死帧。当窗口的尺寸或跳读步长改变时，类似的情况也会出现。对于 CMOS 图像传感器的使用者而言，尽管死帧是否出现取决于不同 CMOS 图像传感器产品的阵列控制逻辑工作方式,但在使用时应当考虑到模式转换时产生死帧的可能性。

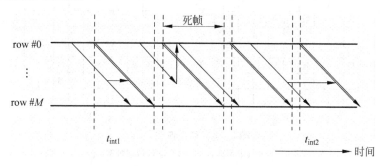

图 5.27   工作模式改变导致死帧的产生

5.5   CMOS 图像传感器在 DSC 应用的展望

随着视频模式成为数码相机的一种流行功能,相机对存储容量的需求增加了,并提高了实时处理能力,数码相机技术和数字视频(DV)技术之间的差异将被降低或消除。CMOS 图像传感器的工作优点(在快速工作模式下的低功耗和高性能)将使数码相机更具吸引力。此外,CMOS 图像传感器读出的灵活性使开发 DSC 和 DV 功能相结合的多模式相机成为可能。

高分辨率视频 CMOS 图像传感器也在不断发展[56,60]。800 万像素的数字输出的超高清晰度电视图像(UDTV)传感器[56],在每秒 60 帧(fps)循环读出的工作模式下功耗仅 760mW(包括内外缓冲电路的功耗在内)。采用这种传感器的摄像头的功耗仅约为基于 CCD 技术的摄像头功耗的 $\frac{1}{10}$。虽然这只是一种极端的情况,但不可否认的是 CMOS 图像传感器所具有的高速工作的潜力将会对未来的 DSC 设计产生影响。

此外,在 DSC 中的应用中,视频成像并不拘泥于某种传统的视频格式,而是有许多有意思的选项可供考虑,如高帧频成像等。举例来说,5000 fps VGA 级的 CMOS 图像传感器已经得到论证[51],它的功耗只有 500mW,这使其成为一个实际可行的数码相机器件。

最后,许多最新进展证明了 CMOS 图像传感器具有很大的潜力,关于 CMOS 图像传感器的很多未来的创新在技术上来说将是独一无二的。例如三维成像和高动态范围成像,可能会在不久的将来成为数码相机中非常普遍的技术。

参 考 文 献

[1]   D. Renshaw et al., ASIC vision, *Proc. IEEE CICC* (Custom Integrated Circuit Conf.), 7. 3. 1-7. 3. 4, 1990.

[2]   K. Chen et al., PASIC: a processor-A/D converter-sensor integrated circuit, *Proc. IEEE ISCAS* (Int. Symp. Circuits Syst.), 3, 1990.

[3]   E. R. Fossum, Active pixel sensors: are CCDs dinosaurs?, *Proc. SPIE, Charge-Coupled Devices Solid State Optical Sensors* Ⅲ, 1900, 2-14, 1993.

[4]　E. R. Fossum, CMOS image sensors: electronic camera-on-a-chip, *IEEE Trans. Electron Devices*, 44(10),1689-1698,1997.

[5]　M. A. Schuster and G. Strull, A monolithic mosaic of photon sensors for solid-state imaging applications, *IEEE Trans. Electron Devices*, ED-13(12),907-912,1966.

[6]　P. K. Weimer et al., A self-scanned solid-state image sensor, *Proc. IEEE*, 55(9),1591-1602,1967.

[7]　M. Aoki et al., MOS color imaging device, *ISSCC Dig. Tech. Papers*, 26-27, February, 1980.

[8]　M. Aoki et al., 2/3-inch format MOS single-chip color imager, *IEEE Trans. Electron Devices*, ED-29(4), 745-750,1982.

[9]　S. Terakawa et al., A CPD image sensor with buried-channel priming couplers, *IEEE Trans. Electron Devices*, ED-32(8),1490-1494,1985.

[10]　R. H. Dyck and G. P. Weckler, Integrated arrays of silicon photodetectors for image sensing, *IEEE Trans. Electron Devices*, ED-15(4),196-201,1968.

[11]　P. J. W. Noble, Self-scanned silicon image detector arrays, *IEEE Trans. Electron Devices*, ED-15(4),202-209,1968.

[12]　T. Nomoto et al., A 4M-pixel CMD image sensor with block and skip access capability, *IEEE Trans. Electron Devices*, 44(10),1738-1746,1997.

[13]　M. Noda et al., A solid state color video camera with a horizontal readout MOS imager, *IEEE Trans. Consumer Elecron.*, CE-32(3),329-336,1986.

[14]　K. Yonemoto and H. Sumi, A CMOS image sensor with a simple fixed-pattern-noisereduction technology and a hole accumulation diode, *IEEE Trans. Electron Devices*, 35(12),2038-2043,2000.

[15]　K. Aizawa et al., Computational image sensor for on sensor compression, *IEEE Trans. Electron Devices*, 44(10),1724-1730,1997.

[16]　M. Ishikawa and T. Komuro, Digital vision chips and high-speed vision system, *Dig. Tech. Papers of 2001 Symp. VLSI Circuits*, 1-4,2001.

[17]　T. Kinugasa et al., An electronic variable-shutter system in video camera use, *IEEE Trans. Consumer Electron.*, CE-33,249-258, August 1987.

[18]　H. S. Wong, Technology and device scaling considerations for CMOS imagers, *IEEE Trans. Electron Devices*, 43(12),2131-2142,1996.

[19]　H.-C. Chien et al., Active pixel image sensor scale down in 0. 18 mm CMOS technology, *IEDM Tech. Dig.*, 813-816, December, 2002.

[20]　B. Pain et al., Analysis and enhancement of low-light-level performance of photodiode-type CMOS active pixel imagers operated with sub-threshold reset, *IEEE Workshop CCDs Adv. Image Sensors*, R13,140-143,1999.

[21]　H. Tian, B. Fowler, and A. E. Gamal, Analysis of temporal noise in CMOS photodiode active pixel sensor, *IEEE J. Solid-State Circuits*, 36(1),92-101,2001.

[22]　B. Pain et al., An enhanced-performance CMOS imager with a flushed-reset photodiode pixel, *IEEE Trans. Electron Devices*, 50(1),48-56,2003.

[23]　J. E. D. Hurwitz et al., An 800k-pixel color CMOS sensor for consumer still cameras, *Proc. SPIE*, 3019,115-124,1997.

[24]　I. Takayanagi et al., Dark current reduction in stacked-type CMOS-APS for charged particle imaging, *IEEE Trans. Electron Devices*, 50(1),70-76,2003.

[25]　B. Fowler et al., Low noise readout using active reset for CMOS APS, *Proc. SPIE*, 3965, 126-135,2000.

[26]　I. Takayanagi et al., A four-transistor capacitive feedback reset active pixel and its reset noise reduction capability, *IEEE Workshop CCDs Adv. Image Sensors*, 118-121,2001.

[27] B. Pain et al., Reset noise suppression in two-dimensional CMOS photodiode pixels through column-based feedback-reset, *IEDM Tech. Dig.*, 809-812, December, 2002.

[28] T. Watabe et al., New signal readout method for ultrahigh-sensitivity CMOS image sensor, *IEEE Trans. Electron Devices*, 50(1), 63-69, 2003.

[29] R. M. Guidash et al., A 0.6 mm CMOS pinned photodiode color imager technology, *IEDM Tech. Dig.*, 927-929, 1997.

[30] A. Krymski, N. Khaliullin, and H. Rhodes, A 2e-noise 1.3 Megapixel CMOS sensor, *IEEE Workshop CCDs Adv. Image Sensors*, 2003.

[31] S. Inoue et al., A 3.25M-pixel APS-C size CMOS image sensor, *IEEE Workshop CCDs Adv. Image Sensors*, 16-19, 2001.

[32] I. Inoue et al., Low-leakage-current and low-operating-voltage buried photodiode for a CMOS imager, *IEEE Trans. Electron Devices*, 50(1), 43-47, 2003.

[33] K. Yonemoto and H. Sumi, A numerical analysis of a CMOS image sensor with a simple fixed-pattern-noise-reduction technology, *IEEE Trans. Electron Devices*, 49(5), 746-753, 2002.

[34] H. Rhodes et al., CMOS imager technology shrinks and image performance, *Proc. IEEE Workshop Microelectron. Electron Devices*, 7-18, April 2004.

[35] K. Mabuchi et al., CMOS image sensor using a floating diffusion driving buried photodiode, *ISSCC Dig. Tech. Papers*, 112-113, February 2004.

[36] H. Takahashi et al., A 3.9 mm pixel pitch VGA format 10b digital image sensor with 1.5-transistor/pixel, *ISSCC Dig. Tech. Papers*, 108-109, February 2004.

[37] M. Mori et al., A 1/4 in 2M pixel CMOS image sensor with 1.75-transistor/pixel, *ISSCC Dig. Tech. Papers*, 110-111, February 2004.

[38] T. Isogai et al., 4.1-Mpixel JFET imaging sensor LBCAST, *Proc. SPIE*, 5301, 258-262, 2004.

[39] S. Mohajerzadeh, A. Nathan, and C. R. Selvakumar, Numerical simulation of a p-n-p-n color sensor for simultaneous color detection, *Sensors Actuators A: Phys.*, 44, 119-124, 1994.

[40] M. B. Choikha, G. N. Lu, M. Sedjil, and G. Sou, A CMOS linear array of BDJ color detectors, *Proc. SPIE*, 3410, 46-53, 1998.

[41] K. M. Findlater et al., A CMOS image sensor with a double-junction active pixel, *IEEE Trans. Electron Devices*, 50(1), 32-42, 2003.

[42] A. Rush and P. Hubel, X3 sensor characteristics, *J. Soc. Photogr. Sci. Technol. Jpn.*, 66(1), 57-60, 2003.

[43] J. Hynecek, BCMD-an improved photosite structure for high density image sensors, *IEEE Trans. Electron Devices*, 38(5), 1011-1020, 1991.

[44] N. Kawai and S. Kawahito, Noise analysis of high-gain, low-noise column readout circuits for CMOS image sensors, *IEEE Trans. Electron Devices*, 51(2), 185-194, 2004.

[45] R. H. Nixon et al., 256\256 CMOS active pixel sensor camera-on-a-chip, *IEEE J. Solid-State Circuits*, 31(12), 2046-2050, 1996.

[46] Y. Matsunaga and Y. Endo, Noise cancel circuit for CMOS image sensor, *ITE Tech. Rep.*, 22(3), 7-11, 1998 (in Japanese).

[47] W. Yang et al., An integrated 800\600 CMOS imaging system, *ISSCC Dig. Tech. Papers*, 304-305, February, 1999.

[48] U. Ramacher et al., Single-chip video camera with multiple integrated functions, *ISSCC Dig. Tech. Papers*, 306-307, February 1999.

[49] T. Sugiki et al., A 60mW 10b CMOS image sensor with column-to-column FPN reduction, *ISSCC Dig. Tech. Papers*, 108-109, February, 2000.

[50] Z. Zhou,B. Pain, and E. R. Fossum,CMOS active pixel sensor with on-chip successive approximation analog-to-digital converter,*IEEE Trans. Electron Devices*,44(10),1759-1763,1997.

[51] A. I. Krymski and N. Tu, A 9-V/lux-s 5000-frames/s 512 \ 512 CMOS sensor, *IEEE Trans. Electron Devices*,50(1),136-143,2003.

[52] R. Johansson et al., A multiresolution 100 GOPS 4 Gpixels/s programmable CMOS image sensor for machine vision,*IEEE Workshop CCDs Adv. Image Sensors*,2003.

[53] B. Pain et al.,CMOS digital imager design from a system-on-a-chip perspective,*Proc. 16th Int. Conf. VLSI Design*,VLSI '03,395-400,2003.

[54] S. Iversen et al.,An 8.3-megapixel,10-bit,60 fps CMOS APS,*IEEE Workshop CCDs Adv. Image Sensors*,2003.

[55] A. I. Krymski et al.,A high-speed,240-frames/s,4.1-Mpixel CMOS sensor,*IEEE Trans. Electron Devices*,50(1),130-135,2003.

[56] I. Takayanagi et al.,A 1-1/4 inch 8.3M pixel digital output CMOS APS for UDTV application,*ISSCC Dig. Tech. Papers*,216-217,2003.

[57] M. W y and G. P. Israel,CMOS image sensor with NMOS-only global shutter and enhanced responsivity,*IEEE Trans. Electron Devices*,50(1),57-62,2003.

[58] Z. Zhou,B. Pain,and E. R. Fossum,Frame-transfer CMOS active pixel sensor with pixel binning,*IEEE Trans. Electron Devices*,44(10),1764-1768,1997.

[59] R. Panicacci et al.,Programmable multiresolution CMOS active pixel sensor,*Proc. SPIE*,2654,72-79,1996.

[60] R. M. Iodice et al.,Broadcast quality 3840 \ 2160 color imager operating at 30 frames/s,*Proc. SPIE*,5017,1-9,2003.

第 6 章　图像传感器的测评

6.1　图像传感器的测评是什么

6.1.1　测评的目的

图像传感器的测评也称为特征描述,这是确定一款特定传感器的性能指标是否满足最终产品规格的必要过程。

(1) 使用图像传感器的产品的开发。传感器的参数与测评标准都取决于其应用的最终产品的规格。因此,建立在以产品为基础上的测评标准,将随着产品变化而变化。例如,数码相机和数码摄像机的性能参数和成像效果的测评标准是不同的。即使对于那些都是DSC 应用的产品,虽然测试参数几乎相同,测评结果也会因不同的单反(SLR)相机、紧凑型相机和玩具相机而不同。实际上,图像传感器的测评结果决定了产品的主要规格。

(2) 图像传感器的开发。图像传感器测评的目的就是将测试结果反馈给设计和制造工程师,以助于他们改进和优化传感器的设计性能。因此,掌握测试结果与传感器设计之间的关系就显得尤为重要。例如,如果结果显示系统的灵敏度不够高,无法满足产品的指定要求,我们就需要调查影响灵敏度的每一个组件,如微透镜的性能和相关的读出电路等。

本章将描述应用于 DSC 产品中的图像传感器的测评机制。

6.1.2　成像质量和图像传感器的测评参数

图像传感器的测评参数与 DSC(见第 10 章)所摄图片成像质量的测评参数紧密相连。图像传感器的测评参数与图像质量评价参数之间的关系如表 6.1 所示。

表 6.1　图像传感器的测评参数与图像质量评价参数之间的关系

图像传感器评价参数	图像质量评价参数
分辨率	锐度
光谱响应	色彩摩尔效应
光照下特性	色彩再生
缺陷	噪声
黑暗下特性	阴影
角度响应	色调曲线
光电转换特性	动态范围
拖尾	伪影
拖影	

6.1.3　图像传感器的测评环境

图像传感器的测评环境包括指定每个指标是如何测量和量化的测评方法(软件)以及相关的设备(硬件)。每个测试的实验设置都必须有清晰的定义,否则无法得到正确和可重复的测试结果。

6.2　测评环境

6.2.1　图像传感器的测评和测评环境

图像传感器的性能是通过测量特定环境下的输入-输出关系来获得的。影响 DSC 应用中图像传感器性能的输入因素和环境因素包括：①输入：光(波长、光强、入射角、极化程度)及其随时间变化的二维分布；电学输入(驱动脉冲、偏置电压等)；②环境因素：温度。测评环境提供了一种能够控制这些影响因素的方法，从而得到一定精度下的数值结果。

在不同测评环境下得到的结果并没有太大的比较意义，因为图像传感器的性能对于之前提到的影响因素是非常敏感的。影响图像传感器性能的因素如图 6.1 所示。

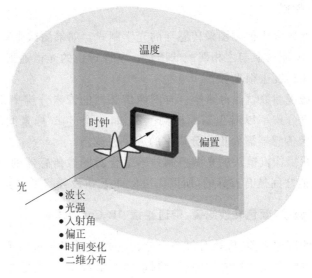

图 6.1　影响图像传感器性能的因素

6.2.2　图像传感器测评环境的基本配置

图 6.2 中显示了一个图像传感器测评环境的基本配置，其中的每个组成部分都会在接下来的小节中进行阐述。

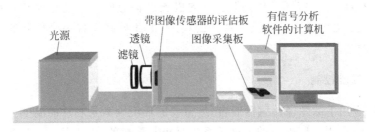

图 6.2　图像传感器测评环境的基本配置

6.2.2.1　光源(灯箱、LED 脉冲光源、高辐照光源)

大多数测评参数如光子转换特性等,是用一个灯箱进行测量的。根据图像传感器制造商指定的产品性能要求,从灯箱中射出光的色温最好是 3200K。我们在光源或光学系统中加入一个颜色转换滤镜,来保证其他色温环境的测量需要。

为了测评成像拖尾,要求所选光源可以在较短的上升/下降时间(微秒级)时间内打开和关闭并与传感器的驱动脉冲同步,例如 LED 光源。除了这些光源,还应该用一个高辐照的光源来模拟在自然光下的成像,这是最考验图像传感器性能的光源之一。在参数测量之前进行光辐照度、色温、光谱辐照和光源均匀性的测量是非常重要的,而不要直接依靠光源产品说明书中提供的具体参数。在实际测量光源性能之后再获得测量结果是很关键的。

6.2.2.2　成像透镜

所用透镜的像圈应大于被测图像传感器的光学制式。如果测试中图像传感器的出射光瞳的位置是已知的,就应选取与之相匹配的透镜。掌握透镜的光谱透射率和在最小 F 数下视场周边的光强退化程度也很重要。

另一个重要的透镜参数就是分辨率。与图像传感器的像素分辨率相比,成像透镜必须有足够的水平和垂直分辨率以避免图像模糊。例如,一个 $3\mu m$ 像素间距的图像传感器比 $7\mu m$ 像素间距的图像传感器需要更高分辨率的成像透镜。

单反相机和电视摄像机镜头的光圈机制并不适合对图像传感器的精确测评,因为其名义上的 F 值和真实值之间是有差异的,所以无法保证 F 数设置的可重复性。

6.2.2.3　光学滤镜(颜色转换滤镜、带通滤镜、IR-Cut 双滤镜)

在进行传感器的测评之前,应该对每一个滤镜的光谱透射率进行测量。一种测量透镜光谱投射率的简单方法是比较用光谱辐射计测量的两组数据,一组数据对应光源本身的辐射光谱,另一组数据对应将滤镜放在光源前所得到的结果。如果带通滤光器传输的中心波长能够与图像传感器芯片上的滤色镜相匹配,测量的效果是最好的。

6.2.2.4　校准图像传感器位置的夹具(x,y,z,方位角,旋转)

图像传感器特征参数的测量取决于入射光线的角度,而且由于光差和色差信号也与角度有相应的关系,因此固定图像传感器位置的机械设备应该拥有高精度和高重现性。图像传感器芯片的位置在封装时会存在一些小的误差,因此最好设置一个额外的方位调节机制以便调节测试的样品。

6.2.2.5　温度控制

对于 DSC 应用下的图像传感器而言,最重要的环境因素是芯片的温度。为了设计适当的信号处理算法,获得缺陷像素的温度关系也是极其重要的,因为其会产生非常大的暗电流和平均暗电流。确定缺陷像素与暗电流之间的温度关系有助于工程师在图像传感器的设计中减小暗电流。

　　此外,温度因素还会影响 CCD 图像传感器的噪声特性、满阱容量和电荷转移效率,因此有必要在光照和黑暗的条件下提供控制温度的设备。因为很难对图像传感器的芯片温度进行监控,所以必须获得测量点温度与芯片温度之间的关系。当被测传感器芯片面积很大时,要特别注意其在模具和封装表面的温度分布。

6.2.2.6　评估板

　　为了进行图像传感器的测评,有必要按照一定精度对每一个像素的原始数据进行采集。对于一个由图像传感器制造商提供的传感器来说,使用其制造的评估板是为了提供最好的传感器性能。对于一个正在开发的图像传感器来说,如果其对应的评估板不可用,就必须在不降低传感器性能的前提下,开发一个评估板来量化图像传感器的输出信号。

　　需要注意的几点是:

- 避免对图像传感器输出的噪声注入(板上噪声远小于图像传感器噪声)。
- 收集所有的像素信息,包括虚拟像素和光遮挡(OB)像素。
- 加入无信号处理方法,例如 OB 钳位、边缘增强等。
- 实现数据采集板所需要的信号接口,如 LVDS 等。
- 保证前端模拟电路有足够的频率带宽和较低的固有噪声电平。
- 保证模拟电路有足够高的线性度(包括模数转换器、ADC)。
- 拥有一个关联接口来对图像传感器的工作模式进行设置。

6.2.2.7　图像采集板和计算机

　　这里我们需要一个图像采集板和计算机来分析和处理前面由评估板所采集的数据。在市场上销售的图像采集板都是可以使用的,然而图像采集板的选取应当注意以下几点:

- 应保证能够处理所需的图像大小,数据流和 ADC 分辨率。
- 应保证能够与其他硬件设备同步获取静态图像,如机械快门。
- 应保证能够捕获连续帧。
- 需要时,应配有多通道输入端口。
- 应保证能够稳定的采集数据。

6.2.2.8　测评/分析软件

　　接下来的小节中我们将描述如何通过图像传感器的原始数据来获得特定的参数测评结果,为此我们必须使用相关的图像处理软件。此类软件的功能必须包括:

- 可以选取某一区域的像素进行数据处理。
- 允许跳过图像中的指定单元(如一个 4×4 像素阵列)。
- 可以获得像素数据的平均值和标准差。
- 可以对图像数据进行加、减、乘、除运算。
- 可以在一组图像数据之间进行加、减运算。
- 可以进行滤波操作,如平滑滤波或中值滤波。

6.2.3　测试准备

6.2.3.1　光强的测量

曝光是在传感器感光面板上的照度乘以积分时间的值,是图像传感器的输入因素。然而,直接测量面板上的照度通常是非常困难的,因为其需要十分复杂的程序,在大多数情况下,通过下面的方程式来测量物体上的照度 E_p:

$$E_p = \frac{E_0 R T_L}{4F^2(m+1)^2}[\text{lux}] \tag{6.1}$$

其中,E_0、R、T_L、F 和 m 分别表示目标照度、目标的反射率、成像透镜的透射率、成像透镜的 F 数和放大倍数。

本章中所描述的大部分情况下,目标是指一个灯箱。在这种情况下,通过以下方程来计算目标的照度,其中假设灯箱的发光面是一个完美的漫反射平面:

$$E = \pi B \tag{6.2}$$

其中 B 是灯箱发光面的辐照度,单位为 nit。

保证光源工作在稳定的性能条件下是每次参数测评中非常重要的一点。为此,光源开启的稳定性和其与电源电压的相关性都应进行测量。光源应该在这样有效的控制之下使用,才能保证光强测量的准确性。

6.2.3.2　三光轴调整

被测图像传感器的位置可以通过一个激光束进行调整。该方法中,从安装有图像传感器的光学系统中发射出一束激光,使其经过反射后回到激光的发光点。

6.3　测评方法

6.3.1　光子转换特性

光子转换特性或光电转移特性是极为重要的,它们与噪声特性一起确定了 DSC 系统的 ISO 速度。这里,我们将描述获取光子转换特性的方法以及如何获得相关的性能参数。

测量方法。图像传感器的输出信号是在恒定光照条件下,通过图像传感器的电子快门功能测量得到的,以此创建一个图表显示感光面板曝光度和传感器输出之间的关系。

测量流程:

(1) 灯箱的成像需要使用几个不同的积分时间设置。对于每个积分时间都要在黑暗条件下捕捉一次图像,以此抵消暗电流部分。

(2) 在光照图像中减去之前得到的暗图像(两者的积分时间是相同的)。然后,从中心部分选出一个超过 10×10 的像素阵列来计算平均值。对于具有片上滤光片阵列的图像传感器,每一种颜色对应的像素阵列都需要进行平均值计算。

(3) 根据灯箱的辐照度和透镜的设置,运用式(6.1)和式(6.2)来计算感光面板的曝光度。以此绘制一张图表显示面板曝光度与图像传感器输出之间的关系。

测评条件。在表 6.2 相应列中显示了一个测评条件的例子,应该根据实际装配图像传感器的 DSC 系统的操作环境进行调整。

注意,图像传感器的性能取决于入射光线的角度。一般来说,较小像素尺寸的图像传感器受其影响更大,成像阵列边缘的输出与一般由式(6.1)所得的感光面板的照度水平相对应的输出是有一定区别的。因此,透镜的 F 数是很重要的光学参数。

表 6.2　测评条件(1)

		光子转换特性	光照下暂态噪声	光照下FPN	拖尾	分辨率	拖影
	驱动环境	标准驱动环境					
记录数据	像素区域大小	选取以中心为中点大于 10×10 的像素大小	图像中所有有效像素		V/10 同行同列的光学黑像素	图像中所有有效像素	
	数据处理	图像数据求平均(减去暗图像的图像数据条件下)	获得图像标准差通过减去光照下的两张图像	适当的滤波处理	图像数据求平均(减去暗图像的图像数据)	连续帧的平均值	LED 光源下图像区域的平均值
使用的设备	光源	灯箱			冷光源	灯箱	LED
	透镜	SLR 相机的透镜(含或者不含镜头盖)					
	滤镜	IR cut 滤镜			IR cut 滤镜 ND 滤镜	IR cut 滤镜 R/G/B 滤镜	IR cut 滤镜
	其他	—			V/10 屏蔽框		—
评价条件	光学环境 光源亮度	标准环境					调整后
	透镜光圈值	全开					
	滤镜	如果有必要,插入一个 IR 滤镜			插入 IR 和 ND 滤镜	恰当的插入 IR 和 R/G/B 滤镜	插入 IR 滤镜
	温度	25℃/60℃			25℃		25℃/60℃
	积分时间	可变(0～3×相当于饱和的量)	可变的(使用转换特性曲线中线性区域)	可变的	1/1000s	根据曝光来设定	适当的时间

6.3.1.1　灵敏度

灵敏度直线的斜率是由零曝光时的输出电压和标准曝光时的输出电压所决定的。灵敏度的单位是[输出单元数量/Lux·sec]。

6.3.1.2　线性度

理想的特性曲线是由零曝光时的输出电压和标准曝光时的输出电压所决定的一条直线。线性度误差被定义为测量特性和理想特性之间的偏差。

6.3.1.3　饱和特性

一部分测量点会趋于一个饱和值,这就是图像传感器的"饱和输出电压"。饱和电压与6.3.1.2 节所提到的理想特性曲线的交点的曝光值就是传感器的"饱和曝光"。对于 DSC 系统而言,饱和输出电压和饱和曝光值是没有意义的,有意义的是可以用来表示图像色调的最大曝光值。这里,我们将其定义为"线性饱和曝光",同时我们也定义了对应线性饱和曝光时的最大输出电压为"线性饱和输出"。在图 6.3 和图 6.4 中体现了这些定义。

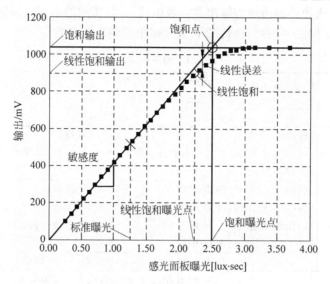

图 6.3　体现线性饱和点的光子转换特性图

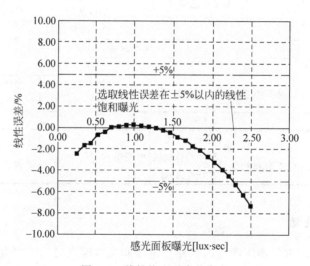

图 6.4　线性饱和曝光的定义

如前面所述,对于 DSC 系统而言,饱和曝光并没有非常重要的意义,但其是图像传感器高光照特性中一个重要的参考点,如 CCD 传感器的拖尾特性。线性饱和曝光和饱和曝光间的差异被视为高光照水平下的性能裕度。

光子转换特性的评价。根据 DSC 产品所需要的 ISO 的速度,来测评灵敏度、饱和特性和线性度的测量结果是否达标。

6.3.2　光谱响应

在鉴定 IR-cut 滤镜、色彩再现算法以及 DSC 系统中的其他参数时,光谱响应数据是十分重要的。光谱响应数据代表了在一个运行的 DSC 系统中,光谱范围内每个波长每个入射

光能量下图像传感器的输出。在测量光谱响应时,应考虑如下 3 点:

(1) 保证图像传感器输出工作在线性区。

(2) 从单色仪输出的光能和光线角度之间的位置关系是:单色仪输出的光束有确定的横截面,但整个横截面不一定是均匀的。同时,光束的出射角一定要小。如在 6.3.3 节中所讨论的,图像传感器的响应与出射角存在一定的关系。

(3) 极化:图像传感器的输出也会因光线极化方式的不同而不同。需要通过极化滤光片来测量极化对图像传感器的影响。

测量方法。通过单色仪有两种方法来测量光谱响应。①将单色仪单位波长能量维持在一个恒定值测量传感器的输出;②调节单色仪使图像传感器的输出维持在一个恒定值。使用第一种方法,通过图像传感器评估板就可以从测量结果中直接获得光谱响应,然而,其测量精度取决于光能调控的精度和传感器输出的信噪比(S/N)(当传感器的输出信号较小时,测量精度会下降)。使用第二种方法,就需要一个从传感器输出到光能控制的反馈机制,然而这种方法的测量精度不再依赖于传感器输出的信噪比和非线性度。

测量流程:

(1) 图像传感器每次接收从单色仪中产生的单色光的辐照后,产生一组图像数据。在每个单色光条件下获得的数据,都应该与其在暗环境下捕捉的图像数据进行作差,以此来避免暗电流的影响。

(2) 将光照下的图像减去暗环境下的图像,然后从像素阵列中心 10×10 的部分计算平均值。对于有片上滤色片阵列的图像传感器,要从每一个色板上取得响应。

(3) 将入射光波长与传感器输出和光能的比值之间的相互关系绘制成图,如图 6.5 所示。

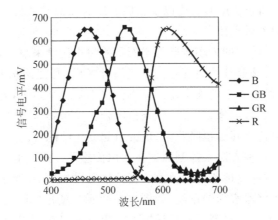

图 6.5　(本图参见彩页)光谱响应示例

测评条件。测评条件已经总结在表 6.3 的相应列中。

光谱响应的评价。光谱响应的测评是无法单独完成的,它应该通过颜色信号处理算法的计算并在其中对一些参数进行设置来完成。例如,在拜耳滤色片阵列下,如果像素的蓝色光谱响应低于绿色和红色光谱响应,为改善白平衡而增加蓝色通道的增益将会引入无法接受的噪声水平。

表 6.3　测评条件(2)

		光谱响应	角度响应	暗特性	暗暂态噪声
使用的设备	光源	分光仪(单色仪)	R、G、B LEDs	—	
	透镜	—		用于单反的透镜(有镜头盖)	
	滤镜	ND 滤镜			
	其他	—			
评价条件	光学条件	波长 380~780mm	LED	—	
		步长 10nm		—	
		滤镜 如果需要,插入 ND 滤镜		—	
	温度	25℃		25℃/60℃	
	积分时间	常数(使用转换特性图中的线性区域)	可变(从 0 到几十秒不等)	根据目标设定	
	驱动环境	标准驱动环境			
记录数据	像素区域大小	选取以中心为中点的大于 10×10 的像素大小	图像中所有有效像素		
	数据处理	图像数据求平均(减去暗图像的图像数据条件下)	取平均	计算图像数据的标准差(减去暗图像的数据之后的数据)	

6.3.3　角度响应

依赖于入射光角度的图像传感器性能参数包含以下 3 个方面:

(1) 微透镜的光收集特性和光电二极管孔径的形状。

(2) 反射界面材料和介质层的结构以及它们的反射和折射系数。

(3) Si 探测器上的入射光角度。

关于第一个因素,探测器的大小按照像素面积的缩小比例来缩小,但并不容易降低探测器上面结构的高度,因为该部分的高度是由电气设计考虑、几何结构和工艺共同决定的,因此,角度响应也会按照像素大小的缩小比例减小。关于第二个因素,光线通过滤色片后经历多次反射并将光传递到邻近的像素,会导致颜色混合。关于第三个影响因素,当成角度的光线直接被邻近像素的电荷转移通道吸收时,也会引起颜色的混合。

测评方法。这里有两种方法来控制照射在图像传感器上的入射光的角度:①图像传感器的位置固定,点光源在远离传感器的地方改变其位置,如图 6.6 所示;②使用平行光束并不断改变光束与图像传感器表面的角度,如图 6.7 所示。使用 LED 光源,通过方法①比较容易进行测量,但是这种方法限制了波长设置的自由度并且难以精确地控制角度。如果用第二种方法,就必须加入一个准直器才能得到精确的图像数据,同时也需要准备专用设备来控制入射光角度。角度响应往往是趋于成像阵列对角线上入射角最大的地方的输出,因此,必须对照相系统中每一个到达最大角度的色板进行计算。

测评条件。测评条件已经总结在表 6.3 的相应列中。

角度响应的评价。测评应该在综合考虑成像透镜的特性和光差以及色度色差的允许水平下完成,同时,也应该检验角度响应与 F 数的相互关系。图 6.8 和图 6.9 分别显示了角度响应的数据和一个相应的再现图像。

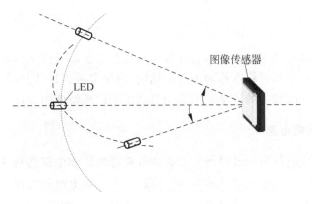

图 6.6　控制光入射角的方法(1)

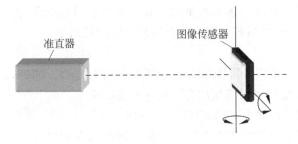

图 6.7　控制光入射角的方法(2)

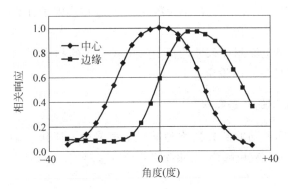

图 6.8　(本图参见彩页)角度响应示例

图 6.9　再现图像体现角度响应

6.3.4　暗特性

图像传感器在没有光照曝光下的特性称为暗特性。在暗条件下再现图像必须提供一个均匀的黑图像并有一个灰度标准作为参考。然而，由于多种因素的共同影响，像素的输出信号会存在时间域和空间域上的波动。本节中将给出测评暗特性的方法。

6.3.4.1　平均暗电流

热生电荷和光生电荷会随着时间在像素的电荷存储区和电荷转移区（CCD 图像传感器内）不断地积累，这里的热生电流被称为"暗电流"。在对暗电流的测评中要求非常精确地控制温度。从图像传感器的最高环境温度和热生成方面考虑，测评一般在芯片温度为 60℃ 下进行，这也是 DSC 应用中最坏的操作环境。

测量方法。图像传感器的输出水平由用电子快门控制的积分时间来进行衡量，在此期间芯片的温度保持不变，然后得到输出变化对积分时间的斜率。

测量流程：

（1）使用一个镜头盖完全阻断来自光学系统的所有光线。同时，最好通过使用光学屏蔽布或减少房间的环境照明来确保没有杂光进入测试系统。

（2）在不同的积分时间下，分别获取一组数据。

（3）计算出在每个积分时间下获得的图像中所选像素窗口的平均值，将积分时间和输出之间的关系绘制成图。

（4）从图中得到输出变化率[输出单元数/s]。通过转换因子计算平均暗电荷比率[e-/s]（见 6.3.5.2 节）。

测评条件。一个暗电流测评条件的例子已在表 6.3 的相应列中给出，测试条件应根据 DSC 产品具体的操作环境专门设定。

6.3.4.2　暗环境下的暂态噪声

输出信号中随时间波动的部分被称为随机噪声或暂态噪声。暗环境下的暂态噪声 n_d 包括暗电流散粒噪声 n_{sd}、复位噪声 n_{rs} 和读出噪声 n_{rd}，即

$$n_d^2 = n_{sd}^2 + n_{rs}^2 + n_{rd}^2 \tag{6.3}$$

暗电流的散粒噪声为

$$n_{sd} = \sqrt{N_d} \tag{6.4}$$

其中，N_d 为像素电荷储存区域积分的暗电荷，N_d 可以从平均暗电流的测量中获得。

假设图像传感器是模拟信号输出，测量的噪声中还应该包括评估板上生成的噪声 n_{sys}。因此，实测的暗噪声 n_{meas} 应表示为

$$n_{meas}^2 = n_d^2 + n_{sys}^2 \tag{6.5}$$

测量方法。图像传感器的主要噪声源是热噪声和散粒噪声，这些噪声分量在频域上分布较为均匀，因此它们属于白噪声。白噪声的概率分布服从高斯分布，均方根（rms）随机噪声可以由时间域采样的标准差 σ 来估计。像素的每个输出信号的噪声并不存在任何的时空相关性，在一个确定的时间上捕获的图像信息可以用来计算系统的暂态噪声。

然而，像素的每个输出信号都会有一个在时域上不变的偏移量，从而产生 FPN，因此在

计算暂态噪声之前必须对这个偏移量进行抵消。最简单的方法就是通过两帧图像数据相减,消除 FPN 部分。这里要注意因为两帧图像之间没有相关性,所以暂态噪声会按 $\sqrt{2}$ 倍放大。同样,如之前所述,系统噪声也应该被消除。向评估板中馈送与被测图像传感器具有相同输出阻抗的零信号后,从所得的图像数据中可以计算出系统噪声。

测评条件。相关的测评条件已总结在表 6.3 的对应列中。

暂态噪声测评的评价。当图像传感器工作在弱光条件下时,暗环境的暂态噪声会影响成像质量。因此,当相机 ISO 速度设置得较高时,暂态噪声应被视为决定信噪比(S/N)的一个重要因素。

6.3.4.3　暗环境下的 FPN

在图像数据中不随时间变化的不均匀性被称为固定模式噪声(FPN)。黑暗环境下的 FPN 和不均匀性分别被称为"暗 FPN"和"暗不均匀性(DSNU)"。暗 FPN 包含两个部分:在空间域上的一个低频分量和一个高频分量,如图 6.10 所示。不同的设备结构中,FPN 的来源也不同。

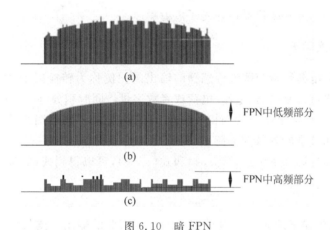

图 6.10　暗 FPN
(a) 暗 FPN;(b) 提取出低频分量的方法;(c) 高频分量

FPN 应根据其大小和模式进行测评,特定设备结构和后端图像处理算法可能引起 FPN 模式异常。因此,应该基于具体的事例对不同的 FPN 模式进行测评。这里,我们更加关注条纹状 FPN,因为它由设备结构引起并且与像素噪声源相比更加明显。

测量方法。为了获得 FPN,需要通过对几帧图像平均化来消除图像数据中的暂态噪声部分。如果我们是对 N 张图像进行平均,那么 S/N 将会提高 $\sqrt{N}$ 倍。N 值的选取必须与和 FPN 相关的随机噪声大小所决定的精度相符。

(1) 对于低频分量——经过中值滤波和/或平滑滤波后,可以有效地抑制高频部分。用图像信息的峰峰值来衡量色差,如图 6.10 所示。

(2) 对于高频分量——是从信号中减去 N 倍的平均信号获得的,如图 6.10(c)所示。用峰峰值和/或结果信号的直方图来描述高频分量。注意如果概率分布不服从高斯分布,使用标准差进行衡量就没有什么意义。

(3) 对于条纹状 FPN——直接从一行或者一列的连续像素的平均值中获得。与平均值的差异可以视为条纹状 PFN。当像素输出信号与普通的输出水平有明显差异时，应该对输出进行中值滤波，因为它们往往影响了条纹状 FPN 的大小。

测评条件。与黑暗下暂态噪声的测评条件相同。

暗 FPN 测试的评价。与暗环境下的暂态噪声相同，暗 FPN 也导致高 ISO 速度下每次拍摄图像时的信噪比发生改变。FPN 的模式和大小都很重要，因为通常情况下，如果峰峰值大小与像素噪声的 rms 值大致相同，图像里行列条纹状 FPN 就是可见的。必须进行弱光（高 ISO）条件下的视觉测评。

6.3.5 光照特性

图像传感器在均匀光照下的特性被称为"光照特性"。

6.3.5.1 光照下的暂态噪声

光照下的暂态噪声 n_{illum} 为

$$n_{\text{illum}}^2 = n_{\text{d}}^2 + n_{\text{s}}^2 \tag{6.6}$$

其中，n_{d} 和 n_{s} 分别为黑暗随机噪声和光子散射噪声。

6.3.5.2 转换因子

像素上收集的电荷数量与图像传感器的输出的比例称为转换因子 ζ（输出单位数/e-）。图像传感器的输出可以是电压、电流/电荷或者数字量。同时积分电荷与输出变量之间的相互关系，也取决于具体的电路结构和相关参数。因此，比较不同的图像传感器设备，应该使用像素内电荷检测节点所测量的电荷 e-（电子）数量作为输入参考进行比较。

测量方法。通过第 3 章中的式（3.51）和式（3.52），可以得到式（3.53）。转换因子 ζ 可以通过以下的公式获得：

$$n_{\text{s}}'^2 = \zeta \cdot S_{\text{s}}' \tag{6.7}$$

其中，n_{s}' 和 S_{s}' 分别为输出的光子散射噪声和图像传感器的输出。测量的流程，除了图像传感器是在均匀光照下进行，其他与黑暗环境下随机噪声的测量相同。光子的散射噪声是通过式（6.6）计算得到的。

测评条件。光照下暂态噪声的测评条件总结在表 6.2 的对应列中。

转换因子测试的评价。转换因子并不是测试中的一个参数，然而要想对在同一参考输入量下各个测试参数进行真正的比较，就必须知道转换因子的大小。

6.3.5.3 光照下的 FPN

在理想情况下，当图像传感器在均匀白光照射下时，其每个颜色通道的输出都是均匀的。当然由于一些因素（如像素性能）的变化和微透镜的角度响应，这种均匀输出的情况并不常见。同时，由于像素制造过程中的不同引起像素结构的差异，从而造成饱和曝光和饱和输出的非均匀性。

测量方法。获得灯箱的非测试图像数据，为了避免像素测量的误差，需要对灯箱空间辐照度和成像透镜的透射率的变动进行修正。使用与暗 FPN 相同的方法来计算高频和低频分量，并从每个颜色通道（R、GR、GB、B）中创建图像。G 通道的低频分量被认为是光差。

色差是由(B-G)和(R-G)，或 B/G 和 R/G 图像的低频分量来估计的。因为光差和色差取决于信号的处理算法，它们在相同的算法下进行测评会更好的。此外，角度响应也通常会引起色差，所以 F 数与它的联系也需要测量和检验。饱和输出的变化对高于标称的饱和曝光两到三倍的光照下得到的峰峰值进行测评。

测评条件。光照下的 FPN(PRNO)的测评条件已经总结在表 6.2 的对应列中。

光照下 FPN 的评价。光照下 FPN 的高频分量应该从视场中的一个颜色 S/N 点开始检验。同时，光/色差的判断也应该考虑到所用光学系统的具体性能。考虑到饱和输出变化的最小值决定了 DSC 系统的动态范围，其值也应该被测评，因为饱和输出水平与线性饱和水平是相关的。

6.3.6　拖尾特性

尽管拖尾和晕影可以通过它们的产生机制来进行区分，我们还是将拖尾看作图像中非常亮的物体的一些伪影。

测量方法。获取一个大小为 $V/10$ 的亮光图像，其中 V 表示像素阵列中心有效成像像素的亮度。然后测量相同行列内光学黑像素的输出，如图 6.11 所示。曝光光源通常设置在高速电子开关条件下，光强大小设置为被测图像传感器饱和曝光的 1000 倍。例如，其值按如下设置：首先，当系统工作在 1/1000s 的电子快门模式时，通过一个衰减率为 1/1000 的 ND(中性密度)镜接收光线，光强大小应该设置为能够使图像传感器的输出达到饱和的值。然后，移走 ND 镜，使得可以产生 1000 倍的饱和曝光强度。

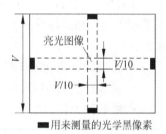

图 6.11　拖尾的测量方法

拖尾抑制率是通过以下公式得到的：

$$\text{Smear suppressionratio} = 20 \cdot \log \cdot \frac{\text{average output of OB pixels}}{\text{saturation output} \times 1000}[\text{dB}] \qquad (6.8)$$

测评条件。拖尾的测评条件已经总结在表 6.2 的对应列中。

拖尾测试的评价。对于 DSC 应用环境，$-100 \sim 120\text{dB}$ 的拖尾抑制率为可接受的数值。同时拖尾现象与模式的关联关系也是一个非常重要的因素。即使拖尾抑制率的值是可以接受的，如果产生了一个不自然的视觉图形，那也是不可接受的。

6.3.7　分辨率特性

相机系统的分辨率特性是由图像处理算法和成像透镜特性以及图像传感器的分辨率特性共同决定的。因此，测量图像传感器的振幅响应(AR)比只测量系统的极限分辨率更加重要。极限分辨率附近(如为奈奎斯特频率时)的响应和与之相关的混叠是由光电二极管的形状决定的。另一个影响 AR 的因素是随着像素尺寸按比例缩小，像素与像素之间的串扰变得越来越严重，这是由于像素结构和光电特性所引起的。这里我们将介绍一个获得 AR 的简单方法。

测量方法。使用一个没有片上滤色片阵列的单色传感器。将一个 CZP(圆形波带片)放置在灯箱上。通过图像数据曲线的包络来得到沿水平和竖直方向以及我们选择的其他方向的 AR 值。在放置和不放置 R/B/G 滤色片的情况下进行重复测量。AR 测量的一个例子如图 6.12 所示。

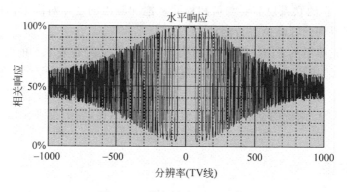

图 6.12　增幅响应(AR)示例

现有的参数图表并不能很好地满足高分辨率图像传感器对分辨率特性的测评需要。对焦平面上图像亮度应该进行适当的调整,以便获得相应的空间频率。以下几点需要特别注意:

- 在没插入测试图样时,应该获得灯箱亮度的不均匀性。
- 成像透镜的 MTF 应该是已知的,透镜的 MTF 用来对分辨率数据进行修正。
- 被测图像传感器应该工作在其光子转换特性的线性区。
- 应该在极限分辨率附近测量同相响应和异相响应。

测评条件。分辨率特性的测评条件已经总结在表 6.2 的对应列中。

分辨率测试的评价。通常,测量的结果被用来确定 DSC 系统中光学低通滤波器和后端信号处理器的相关参数。分辨率应该在 DSC 系统的总体分辨率下进行测评,如第 3 章中式(3.58)所示。因此,测量结果将为优化 DSC 中的信号处理的相关参数提供有效的数据。如果 R/G/B 滤色片下测量的结果不同,可能是像素与像素之间的串扰所致。

6.3.8　图像拖影特性

在 DSC 系统进行连拍或者摄像时,图像拖影会降低图片的成像质量。如果信号转移后仍有一些残余电荷保留在像素结构内,这将产生拖影。这些电荷将在像素内保持到下一帧的曝光,并可能造成画面的污损——尤其是在弱光条件下拍摄亮的物体。

测量方法。在信号读出与图像传感器操作同步之前,通过一个 LED 灯的闭合和打开来对被测图像传感器进行一次光照,如图 6.13 所示。图像拖影通过以下公式计算得到:

$$\text{Lag} = \frac{S_2}{S_1} \times 100[\%] \tag{6.9}$$

其中 S_1 和 S_2 分别代表第一帧和 LED 灯闭合后第二帧中的拖影分量,如图 6.13 所示。图像拖影的测评条件已经总结在表 6.2 的对应列中。

图像拖影测试的评价。如果对于所有的操作模式下,图像拖影在视觉上都可以观察到,那么这样的图像拖影就是不可接受的。拖影的允许水平是由 DSC 产品预期的最高 ISO 速度所决定。

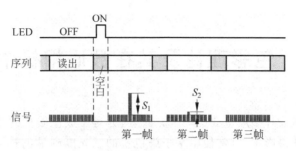

图 6.13　图像拖影的测量

6.3.9　缺陷

一个"缺陷"像素是指：①像素对入射光不做响应(白/黑坏点等)；②像素虽然对入射光响应,但与普通像素的特性相比有较大差异。对于后面这种像素而言,测评条件与允许水平都取决于 DSC 产品的规格。同时,那些被接受或被拒绝的像集的位置是由两种类型的缺陷像素的位置以及数字信号处理中缺陷修正算法所共同决定的。

测量方法。要对生成的图像 FPN 高频分量进行测评(见 6.3.4.3 节和 6.3.5.3 节)。通过在图像信息中设定一个特定的阈值水平来检测缺陷像素。

测评条件。条件基本上与 DSNU 和 PRNU 的测量相同,但要注意造成缺陷的主要成因是暗电流,同时其对温度非常敏感。芯片的温度从 5～10℃提高到 25～60℃时,暗电流会提高一倍。因此,缺陷和与之相关的阈值水平通常都应该定义在一个特定的操作温度下。

6.3.10　自然场景的图像再现

对非常亮的光源(如太阳这种自然界里最高辐照度的光源)进行图像捕捉,可能造成无法预计的伪影,这些伪影与强光之间并不一定有直接的关联。常见的伪影包括图像中强辐照度物体边缘的似耀斑伪影和在一些 CMOS 图像传感器中由高光点向黑点突变时产生的异常现象。在进行拖尾测量时可能能够观察到这些伪影(如 6.3.6 节所述)。

测评方法。这些伪影出现的场景已经在表 6.4 中进行了总结。在 DSC 的所有操作模式中对照片进行获取和检验。例如,如果在 DSC 中实现摄像功能和电子取景功能(EVF),同时也有由机械快门控制的静态照相模式,那么摄像系统就必须采取所需的帧频。

表 6.4　通过场景确认伪影是否由亮光源产生

场　　　景	拍 摄 条 件
建筑遮挡了部分阳光(太阳在图像的左上方或者右上方)	透镜的光圈值和图像传感器的电子快门速度是可变的
通过汽车后视镜、挡风玻璃或者引擎盖反射的太阳光(光点出现在图片的底部)	

自然场景图像再现的评价。这部分的性能特性很难进行量化测评,必须使用定性的方法进行图像测评。一般来说,画面必须表现自然并且不包含导致观察者看不清场景中物体外观的伪影。

第 7 章　色彩理论及其在数码相机中的应用

色彩是数码相机设计中最重要的一个方面,因为对于成像质量的第一印象往往来源于色彩的质量。在传统摄影中,常常使用基于染色量的感光度测量色彩。与仅使用卤化银胶卷和卤化银相纸的传统摄影不同,数码摄影系统会输出至少多种显示媒介,如 CRT(阴极射线管)、LCD(液晶显示器)或喷墨打印机。这意味着我们需要设计一种可以适用于多种显示媒介的输出方法:比色法。本章将介绍应用于数码相机设计的基本色彩知识。

7.1　色彩理论

7.1.1　人类视觉系统

人的眼睛有三种光感受器,即 L(长)、M(中)、S(短)3 种视锥细胞,这些视锥细胞的光谱敏感性如图 7.1 所示。正是因为这 3 种细胞的敏感性彼此不同,人的眼睛才能感知色彩。色彩识别过程起始于视锥细胞采集光信息,然后通过视神经将其传递至大脑,大脑将视锥细胞产生的激励信号转化为亮度、红-绿、黄-蓝信号。需要指出的是,在图像压缩(例如 JPEG)过程中使用的 YCbCr 信号模仿的即是这 3 种信号。除了颜色的分辨,这 3 种信号在大脑中还被应用于获取其他的色彩信息,如亮度、色度、色相等。

除了视锥细胞,眼睛中还包含另一种感受器,叫做视杆细胞。因为它在明亮的环境中并不工作,因此它与色彩的感知无关,这种细胞只是

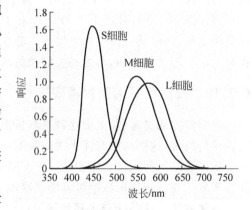

图 7.1　人类视锥细胞的敏感曲线

在暗环境下才会起作用,这里所说的暗环境大概是指从日落到日出之间的亮度环境。在此期间,前面提到的 3 种视锥细胞会停止工作。一种单一的感受器是无法获取光谱信息的,因此在暗环境下,我们是无法感知色彩的。

7.1.2　颜色匹配函数和三色值[1]

在工业应用中,往往需要对颜色信息进行量化和换算。CIE(国际照明委员会)规定了一种量化方法——比色法。本质上讲,比色法是仿照人的视觉系统,并对其进行一定程度的修改、近似、简化而形成的方便应用于工业中的方法。

类似于视锥细胞的敏感特性,一组等价的敏感度曲线被定义为视锥细胞敏感特性的线性变换。这种敏感曲线如图 7.2 所示,称为 CIE 颜色匹配函数(这里需要指出,之前提到的视锥细胞特性曲线是由前人通过颜色匹配函数近似计算得到的)。这些函数记为 $\bar{x}(\lambda)$,

$\bar{y}(\lambda)$、$\bar{z}(\lambda)$，其中 $\bar{y}(\lambda)$ 被用来表示亮度，以满足工业的需要。

CIE 定义了两组颜色匹配函数。第一组是在 1931 年通过一个小于 $2°$ 的视角获得的。而另一组是在 1964 年，研究者们使用一个在 $4°\sim10°$ 之间的视角下获取的，并且将其标记为 $\bar{x}_{10}(\lambda)$、$\bar{y}_{10}(\lambda)$ 和 $\bar{z}_{10}(\lambda)$ 的函数。尽管有报道称其中存在一些微小错误和个体差异，CIE 依然被视为一种正常人类视觉敏感性的典型表示方法。

用光谱辐射率为 $L(\lambda)$ 的光源照射任意一个光谱反射率为 $R(\lambda)$ 的物体，我们可以得到其三色值。三色值同样为视锥细胞敏感性的线性变换，其定义如下所示：

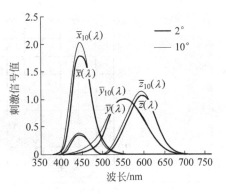

图 7.2　CIE 颜色匹配函数

$$X = \int L(\lambda) R(\lambda)\, \bar{x}(\lambda)\, \mathrm{d}\lambda$$

$$Y = \int L(\lambda) R(\lambda)\, \bar{y}(\lambda)\, \mathrm{d}\lambda \qquad (7.1)$$

$$Z = \int L(\lambda) R(\lambda)\, \bar{z}(\lambda)\, \mathrm{d}\lambda$$

这被称为 CIE1931(1964)标准比色系统。经式(7.1)计算得出的三色值是颜色量化过程的重要依据。在这里，Y 值提供了亮度信息，而 X 值和 Z 值则没有对应的直观物理意义。

7.1.3　色度及均匀颜色空间

一组三色值必然对应一种颜色。然而，对于我们而言，根据这样一组值是难以想象出其对应颜色的。为解决此问题，两种色彩表示方法逐渐得到普及：色度坐标以及均匀颜色空间。其中色度坐标忽略了亮度轴，可以简单地将其理解为一个二维的表示方法；而均匀颜色空间是模仿人类对颜色识别的机理，是一种三维表示。不幸的是，没有任何方法可以做到既公式简单，又尽可能模拟人类复杂的视觉系统。因此，每一种色彩表示方法都存在缺陷，例如几何均匀性不佳等。理想的几何均匀性是指在颜色空间中两种颜色之间的几何距离与任何情况下这两种颜色视觉上的差距相等。

下面介绍的两种色度表示法应用十分广泛。最简单的色度表示法——xy 色度，是在 CIE 坐标下通过以下公式得到的：

$$x = \frac{X}{X+Y+Z}, \quad y = \frac{Y}{X+Y+Z} \qquad (7.2)$$

尽管这种表示法使绿色区域与其他颜色区域相比，其单位色差的几何距离更大，但由于其较为简单，因此依然得到广泛应用。为了得到更好的几何均匀性，$u'v'$ 色度也被广泛接受。$u'v'$ 色度还广泛应用于计算 CIE 1976 $L^*u^*v^*$ 均匀颜色空间，我们将会在之后的篇幅中对其进行详细介绍。

$$u' = \frac{4X}{X+15Y+3Z}, \quad v' = \frac{9Y}{X+15Y+3Z} \qquad (7.3)$$

两种色度图如图 7.3 所示，其中的马蹄形拱是单色光的轨迹，代表了人眼能识别的色彩范围。

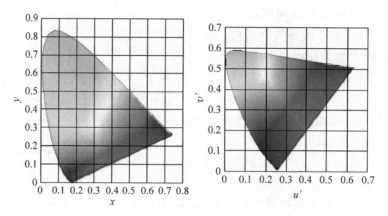

图 7.3　xy 及 $u'v'$ 色度图示：CIE 1931 色度表（左）；CIE 1976 UCS 色度表（右）

对于均匀颜色空间而言，CIE 1976 $L^*a^*b^*$ 颜色空间和 CIE 1976 $L^*u^*v^*$ 颜色空间都是 CIE 在 1976 年推荐并得到广泛应用的。它们的设计初衷是用于模拟色彩识别。由于使用直角坐标，需要额外的算式将它们转化为由明度、色度以及色相组成的柱坐标，这用于代表一种色彩，类似于颜色识别。

这些公式需要利用白色点的三色值进行归一化。通常使用一种虚拟的理想漫反射体来进行白点的测量，但很显然，在实际场景中，白点的选择是十分困难的。均匀颜色空间适用于表示物体的色彩，而不能用于自发光的光源。因此，白点的选择会带有一些随机性。在实际应用中，经常使用理想漫反射体估计或是选取场景中最亮白点的方法，最好的方法是给出白色的 $L^*a^*b^*$ 或是 $L^*u^*v^*$ 的值。需要指出的是，颜色空间适用于特定的观察条件——中性灰度（$L^*=50$）为背景的色彩。如果背景不符合这个条件，则颜色空间的均匀性就无法得到保证。

计算这些值的算式如下所示：

L^*（对 $L^*a^*b^*$ 和 $L^*u^*v^*$ 通用）：

$$L^* = \begin{cases} 116\left(\dfrac{Y}{Y_0}\right)^{\frac{1}{3}} - 16, & \dfrac{Y}{Y_0} > 0.008856 \\[2mm] 903.29\left(\dfrac{Y}{Y_0}\right), & \dfrac{Y}{Y_0} \leqslant 0.008856 \end{cases} \tag{7.4}$$

a^*b^*：

$$X_n = \begin{cases} \left(\dfrac{X}{X_0}\right)^{\frac{1}{3}}, & \dfrac{X}{X_0} > 0.008856 \\[2mm] 7.787\left(\dfrac{X}{X_0}\right) + \dfrac{16}{116}, & \dfrac{X}{X_0} \leqslant 0.008856 \end{cases}$$

$$Y_n = \begin{cases} \left(\dfrac{Y}{Y_0}\right)^{\frac{1}{3}}, & \dfrac{Y}{Y_0} > 0.008856 \\[2mm] 7.787\left(\dfrac{Y}{Y_0}\right) + \dfrac{16}{116}, & \dfrac{Y}{Y_0} \leqslant 0.008856 \end{cases}$$

$$Z_n = \begin{cases} \left(\dfrac{Z}{Z_0}\right)^{\frac{1}{3}}, & \dfrac{Z}{Z_0} > 0.008856 \\[2mm] 7.787\left(\dfrac{Z}{Z_0}\right) + \dfrac{16}{116}, & \dfrac{Z}{Z_0} \leqslant 0.008856 \end{cases}$$

$$a^* = 500(X_n - Y_n)$$
$$b^* = 200(Y_n - Z_n) \tag{7.5}$$

$u^* v^*$：

$$u^* = 13L^*(u' - u'_0), v^* = 13L^*(v' - v'_0) \tag{7.6}$$

C^*（色度），h（色相角度）：

$$C_{ab}^* = (a^{*2} + b^{*2})^{\frac{1}{2}}, \quad h_{ab} = \frac{180°}{\pi}\tan^{-1}\left(\frac{b^*}{a^*}\right) \tag{7.7}$$

这里的 X_0、Y_0、Z_0 表示白点的三色值，而 u'_0、v'_0 表示其 $u'v'$ 色度。

这些公式和白点归一化事实上并不能很好地对人类视觉的适应性进行建模，因此，人们设计了例如 CIECAM02[2] 的色貌模型。除了均匀颜色空间，色貌模型在其公式中还考虑了视觉系统的自适应性，此模型用于在任意观察条件下预测亮度、色度和色相等色彩指标。

7.1.4　色差

在均匀颜色空间中，两种颜色的几何差异应该与其表象差距、感觉差异或者色差成比例。色差定义为 ΔE。在 $L^* a^* b^*$ 颜色空间中，ΔE 写作 ΔE_{ab}^*，其计算公式如下所示（对 ΔE_{uv}^* 而言，将 a^*、b^* 换做 u^*、v^* 即可）：

$$\Delta E_{ab}^* = [(L_1^* - L_2^*)^2 + (a_1^* - a_2^*)^2 + (b_1^* - b_2^*)^2]^{\frac{1}{2}} \tag{7.8}$$

色差是一种评估与目标色彩相比的色彩质量的典型指标。尽管 CIE 1976 $L^* a^* b^*$ 和 CIE 1976 $L^* u^* v^*$ 颜色空间存在几何差异，通常认定当原始图和重构图一起观察时，这些颜色空间中两到三个点的色差值为目标色差值。由于 ΔE_{ab}^* 和 ΔE_{uv}^* 是通过简单公式计算得来的，因此色差并不是均匀的。为提高准确度，推荐使用 ΔE_{94}^*、ΔE_{2000}^* 以及其他的方法。

7.1.5　光源和色温

我们在生活中所观察到的光源的色度大致可描绘成如图 7.4 所示的黑体轨迹。然而，我们有必须要留意一个事实，即相同色度下的不同实际光源的光谱分布是并不相同的。黑体、自然光源以及人造灯的光谱分布如图 7.5 和图 7.6 所示。

人类是在自然光源的照射下进化的，自然光源在色度和光谱分布方面十分接近黑体轨迹，因此，人类视觉系统能够在这些光源下识别色彩。另一方面，人造光源（如日光灯）并不具有类似于如图 7.6 所示的黑体光源的特性，不过，在这些人造光源下物体的色彩依然可以像在自然光下那样被辨识出来，这是由于大多数物体并没有急剧的光谱特性变化。其原因是不同光源下的三色值具有相同的色度，没有显著差别。

但是，当我们仔细观察一种颜色时，有时就会发觉颜色的改变。举例来讲，在较为廉价的日光灯下，皮肤的颜色往往会看起来黑一些、发黄一些，这种差别来源于人造光源和自然光源之间的光谱差别，这种差别可以用 CIE 13.3 彩色再现指数来评估。[6] 表 7.1 描述了典型光源的一些指标，Ra 代表平均颜色的值，而 Rn 代表一些特定颜色的值。一些有较低 Ra

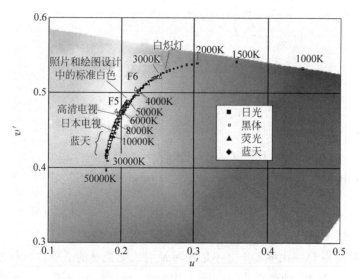

图 7.4　光源的 $u'v'$ 色度表

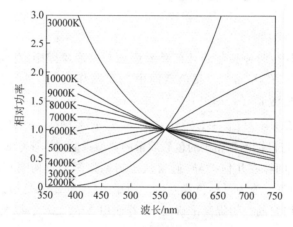

图 7.5　黑体光谱分布

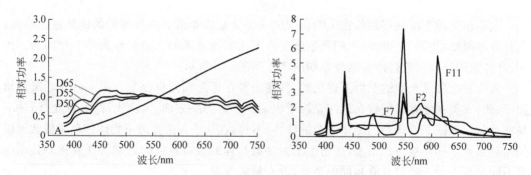

图 7.6　CIE 标准光源(左)与日光灯(右)的光谱分布

值(平均彩色再现指数)的日光灯更易于造成之前提到的那个现象。举个例子来说,光源 F2 照射下 R15 肤色产生了一个较低的参数值,[7] 从而使得颜色看上去无法像自然光照射下那样令人满意,通常来讲数码相机也是如此。

相关色温是在大部分光源的色度都倾向沿黑体轨迹分布的基础上提出的代表自然光色度的一个参数。一个微小的色差对应于与黑体轨迹之间的一个微小差距。因此，即使两个不同的光源具有完全相同的相关色温，每一种光源下同一物体的颜色在光谱分布和色度方面也并不相同。因为色度的微小差别可以被视觉的自适应性所补偿从而可能被忽略，这意味着与色温同时提到的彩色再现系数可以用来避免这种误差。

表 7.1　一些光源的显色指数

采样光源		F2	F7	F11	A	D65	D50	D55
色度	x	0.3721	0.3129	0.3805	0.4476	0.3127	0.3457	0.3324
	y	0.3751	0.3292	0.3769	0.4074	0.3290	0.3585	0.3474
参考光源(P：黑体，D：日光)		P	D	P	P	D	D	D
相关色温		4200	6500	4000	2856	6500	5000	5500
平均显色指数	Ra	64	90	83	100	100	100	100
特征显色指数	R1　7.5 R 6/4	56	89	98	100	100	100	100
	R2　5 Y 6/4	77	92	93	100	100	100	100
	R3　5 GY 6/8	90	91	50	100	100	100	100
	R4　2.5 G 6/6	57	91	88	100	100	100	100
	R5　10 BG 6/4	59	90	87	100	100	100	100
	R6　5 PB 6/8	67	89	77	100	100	100	100
	R7　2.5 P 6/8	74	93	89	100	100	100	100
	R8　10 P 6/8	33	87	79	100	100	100	100
	R9　4.5 R 4/13	−84	61	25	100	100	100	100
	R10　5 Y 8/10	45	78	47	100	100	100	100
	R11　4.5 G 5/8	46	89	72	100	100	100	100
	R12　3 PB 3/11	54	87	53	100	100	100	100
	R13　5 YR 8/4	60	90	97	100	100	100	100
	R14　5 GY 4/4	94	94	67	100	100	100	100
	R15　1 YR 6/4	47	88	96	100	100	100	100

7.2　相机光谱灵敏度

相机系统最简单的目标色彩即场景的色彩，(确定目标色彩将会在后面章节中讲到)为了实现这一点，相机敏感性曲线必须得是色彩匹配函数的线性变换。另外，人眼中两个看起来完全相同的物体在相同的相机系统中可能产生不同的色彩信号，这种现象称为灵敏度(或观察者)同色异谱。除非我们事先知晓这些物体的特性，否则在这种情况下很难准确估计原始场景的三色值。这种相机灵敏度的准则叫做卢瑟条件(Luther Condition)，[8]然而，受困于滤光器、传感器及光学镜头在实际生产中的误差，我们很难调整一系列光谱敏感曲线使其均满足卢瑟条件。

真正的反射物体有很多限制特性，相对于波长而言，物体的光谱反射率在一般不会急剧变化，这种特性允许相机在不满足卢瑟条件的情况下依然可以估计物体的三色值。从理论上说，只要一个物体的光谱反射是由三个主要部分组成的，则一个有任何三种灵敏度曲线的三通道相机可以精确地估算物体的三色值(在电视上显示的图像就具有这样的特点)。对于灵敏度同色异谱的评价,在 ISO/CD 17321—1 中提出了 DSC/SMI(数码相机/灵敏度同色异谱指数)。因为其考虑到了正常物体的光谱反射率,该参数与主观测试相关度较好。[9]不幸的是,在写本书时,该文件还是不公开的。

7.3 相机的特性描述

描绘线性矩阵色度相机特征的典型方法是使用测试补丁,要求其光谱响应与那些真实物体相同。假设色彩目标的三色值由下式给出:

$$\boldsymbol{T} = \begin{bmatrix} X_1 & \cdots & X_i & \cdots & X_n \\ Y_1 & \cdots & Y_i & \cdots & Y_n \\ Z_1 & \cdots & Z_i & \cdots & Z_n \end{bmatrix} \tag{7.9}$$

而所估计的三色值如下所示:

$$\hat{\boldsymbol{T}} = \begin{bmatrix} \hat{X}_1 & \cdots & \hat{X}_i & \cdots & \hat{X}_n \\ \hat{Y}_1 & \cdots & \hat{Y}_i & \cdots & \hat{Y}_n \\ \hat{Z}_1 & \cdots & \hat{Z}_i & \cdots & \hat{Z}_n \end{bmatrix} = \begin{bmatrix} a_{11} & a_{12} & a_{13} \\ a_{21} & a_{22} & a_{23} \\ a_{31} & a_{32} & a_{33} \end{bmatrix} \cdot \begin{bmatrix} r_1 & \cdots & r_i & \cdots & r_n \\ g_1 & \cdots & g_i & \cdots & g_n \\ b_1 & \cdots & b_i & \cdots & b_n \end{bmatrix}$$

$$= \boldsymbol{A} \cdot \boldsymbol{S} \tag{7.10}$$

在这里,矩阵 $\boldsymbol{S}$ 表示相机得到的测量数据。

为获取 3×3 的矩阵 $\boldsymbol{A}$,可以使用简单的线性优化或递归的非线性优化。简单线性优化方法如下式所示:

$$\boldsymbol{A} = \boldsymbol{T} \cdot \boldsymbol{S}^{\mathrm{T}} \cdot (\boldsymbol{S} \cdot \boldsymbol{S}^{\mathrm{T}})^{-1} \tag{7.11}$$

然而,这种近似结果往往会在暗区域产生较大的视觉误差,这些误差源于线性优化和视觉特性;其立方根大概与人的识别成正比,就像式(7.4)和式(7.5)所表达的那样。

另一种最小化总视觉色差的方法,J,使用递归转换技术。ΔE 可在之前提到的 CIE 均匀颜色空间中来计算。

$$J = \sum_{i=1}^{n} w_i \Delta E(X_i, Y_i, Z_i, \hat{X}_i, \hat{Y}_i, \hat{Z}_i) \tag{7.12}$$

其中,w_i 是每个颜色补丁的权重系数,对于重要的颜色来说主要对矩阵 $\boldsymbol{A}$ 进行了优化。需要说明的是,只要满足卢瑟条件,那么所有的最小化技术都会收敛至同一结果。

实际应用中,准备一个测试图是最成问题的。一种典型的错误是使用三色或四色打印机打印测试图。在这种情况下,色彩补丁的光谱反射主要成分会受限于打印机的许多特性,不能恰当地表现出一个真实场景。图 7.7 阐明了利用 Gretag Macbeth 颜色检查得到的色彩校正,其设计初衷是为了模拟真实物体的光谱反射。[10]

大多数反光物体的反射光都可以确定有 5~10 个主要组成部分,因此,这组色彩补丁必须涵盖这些特征,而不一定需要由很多颜色补丁组成。需要说明一点,因为特征结果只适用于反射物体而并不适用于类似于霓虹灯、彩色 LED 和彩色荧光粉这类自发光光源,因此,这里还有很大的发展空间。

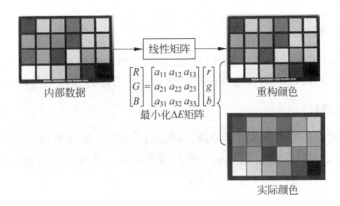

图 7.7　线性矩阵的特性描述

7.4　白平衡

在数码相机中,寻找一个适当的白点用于调整色彩是一项极具挑战的任务。正如 7.1.5 节描述的那样,真实场景中存在很多光源,在这种情况下,人的视觉系统可以自我调整来适应环境并识别物体,就好像他们在标准光源环境下一样,然而照相机的传感器依旧输出原始信号。举例来说,在晴朗的天气里,阴影中的白纸会因为天空的蓝色照射而反映出一个偏蓝的三色值,但人眼依然能判断纸的颜色是白色。人们已经知道这种调节主要是通过视网膜调节每种视锥细胞的敏感性而做到的,这个过程叫做色适应。

7.4.1　白点

数码相机需要知晓人的视觉系统所认定的最适合的白色以消除色差。相机中一般有三种估计光源白点或色度的方法。

(1) 场景平均值。第一种方法是假设整个场景的平均颜色为中间灰度,通常为 18％的反射率。这种方法在传统的胶片处理过程中被用来调整相片底片的色彩平衡。很多家用摄影机并非仅用一幅图来进行白平衡调整,而是用最近几分钟内生成的一系列图像信息作为处理依据。在平均后场景消除了色差,其所得到的颜色即光源的颜色。

(2) 最亮白色。第二种方法假设最亮的颜色是白色。因为光源理应是一幅场景中最亮的部分,而越亮的物体比其他物体包含越多的光源信息,因此通常最亮的点被认为与光源颜色相同。然而,真实场景中可能包含很多自发光物体,如交通信号灯,因此光源可能会被错误地估计。为减少这种现象的发生几率,只有那些色度紧邻黑体轨迹的明亮色彩才会被选取,其他的色彩即使更亮,也不在考虑范围内。

(3) 场景色域。最后一种方法是通过相机所捕捉到的色彩分布来估计光源。这种方法假设场景中有很多色彩物体,这些物体被同一个光源照射时,从统计学的角度来讲应该会涵盖所有物体的光谱分布,进而产生所观察的色域。也就是说,可以通过将获得的图像中的色彩分布与色域数据库中保存的特定场景下的光反射率或是典型光源之间的相关性进行比较,从而估计光源。

实际应用的算法是这三种方法的混合体,而且还用到其他的一些统计信息。最优化过程按照不同的场景、不同的光照条件以及不同的用户需求,也会有不同的执行方式。

7.4.2 色彩转换

一旦白点被确定,下一步即将所有的颜色转化成所希望的色彩,其中也包括将所估计的白色转换成无色差的白色。通常用到了两种理论:色适性和颜色恒常性。

7.4.2.1 色适性

眼睛的色适性大都是由视锥细胞的敏感性所控制的。类似地,相机的信号可以近似成视锥细胞的三色值,而且相机可以控制这些信号的增益。典型的计算过程如下:

$$
\begin{bmatrix} r' \\ g' \\ b' \end{bmatrix} = \boldsymbol{A}^{-1} \boldsymbol{B}^{-1} \cdot \begin{bmatrix} \dfrac{L'_w}{L_w} & 0 & 0 \\ 0 & \dfrac{M'_w}{M_w} & 0 \\ 0 & 0 & \dfrac{S'_w}{S_w} \end{bmatrix} \cdot \boldsymbol{B} \cdot \boldsymbol{A} \cdot \begin{bmatrix} r \\ g \\ b \end{bmatrix} \tag{7.13}
$$

其中

$$
\begin{bmatrix} L \\ M \\ S \end{bmatrix} = \boldsymbol{B} \cdot \boldsymbol{A} \cdot \begin{bmatrix} r \\ g \\ b \end{bmatrix} \tag{7.14}
$$

其中,r、g、b 均为原始的相机信号;而 L_w、M_w、S_w 和 L'_w、M'_w、S'_w 分别表示原始图像和 RGB 颜色空间中的白点的视锥细胞的三色值。

这种调整叫做 von Kries 模型,矩阵 $\boldsymbol{A}$ 通过式(7.11)计算得到。矩阵 $\boldsymbol{B}$ 用于将 CIE 三色值转化为视锥细胞响应。矩阵 $\boldsymbol{B}$ 的一个实例如下所示:[11]

$$
\begin{bmatrix} L \\ M \\ S \end{bmatrix} = \begin{bmatrix} 0.4002 & 0.7076 & -0.08081 \\ -0.2263 & 1.16532 & 0.04570 \\ 0 & 0 & 0.91822 \end{bmatrix} \begin{bmatrix} X \\ Y \\ Z \end{bmatrix} \tag{7.15}
$$

7.4.2.2 颜色恒常性

众所周知,只要光源的 Ra 值足够高,即使光源的光谱分布信息与物体的光谱反射率都不知道,在这些光源照射下的物体色彩也可以像自然光下那样被辨认出来[12],这叫做颜色恒常性。一个简单的线性实现方法是使用式(7.13)以及在颜色恒常性方面的最优化矩阵 $\boldsymbol{B}$,估计在标准光源下的相应颜色。我们已经知道最终产生的等效灵敏度曲线在某些区间为负值,图 7.8 展示了这种特性。

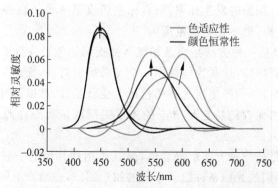

图 7.8　色适应性和颜色恒常性最优化白平衡中的等效色彩灵敏度

在一种非线性方法中,对于每种光源,都准备了多个优化矩阵。相机会依据场景的光源类型从其中选择一个。然而,这种方法会增大选择到错误矩阵的风险。

7.5 转换显示(色彩管理)

图像数据的数字值显然并不包含色彩定义,因此有必要在接收端对图像数据进行明确清楚地解释。我们需要很好地定义色彩信号值(数字计数)和其对应的物理意义(如比色法)之间的关系。在数码相机中进行色彩管理的一种典型方法是使用标准颜色空间图表。必须考虑到两个关键点:色度定义及其意义。

7.5.1 色度定义

数码相机输出的图像数据可能需要不经任何转换就可以显示,这意味着 RGB 数据的颜色需要根据色彩在屏幕上显示而进行定义。当前最流行的标准色彩编码是 sRGB(标准 RGB),这是为一定观测条件下的普通 CRT 定义的。以下为 8 位系统的 sRGB 定义。[13]

$$R'_{sRGB} = R_{8bit} \div 255$$
$$G'_{sRGB} = G_{8bit} \div 255 \tag{7.16}$$
$$B'_{sRGB} = B_{8bit} \div 255$$

$$R'_{sRGB}, G'_{sRGB}, B'_{sRGB} \leqslant 0.04045$$
$$R_{sRGB} = R'_{sRGB} \div 12.92$$
$$G_{sRGB} = G'_{sRGB} \div 12.92 \tag{7.17}$$
$$B_{sRGB} = B'_{sRGB} \div 12.92$$

$$R'_{sRGB}, G'_{sRGB}, B'_{sRGB} \geqslant 0.04045$$
$$R_{sRGB} = [(R'_{sRGB} + 0.055)/1.055]^{2.4}$$
$$G_{sRGB} = [(G'_{sRGB} + 0.055)/1.055]^{2.4} \tag{7.18}$$
$$B_{sRGB} = [(B'_{sRGB} + 0.055)/1.055]^{2.4}$$

$$\begin{bmatrix} X \\ Y \\ Z \end{bmatrix} = \begin{bmatrix} 0.4124 & 0.3576 & 0.1805 \\ 0.2126 & 0.7152 & 0.0722 \\ 0.0193 & 0.1192 & 0.9505 \end{bmatrix} \begin{bmatrix} R_{sRGB} \\ G_{sRGB} \\ B_{sRGB} \end{bmatrix} \tag{7.19}$$

sRGB 的白点为 D65 色度,sRGB 的原色与 HDTV(高清电视)中相同。因为不允许存在负值,而且最大值也受限,标准色彩的表示将受到实际显示色域的限制。

为克服色域的问题,两种其他的颜色空间经常被使用:sYCC 和 Adobe RGB。在规范中,Adobe RGB 被正式定义为"DCF 可选颜色空间"。sYCC[14]颜色空间用于图像压缩以在不降低图像质量的前提下取得更高的压缩比。由于 sYCC 是 sRGB 的超集,因此它可以表现更多的色彩。在 $u'v'$ 色度表中,Adobe RGB 的色域比 sRGB 宽大约 15%。要获得更多的信息,请参考 Exifv2.21[15,16]和 DCF。[17]

7.5.2 图像状态

要阐明图像数字化,最重要的就是理解图像状态的概念。由于 sRGB 只是定义一个包括显示在内的观察条件,无论色彩看起来是否漂亮,都没有关于需要编码到 sRGB 颜色空间的颜色图像的指南。初看之下,读者可能会觉得实际场景的三色值或白平衡三色值都是不错的指标。然而,大多数的用户更喜欢漂亮的色彩而不是纠正后的重构色彩。

当我们打算用新的颜色对真实场景的色彩进行重构时,相关数据称为场景参考图像数据。除此之外,举例来说,当我们使用某种颜色来满足用户的偏好时,输出即称为输出参考图像数据,ISO 22028—1 中定义了这个概念。[18]图 7.9 表明了在数码相机中的信号流动和图像状态。

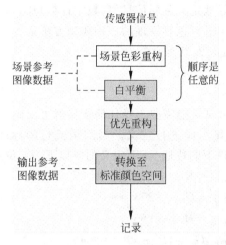

图 7.9　数码相机中彩色图像处理模型

将场景参考图像数据转化为输出参考图像数据的过程叫做色彩再现。电视标准使用场景参考图像数据,虽然这些标准在出版时并没有定义这个术语。这种彩色图像可以在电视广播公司的显示监控中看到。当图像被传输到家家户户,我们看到的图像就是带有色彩调整的——通常,锐度和色度都会被提高,当然这取决于消费者。因此我们说,电视离不开更佳的色彩。

使用 sRGB 的数码相机必须在内部对输出参考图像数据进行计算,然后将其编译为图像文件。这样,用户在显示器上就能欣赏到更佳的色彩而无须其他处理。显然,我们所提到的更佳的色彩并不是唯一的,它受不同的文化背景影响,例如地域、种族、职业还有年龄。色彩再现的方法也是很难定义的,我们需要继续研究以确定最佳转换方法,或者针对特定用户制定特定的方法。

7.5.3　轮廓法

另一种控制色彩的方法是利用轮廓来建立数字信息和色度值之间的关系,ICC(国际色彩协会)[19]提供了文件格式的说明文档。这种方法用于转换相机输出的 RAW 格式数据时尤其有效,因为每种相机都有其自己的传感特性,进而决定了各自的颜色特点。

7.6　总结

本章中,我们介绍了数码相机设计所需的基础色彩理论和概念。比色法是色彩量化的关键理论。为了像我们眼睛一样重构色彩,必须要考虑卢瑟条件。为了在标准光源下对场景进行准确重构,就需要一种描述相机特性的系统方法。对非标准光源而言,必须找到白点并以此为根据进行色彩转换。许多相机用户更希望看到漂亮的色彩而不是真实的色彩,为了产生更佳的色彩,我们仍然需要根据经验调整并研究用户的参数选择。最后,数码相机捕获的彩色图像数据的传输方面,常常使用标准颜色空间如 sRGB。

　　传统相机中,这些处理过程都是在卤化银胶片上或是冲洗过程中实现的,数码相机必须在内部完成这些处理过程。本章中描述的色彩知识对于提高数码相机的图像质量是非常重要的。

参 考 文 献

[1]　Publication CIE 15. 2-1986,Colorimetry,2nd ed. ,1986.

[2]　Publication CIE 159: 2004 AColour Appearance Model for Colour Management Systems: CIECAM02,2004.

[3]　CIE 116-1995,Industrial colour-difference evaluation,1995.

[4]　M. R. Luo,G. Cui, and B. Rigg,The development of the CIE 2000 colour difference formula,Color Res. Appl. ,25,282-290,2002.

[5]　J. Tajima,H. Haneishi,N. Ojima,and M. Tsukada,Representative data selection for standard object colour spectra database(SOCS),IS&T/SID 11th Color Imaging Conf. ,155-160,2002.

[6]　CIE 13. 3-1995,Method of measuring and specifying colour rendering properties of light sources,1995.

[7]　JIS Z 8726: 1990,Method of specifying colour rendering properties of light sources,1990.

[8]　R. Luther,Aus dem Gebiet der Farbreizmetrik,Zeitschrift fur Technische Physik,12,540-558,1927.

[9]　P. -C. Hung,Sensitivity metamerism index for digital still camera,Color Sci. Imaging Technol. ,Proc. SPIE,4922,1-14,2002.

[10]　C. S. McCamy,H. Marcus,and J. G. Davidson,A color-rendition chart,J. Appl. Photogr. Eng. ,2,3,95-99,1976.

[11]　Y. Nayatani,K. Hashimoto,K. Takahama,and H. Sobagaki,A nonlinear colorappearance model using Estevez-Hunt-Pointer primaries,Color Res. Appl. ,12,5,231-242,1987.

[12]　P. -C. Hung,Camera sensitivity evaluation and primary optimization considering color constancy,IS&T/SID 11th Color Imaging Conf. ,127-132,2002.

[13]　IEC 61966-2-1 Multimedia systems and equipment-Colour measurement and management-Part 2. 1: Colour management-Default RGB colour space-SRGB,1999.

[14]　IEC 61966-2-1 Amendment 1,2003.

[15]　JEITA CP-3451,Exchangeable image file format for digital still cameras: Exif Version2. 2,2002.

[16]　JEITA CP-3451-1 Exchangeable image file format for digital still cameras: ExifVersion 2. 21(Amendment Ver 2. 2),2003.

[17]　JEITA CP-3461,Design rule for camera file system: DCF Version 2. 0,2003.

[18]　ISO 22028-1: 2004,Photography and graphic technology-extended colour encodings for digital image storage,manipulation and interchange-part 1.

[19]　http://www. color. org,specification ICC. 1: 2003-09,file format for color profiles(version 4. 1. 0).

第8章 图像处理算法

本章我们将从理论上介绍应用于数码相机中的图像处理算法,并介绍一些在真正的相机中必需的外围功能,例如取景、对焦、曝光控制、JPEG 压缩以及图像存储等,本章会对其进行简单介绍以让读者对这些功能有一个整体的认识。CCD(电荷耦合器件)和 CMOS(互补金属-氧化物-半导体)传感器的物理性质以及颜色空间等将不再赘述,其相关介绍请阅读第3~6章。由于数码摄像机(DVCs)应用了相似的图像处理技术和功能,本章大部分内容对其同样适用。然而,数码摄像机还使用了许多基于时间轴的图像处理技术,例如在时间域降噪等,这些数码摄像机所特有的技术超出了本书的范围,本章将不作介绍。

8.1 基本图像处理算法

数码相机和数码摄像机均使用 CCD 或 CMOS 传感器获取信息,在一秒内完成对图像的重构、压缩,并将其存储于介质(如闪存)中。近年来,数码相机中图像传感器的像素阵列越来越大。与此同时,许多图像处理算法也被应用到数码相机中,如颜色插值、白平衡、色调(伽马)变换、伪色彩抑制、色噪声降低、电子放大以及图像压缩。图 8.1 从其所使用的图像处理技术方面说明了一个数码相机的结构,简要表示出这些图像处理算法是怎么应用于数码相机的。实际图像处理软硬件方面的细节将在第9章中介绍。

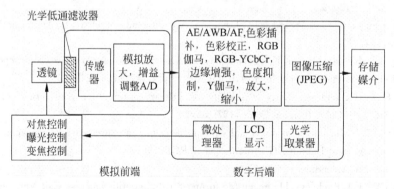

图 8.1 数码相机和其典型结构

镜头将入射光线聚焦到 CCD 传感器上形成图像,该图像将被转化为模拟信号,然后被读出,经过数字量化,最后传递至数字信号处理模块。有的 CMOS 传感器可能会输出模拟信号,这种情况下,其处理过程与 CCD 传感器的输出相似。还有的 CMOS 传感器会输出数字信号,这种情况下,数据会被直接传递给数字信号处理模块。在图像处理算法方面,这两类图像传感器基本相同。一个完整的数码相机还包含许多其他的重要模块,如对焦、光圈与光学变焦控制、光学取景、液晶显示以及存储介质。通常这些都由相机中的一个通用微处理器控制。

数码照相机中的数字信号处理模块必须以超过 5Mpixels/sec(百万像素每秒)的速度执行完所有的图像处理算法并重构出最终图像。目前,CCD 传感器可以在 1s 内产生 3~5 帧数据,而高速 CMOS 图像传感器可以在 1s 内产生超过 10 帧的图像。如果图像以与传感器信号相同的输出速度生成,就要求图像处理器的处理速度超过 50Mpixels/sec。数码相机一般采用两种方法来达到这一信号处理速度:①基于带有图像处理软件的通用 DSP(数字信号处理器)设计实现;②构建硬连接的逻辑电路实现性能最大化。这两种方法均存在优点和缺陷,将在第 9 章中介绍。

8.1.1 降噪

投射到图像传感器上的光子数目与入射光强成线性比例关系,而激发出的电子数目(即输出信号),也与光子数目成比例。图像传感器的输出信号在 1V 的数量级。给数字图像处理模块提供高质量的输入信号,可以使得采集到的光信息转化为更出色的图像。因此,保证输入信号的高精度和高质量是很有必要的。

8.1.1.1 失调噪声

为了充分利用图像传感器的动态范围,我们最好能够对从黑到最大亮度范围内的信号都进行量化。即使在没有提供光照的时候,大部分 CCD 器件也会产生一些噪声信号,如热噪声。CCD 器件的暗噪声会在信号从头到尾的读出过程中逐渐累积漂移。图 8.2 是一幅在无光照射到镜头的环境下采集到的暗信号原始数据,图像从顶部到底部会有垂直的亮度漂移。在信号读出过程中噪声漂移是这类噪声的一个重要特点,因此它被称为传感器的失调噪声。根据像素的垂直位置从信号中减去相应的偏差可以补偿这种噪声。这个补偿过程会在相机图像处理的最开始阶段进行。

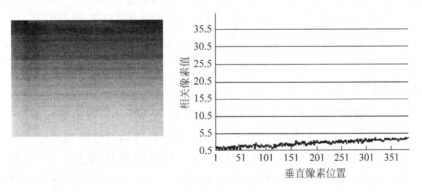

图 8.2 CCD 器件的垂直偏置漂移

8.1.1.2 模式噪声

"模式噪声"是由传感器像素读出时的不均衡导致的。人眼对图像的图案非常敏感,当图像中的一些特征被认为是图案或者是模式噪声时,这一图案就会非常突出。例如,如果图像中存在一块环形噪声(类似戒指),即使只是一段很短的半圆弧,我们都会在脑海中形成一个实线的圆环。为了避免这种影响,必须尽可能去除模式噪声。在数据计算过程中如果精度不够高,就会很有可能产生模式噪声。

8.1.1.3　欠采样噪声

传感器上所有像素单元都会对投射到其上的图像进行空间采样。采样间距决定了采样特性，它是由单元间距、所有单元的空间布局以及每一单元的孔径函数来界定。在很多情况下，镜头的 MTF（调制传递函数）比传感器具有更高的响应，因此传感器的输出中会包含超过由单元间距决定的奈奎斯特频率极限的欠采样信号。一旦这种欠采样信号混入原始图像数据中，就无法被去除。许多相机在镜头和传感器之间放置一个光学低通滤镜，用来限制聚焦到传感器上图像的空间频率。表 8.1 总结了产生于数码相机内部的多种噪声。在数据采集的初始阶段降低这些噪声是很重要的，不过，它们依然会残留在原始数据中。因此，在图像处理阶段采用图像处理技术来消除或降低这些噪声也十分有必要。

表 8.1　噪声和产生原因

噪 声 类 型	根 本 来 源	解 决 方 法
串色噪声	临近像素颜色信号的混合导致，典型的例子就是单 CCD 传感器	对每一个像素校正
错误颜色噪声	使用数字白平衡的时候产生，在暗区提供的分辨率不足	使用更多比特长度的白平衡或模拟白平衡
颜色相位噪声	表现为位于没有颜色的灰暗区域的颜色污点，也表现为原始颜色的偏移	采用高分辨率（例如 16 位）ADC 和模拟白平衡以提供图像暗区的高分辨率
数字误差	多重因素；在 AFE 中，由不足的 A/D 分辨率导致，使平滑色调响应产生阶梯	采用高分辨率（例如 16 位）ADC 以提供平滑色调响应和有效的 42～48 位的颜色深度
时间噪声	由 CCD 中的散粒噪声或 AFE 中不足的 SNR 造成	使用一个低噪声 CDS、PGA、ADC 和黑电平校准从而避免加入噪声
固定模式噪声	由可替换像素的采样过程中的测量失配造成	平衡的 CDS
线性噪声	表现为图像暗区的水平条纹，由于黑电平校准的调整步进过大从而导致可见	使用超高精度（例如 16 位）数字黑电平校准电路

8.1.2　色彩插补

全彩色数码图像在软拷贝设备（如 CRT 显示器）上显示时，矩形坐标网格中每个像素都对应一组红（R）、绿（G）、蓝（B）数字信息。在有三种传感器的数码相机中，每个传感器有不同的滤色镜，不需要进行色彩插补操作，因为每个位置的 RGB 值都由一个对应的传感器来测量。然而，在由三种 CCD 传感器组成的相机当中，相对于 R、B 传感器，G 传感器采用水平半间距移位技术。在数码相机中这并不广泛采用，因为实现三种传感器的高精度对准是非常昂贵的，一些专业的数码摄像机才使用这种三传感器设计。这种半间距移位法需要在水平方向上对每个 R、G 和 B 的位置间进行插值，因此在水平方向上分辨率会翻倍。在执行色彩修正以及其他图像处理操作之后，水平方向上的像素尺寸会减半，从而获得正确的长宽比。本章我们把重点放在单传感器系统上，因为主要的不同点只有色彩插补模块，对于其他的处理过程，单传感器与三传感器系统是相同的。

在单传感器系统里，传感器的每一个基本单元都有一个特定颜色的滤色器以及置于其上的微透镜，由这些滤色器组成的阵列叫做"滤色器阵列"（CFA）。每一个单元只负责采集其滤色器所对应的一种色彩信息。传感器得到的原始数据并不包含每个单元位置的全部 R、G、B 信息。因此,从单传感器系统中获取全彩图像需要利用色彩插补。

数码照相机、摄像机的图像传感器有若干种滤色器的设置和排列方式。图 8.3 展示了其中的三类。图 8.3(a)称作"拜耳模式色彩滤波阵列",其广泛应用于数码照相机当中。R、B、G 的比例为 1∶1∶2。

图 8.3(b)称作"互补色彩滤波模式",同样应用于数码照相机当中,这种方式的优点是比 R/G/B 色彩滤波有更好的光强敏感度。图 8.3(c)是另一种互补色彩滤波模式,其主要应用于数码摄像机当中,其与(b)的排列方式相似,只是每行 G 和 Mg 的位置略有不同。关于传感器、色彩滤波阵列以及微透镜的更多信息在第 3 章已详细介绍。

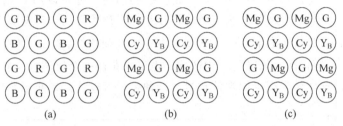

图 8.3　数码照相机和数码摄像机所使用的阵列

从目前图像传感器所使用的空间采样几何学的角度考虑,CCD 图像传感器主要使用两种单元的排列方式:矩形和梅花形(或菱形)采样。对于图 8.3 中所有的滤色器阵列,其色彩插补的基础理论是相同的,但实际上,对于不同的色彩滤波类型和不同的采样单元布局而言,色彩插补也是有区别的。在本书描述的拜耳模式色彩滤波阵列颜色插值算法过程中,我们将只考虑矩形采样的情况。

8.1.2.1　矩形网格采样

图 8.4 描述了拜耳矩形滤波器阵列的标准几何形状、尺寸以及频率范围。左上角起始位置的颜色可以由多种方式确定,但网格维数和色彩模式周期都是相同的。如图 8.4(a)所示,单元间在垂直、水平、对角方向上的距离都被归一化了。

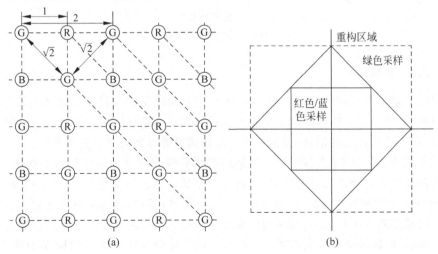

图 8.4　矩形网格采样

(a) 几何形状、尺寸;(b) 频率范围

在矩形网格中,G 在水平和垂直方向上的采样间隔最小,因此最高奈奎斯特频率出现在水平和垂直方向上。与 G 信号相比,R 和 B 采样距离在对角方向是最大的,但是它们的取样距离为 $\sqrt{2}=1.4$,这意味着对于 R、B 采样而言,其奈奎斯特频率为 G 的 $1/\sqrt{2}\approx0.7$ 倍,R 和 B 的频率范围相同。图 8.4(b)描述了 R、G、B 各自的频率覆盖范围,此外,图中围绕在G 和 R/B 范围外的虚线表示矩形采样拜耳滤波可以重建的最大频率范围。

8.1.2.2　梅花网格取样

图 8.5 描述了另一种称为梅花形(或者钻石形空间采样)的几何形状、尺寸大小以及频率范围,这种排布是将矩形网格旋转 45°。如上文所述,各尺寸可以用 G 信号的最小采样间距来描述。在梅花形网格取样中,最大的取样频率在对角线方向(45°或 135°)。R、B 信号具有相同的取样间距,其值为 G 的 $\sqrt{2}\approx1.4$ 倍。基于此几何形状,图 8.5(b)描述了 R、B、G 的频率覆盖范围以及梅花网格采样的重构区域。也可以获得一个比图 8.4 和图 8.5 更大面积的重构区域,然而这样做会减少图像信息量。这种扩展可以认为是对原始数据的放大。

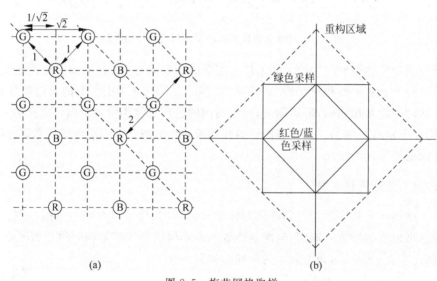

(a)　　　　　　　　　　　　　　　　　　(b)

图 8.5　梅花网格取样

(a) 几何形状、尺寸;(b) 频率范围

8.1.2.3　色彩插补

色彩插补是以周边测量值为依据,对一个没有测量结果的位置进行估值。很明显,在插值计算过程中,采用尽可能多的测量信息可以得到更好的估计结果。然而,在实际的数码相机应用中,我们需要在硬件消耗、处理速度及图像质量等方面间进行折中考虑。

图 8.6 描述了拜耳 CFA 排布矩形网格进行色彩插值的基本原理。插值操作等价于在两个实际存在的点之间插入一个零点,并放置一个低通滤波器。在图 8.6(a)中,$P(x,y)=G_i$ 处只有绿色光的测量值,因此需要利用 $P(x,y)$ 周边点的测量结果对该处的 R、B 值进行估计。使用越多的点进行计算,则估测值越理想。图 8.6 中定义了一个以插值点为中心、虚线围成的区域,此区域中包含的点数直接影响重构图像的质量。图 8.6(b)用虚线描述了一个只有 B 测量值、没有 G 和 R 值的待插值中心点,因此必须通过其他位置的 G、R 对该点进

行色彩插补。

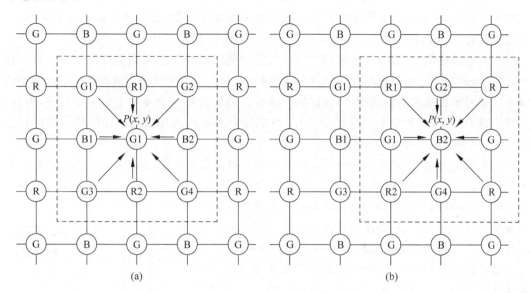

图 8.6　拜耳模板色彩插值法

(a) 在 G_1 点插值；(b) 在 B2 点插值

　　最为简单的一种插值法叫做最近邻插值法或者零阶插值法，其算法非常简单，即取其最近临点的值作为插值。这种插值法中没有像素数据的加法或是乘法运算，十分简单，不过，对于商用相机而言，其成像效果不太令人满意。

　　另一种比较简单的插值算法是线性插值法（一维）和双线性插值法（二维）。在线性插值算法中，位于中间的点取相邻两点的算术平均作为其值。双线性插值则是在水平方向和竖直方向上进行一系列的线性插值，其结果与运算的先后顺序无关。

　　图 8.6(a) 所示即为双线性插值，$P(x,y)$ 位置的 R、B 值分别通过公式 R＝(R1＋R2)/2 和 B＝(B1＋B2)/2 求得，这相当于一维插值（线性插值）。基于这个公式的线性插值的频率响应如图 8.7 所示，它可以表示 R 值在垂直方向的响应曲线，或是 B 值在水平方向的响应曲线。所有像素在正交方向均没有低通效应。

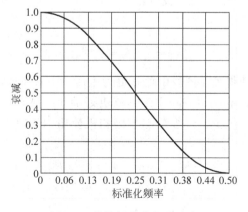

图 8.7　线性插值的频率响应

如果插值位置 $P(x,y)$ 向右移动一个位置至 B2 点,如图 8.6(b)所示,颜色的几何关系就发生了变化,R 和 B 的频率响应则会互换。若重点关注 G 值,那么图 8.6(b)中的 $P(x,y)$ 位置并没有 G 的测量值,因此 G 值需要由分布于对角位置的 4 个 G 值求得插值。

与最近邻插值法相比,这里所讨论的双线性插值法简单而且得到的图像质量更佳。然而,由于插值滤镜方向的循环变化以及其频率响应的变化,双线性插值会产生周期性的模式噪声。如果要去除这些模式噪声,较好的方法是在插值计算当中使用更多的数据点,而且,这种改进的算法(后面章节中会详细描述)可以得到更好的图像质量。这种插值算法将在8.2.6.1 节和 8.3.2 节中详细介绍。

色彩插值方法,即在原始数据的基础上重构一幅全彩色图像,本章中已经对此进行了简单的介绍。在色彩插值过程中,假定了原始数据中不存在混叠噪声。正如 8.1.1.3 节中所提到的,许多数码相机中在镜头和图像传感器之间安装有光学的低通滤波器(OLF),来限制实际场景的空间频率以匹配传感器像素间距决定的奈奎斯特极限。光学低通滤波器如图 8.8 所示,它是由单层或多层的薄晶片组成的。晶片将入射光分离成两部分:常规光(n_o)和非常规光(n_e)。两种分离的光路间距 S 由式(8.1)给出,d 为薄晶片的厚度,n_o 和 n_e 分别表示常规光和非常规光的衍射指数。

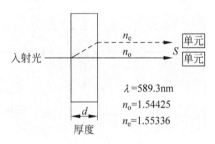

图 8.8   光学低通滤波器

$$S = d \cdot \frac{n_e^2 - n_o^2}{2 \cdot n_e \cdot n_o} \tag{8.1}$$

单层晶片只可以分离某一方向上的光线,所以需要 4 个薄片才能分离所有的 4 个方向的光线。图像传感器中需要多少个低通滤波器取决于镜头设计以及镜头与传感器的组合。

8.1.3   色彩校正

8.1.3.1   RGB

RGB 色彩校正值用于图像传感器颜色滤波中的颜色失真溢出现象,它使用一组矩阵系数(a_i, b_i, c_i),如式(8.2)所示。然而,仅仅使用矩阵所展示的 9 个元素无法校正所有的色彩空间。矩阵元素必须满足

$$\sum_{i=1}^{3} a_i = \sum_{i=1}^{3} b_i = \sum_{i=1}^{3} c_i = 1$$

增加主对角线的值可以使得校正图像中色彩更为丰富。RGB CFA 比互补色彩滤波阵列拥有更好的色彩表征特性。不过,互补 CFA 具有更好的光敏感性(可用性),因为与 RGB 相比,互补 CFA 透射光损失更少。许多静态数码相机使用 RGB CFA,而摄像机更多使用互补 CFA。

$$\begin{bmatrix} R' \\ G' \\ B' \end{bmatrix} = \begin{bmatrix} a_1 & a_2 & a_3 \\ b_1 & b_2 & b_3 \\ c_1 & c_2 & c_3 \end{bmatrix} \begin{bmatrix} R \\ G \\ B \end{bmatrix} \tag{8.2}$$

8.1.3.2 YCbCr

YCbCr 色彩空间同样使用于静态数码相机当中。YCbCr 和 RGB 之间具有线性的转换关系,如式(8.3)和式(8.4)所示,被称为 ITU 标准 D65。式(8.5)是对于式(8.3)中矩阵进行 10bit 精度的定点数字表示。将图像由 RGB 色彩空间转化为 YCbCr 色彩空间,从而可以分离 Y、Cb、Cr 信息。Y 代表光强,并不包含任何色彩信息,而 Cb、Cr 是仅仅包含色彩信息的色度数据。由式(8.3)可以看出,G(绿色光)对于光强的贡献最大,这是由于人眼对于绿光比其他的色彩(红和蓝)更为敏感。蓝光对于 Cb 贡献最大,而红光对 Cr 的贡献最大。

$$\begin{bmatrix} Y \\ Cb \\ Cr \end{bmatrix} = \begin{bmatrix} 0.2988 & 0.5869 & 0.1143 \\ -0.1689 & -0.3311 & 0.5000 \\ 0.5000 & -0.4189 & -0.0811 \end{bmatrix} \begin{bmatrix} R \\ G \\ B \end{bmatrix} \tag{8.3}$$

$$\begin{bmatrix} R \\ G \\ B \end{bmatrix} = \begin{bmatrix} 1 & 0 & 1.402 \\ 1 & -0.3441 & -0.7141 \\ 1 & 1.772 & 0.00015 \end{bmatrix} \begin{bmatrix} Y \\ Cb \\ Cr \end{bmatrix} \tag{8.4}$$

$$\begin{bmatrix} 306 & 601 & 117 \\ -173 & -339 & 512 \\ 512 & -429 & -83 \end{bmatrix} \tag{8.5}$$

人眼对于色度的空间响应远远逊色于对光强的感知能力。由这个特性出发,处理色度信号可以降低数据量。在之后的篇幅中将要介绍的图像压缩正是基于这个特性,将色度的分辨率降低至一半甚至是四分之一并不会严重降低图像质量。在 JPEG 标准中,这种降低信号带宽的模式被称为 4:2:2 和 4:1:1。

RGB 和 YCbCr 色彩空间应用于数码相机以及摄像机中,但同时也存在其他的色彩空间,YCbCr、RGB 以及其他色彩空间的详细内容请参看第 7 章。

8.1.4 色调曲线/伽马曲线

许多成像设备在采集光信号并将其转化为电信号的过程中会具有很多非线性特性。许多显示器、几乎所有的摄影胶片以及印刷品都具有非线性特性。幸运的是,几乎所有的非线性设备的传输函数都可以用一个简单的幂函数来近似,如式(8.6)所示

$$y = x^\gamma \tag{8.6}$$

这个公式叫做色调曲线或者伽马曲线。将一幅图像的伽马函数从一个转换到另一个的过程叫做"伽马校正"。在大多数的数码相机当中,伽马校正在信号处理链的图像获取阶段就已经完成:每一个线性的 R、G、B 组成都通过 RGB 伽马校正函数转化为非线性信号。

伽马曲线利用改变原图像直方图分布的非线性函数将输入像素值转换为其他值。对于大多数 CRT 显示系统而言,式(8.6)中的伽马值(γ)约为 0.45。不过,对于静态数码相机而言,伽马值并不是恒定的。

在数码相机中,伽马转换经常与位宽压缩一起使用,例如分辨率从 12 位到 8 位的压缩。伽马校正同样也应用于调节接近灰度级的原始数据的本底噪声和对比度。在此应用下,许多数码相机使用查表法,从而在位宽转换过程中拥有更高的灵活性和准确度。

　　在数码相机中,色调曲线一般有两类实现过程,即 RGB 和 YCbCr 色彩空间。通常,前者存在于使用 RGB 色彩滤波阵列传感器的数码相机中,后者存在于使用互补色彩滤波阵列传感器的数码相机和数码摄像机中。在一些应用当中,RGB 伽马校正有三个通道,分别对应于 R、G、B。类似地,YCbCr 也是由 Y、Cb、Cr 三个部分组成。图 8.9 是一个 RGB 伽马曲线实例,而图 8.10 为 Y(照度)和 CbCr(色度)伽马曲线。RGB 和 Y 曲线关系到图像的对比度,曲线靠近原点处的曲率影响图像的暗区域,较暗的输入图像的对比度和灰度级会大大改变。

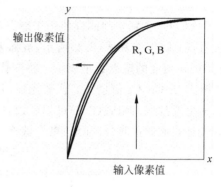

图 8.9　RGB 的查表法伽马校正

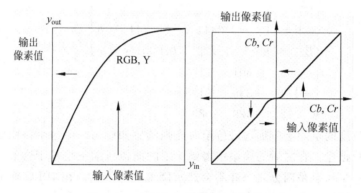

图 8.10　Y 和色度的查表法伽马校正

8.1.5　滤波操作

　　滤波操作可以看做图像在二维空间频域的变换。应用在图像处理方面的低通滤波函数需要有平滑的脉冲响应,从而避免在图像的边界处产生过量的震荡或是人为痕迹。实际的滤波运算可以通过对图像与傅里叶变换滤波函数在空间频域内的四则运算完成。实际的傅里叶变换使用 FFT(快速傅里叶变换)算法,对一个与图像相同尺寸的 $M \times N$ 的二维阵列只需进行大约 $M \cdot N \cdot (\log_2 M + \log_2 N)$ 次乘法运算和加法运算,但是,这需要很复杂的硬件实现以及大量的存储空间来保存临时数据。在空间域的数学等效运算叫做循环卷积。卷积运算中使用一个 $K_1 \times K_2$ 的系数矩阵,称为滤波核或卷积核,卷积运算要执行 $K_1 \times K_2 \times M \times N$ 次乘法运算和加法运算(MAC),这里 $M \times N$ 为图像大小。

　　大多数静态数码相机都用到卷积操作,这是因为卷积的硬件实施比较简单,而且所用卷积核的尺寸是相当小的。乘法运算的次数是与 $K_1 \times K_2 \times M \times N$ 成正比的,这进一步限制了卷积核的大小。设计一个滤波器时,必须具体指出其特点,包括截止频率、衰减特性、阻带衰减和滤波控制。通常而言,滤波器的综合首先从设计一个满足响应需求的一维滤波器开始,然后将其转化为二维滤波器。对一个单位脉冲输入的时域响应叫做冲激响应,从其傅里叶变换中我们可以知道滤波的频率响应。从另一个角度来说,冲激响应就像是一个卷积核。有许多书详细介绍了关于一维、二维滤波的背景知识和实际应用[1,3,4,8,10]。

从一维滤波拓展出的二维滤波综合一般可以分为两类：可分离的和不可分离的。图 8.11 展示了如何利用一维滤波构造可分离的二维滤波。这里，二维的卷积核是由两个一维的存在不同冲激响应的卷积核 $f_1(x,y)$、$f_2(x,y)$ 构造而成。式(8.7)是一个连续的综合过程，表示为 $f_1(x,y) \otimes f_2(x,y)$，其中 $\otimes$ 符号表示两个滤波函数 f_1 和 f_2 的卷积运算。式(8.7)表示将 f_2 的滤波结果再与 f_1 进行卷积运算，得到最终结果 $g(x,y)$：

$$g(x,y) = f_1(x,y) \otimes f_2(x,y) \otimes f_{\text{org}}(x,y)$$

$$(8.7)$$

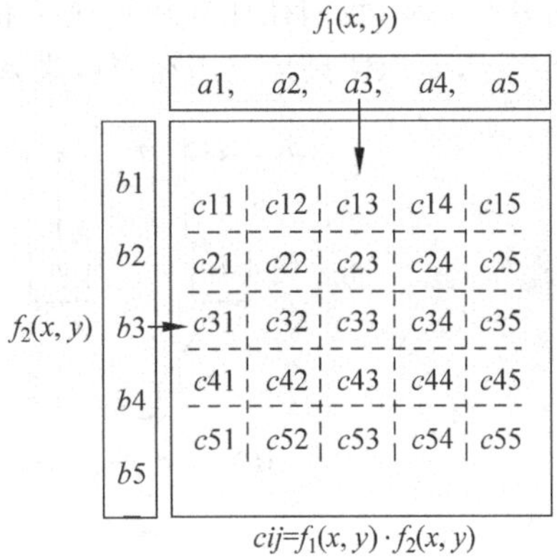

式(8.8)是一种不可分离的滤波结构

$$g(x,y) = f(x,y) \otimes f_{\text{org}}(x,y) \qquad (8.8)$$

图 8.11　由一维滤波构造二维滤波

在这种情况下，滤波函数 f 无法分离成两个滤波函数 f_1 和 f_2；因此，就必须使用二维的卷积核对原图像进行二维卷积运算。请注意，在式(8.7)中，两个滤波函数 f_1 和 f_2 可以通过卷积的方法结合成一个新的二维的滤波函数 f_3：$f_3 = f_1 \otimes f_2$。然后，用 f_3 对输入数据进行处理。

图 8.12 展示了两种不同滤波器的二维频率响应，这两种结构都使用了相同的一维脉冲响应。图 8.12(a)是一个类似于图 8.11 所介绍的连续可分离的结构。图 8.12(b)是直接在二维傅里叶域设计的不可分离的结构。

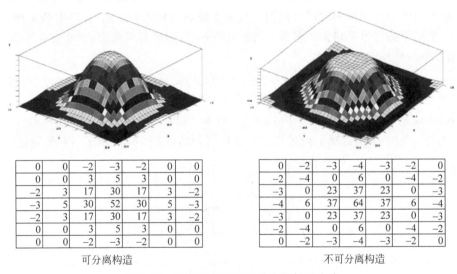

可分离构造

0	0	-2	-3	-2	0	0
0	0	3	5	3	0	0
-2	3	17	30	17	3	-2
-3	5	30	52	30	5	-3
-2	3	17	30	17	3	-2
0	0	3	5	3	0	0
0	0	-2	-3	-2	0	0

不可分离构造

0	-2	-3	-4	-3	-2	0
-2	-4	0	6	0	-4	-2
-3	0	23	37	23	0	-3
-4	6	37	64	37	6	-4
-3	0	23	37	23	0	-3
-2	-4	0	6	0	-4	-2
0	-2	-3	-4	-3	-2	0

图 8.12　可分离的和不可分离的低通滤波

8.1.5.1　FIR 和 IIR 滤波器

数字滤波器可以按照其结构分成有限冲激响应滤波器(FIR 或非递归滤波器)和无限冲激响应滤波器(IIR 或递归滤波器)。图 8.13 展示了这两种滤波器的基本结构和其在时域内以及 z 域内的表达式。FIR 滤波器对于任何的输入数据流和滤波参数都是稳定的，这是因为其结构上非递归的性质。然而，要达到相同的要求，它需要比 IIR 更长的滤波系数

(taps)。另一方面,由于递归结构,IIR 拥有更加简洁的滤波器结构。在图像处理应用中,在使用 IIR 时,我们往往要注意避免相位失真和不稳定性。FIR 结构在图像处理领域使用十分广泛,而 IIR 只是应用在相位失真可以忽略的情况中。[3.4.9]

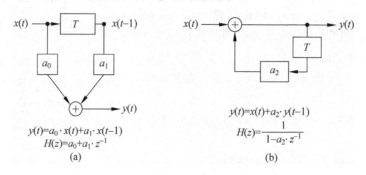

$$y(t)=a_0 \cdot x(t)+a_1 \cdot x(t-1)$$
$$H(z)=a_0+a_1 \cdot z^{-1}$$
(a)

$$y(t)=x(t)+a_2 \cdot y(t-1)$$
$$H(z)=\frac{1}{1-a_2 \cdot z^{-1}}$$
(b)

图 8.13 FIR 和 IIR 滤波器
(a) FIR 滤波器;(b) IIR 滤波器

8.1.5.2 非锐化遮罩滤波器

非锐化滤波器是一种高通滤波器,它广泛应用于数码相机中以提高图像的高频成分。式(8.9)描述了其理论背景。其基本算法如下:滤波输出 $g(x,y)$,图像乘以一个系数 α,再减去原始图像 f_{org}。模糊相当于一个低通滤波器,模糊图像是通过与一个类似于 $5×5$、$9×9$ 的常系数的矩形核做卷积运算生成的,非矩形的卷积核也可以使用。卷积运算可以简单地理解为系数矩阵与卷积核相同尺寸内的响应像素值的加权求和。式(8.9)中的 h 称"遮罩",相当于一个简单的算术平均值。参数 α 用于控制 $g(x,y)$ 的高频振幅,大小在 0、1 之间,α 越大,则图像中的高频成分就越多。

$$g(x,y) = \{f_{org} - \alpha \cdot (h \otimes f_{org})\}/(1-\alpha) \tag{8.9}$$

式(8.9)中的等式两边同时进行傅里叶变换,得到

$$G(\omega_x,\omega_y) = \{F_{org} - \alpha \cdot H \cdot F_{org}\}/(1-\alpha) = \{(1-\alpha \cdot H) \cdot F_{org}\}/(1-\alpha) \tag{8.10}$$

式(8.10)中的 H 是遮罩 h 经过傅里叶变换得到的,图 8.14 展示了当 α 分别设置为 0.2

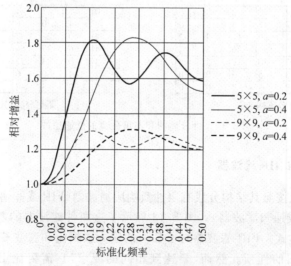

图 8.14 $5×5$ 和 $9×9$ 非锐化滤波的频率响应

和 0.4(原英文版有误)时与 5×5 和 9×9 遮罩尺寸的频率响应。图中可以看到在非常低的频率处曲线会大大降低,但这并不影响滤波结果 $g(x,y)$。除了均值模板,也可以使用各像素值并不相同的卷积核。如果这样,模糊过程就需要对图像进行卷积运算,而不是简单地将响应像素值相加,这样会增加运算时间。我们需要在处理硬件成本、时间和所需要的滤波器响应之间做一个折中以满足指标需求。

8.2　相机控制算法

8.2.1　自动曝光,自动白平衡

在数码相机中,自动曝光(AE)模块将调整照射到传感器上的入射光量从而充分利用其动态范围。曝光过程通常由相机中的电子装置控制,它会记录快门打开时照射到图像传感器上的光量,并将其用于计算在给定的灵敏度下正确的光圈和快门速度组合。

一个在非线性操作和色彩控制之前预先设置好的模拟或数字增益放大器,被用来执行自动曝光的信息感知和控制。亮度值 Y 用于作为控制曝光时间的指标。整个图像感知区域分为多个同步子模块,称为自动曝光窗口。图 8.15 展示了一个典型的自动曝光窗口的布局,这个结构同样也可以用于自动白平衡(AWB)的计算。只不过自动白平衡的控制参数指标与自动曝光不同,自动白平衡提取每个像素 R、G、B 通道的平均值,而自动曝光则提取 Y 值用于计算。

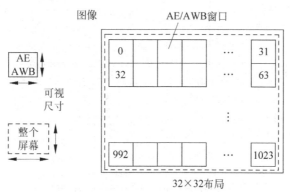

图 8.15　自动曝光、自动白平衡模块结构

对于一个 RGB 色彩滤波阵列的图像传感器而言,色彩信息可以转化为 Y 值以便衡量入射光强,自动曝光信号处理模块计算所有自动曝光窗口信号的平均值和峰值,并将其传递给微处理器(如图 8.1 所示)。微处理器中运行的自动曝光控制程序会估计每一个值并决定最佳的曝光时间,这样的估计算法有很多,其中不少算法是利用窗口值的方差进行计算。

白平衡是相机的另一个重要控制参数。白平衡的目的是在相机获取图像信息时给予其一个白色参考。白平衡是通过调整像素在不同色带(RGB)上的平均亮度来实现的。如果相机的白平衡设为自动,就称为自动白平衡(AWB)。对于 RGB 色彩滤波阵列的图像传感器而言,数码相机中图像处理器在信号处理的早期即通过调整入射光中不同色彩的增益来达到调整白平衡。白平衡的具体内容在第 7 章中已作介绍。自动白平衡增益校准一般是基于原始数据进行调节或是紧接着色彩插值完成之后执行的。

8.2.2　自动对焦

8.2.2.1　焦距测量方法的原理

自动对焦（AF）控制是数码相机的基本功能。表 8.2 总结了几种对焦控制算法和它们在数码相机中的实现方式。除此之外，图 8.16 说明了后文介绍的数字积分外的另外三种焦距测量方法。

表 8.2　自动对焦控制算法分类

测量方法	检测算法	实际实现
范围测量	主动法	IR（红外），超声波
	被动法	图像匹配
对焦检测	外部数据	相位检测
	内部数据	数字积分

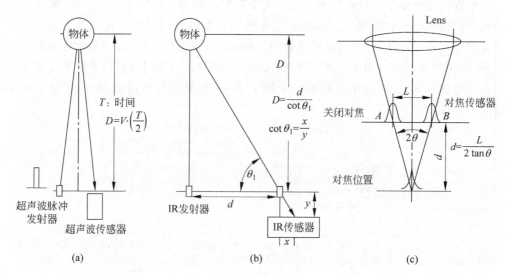

图 8.16　焦距测量方法

（a）超声波法；（b）红外法；（c）相位匹配法

8.2.2.2　数字积分

许多数码相机使用数字积分法实现自动对焦，这种方法只需使用从传感器中获取的图像和一个数字带通滤波器即可，简单并且易于在数字信号处理模块中实现。数字积分对焦法是基于目标图像的高频（HF）成分会在聚焦时增加的假设。焦点计算模块是由一个带通滤波器和紧接着的绝对值积分电路组成。数字积分自动对焦法仅使用捕获的图像原始数据，因此其无须任何额外的有源或无源传感器。数码相机的主处理器会按照自动对焦输出值调整镜头，以便从自动对焦模块得到峰值输出。通常而言，微处理器会分析同一幅图像下多个自动对焦窗口的数据以便更准确地对焦。

图 8.17 展示了对一幅图像而言典型的自动对焦窗口分布，自动对焦窗口的布局和尺寸由需对焦的景象决定。五窗口和 3×3 布局是很多场景下经常使用的方式。单窗口布局适

用于运动物体的简单对焦计算。每一帧,每一个窗口都会经过计算进行自动对焦输出。利用 CCD 图像传感器的抽取模式,每个窗口每 1/30 s 产生一组自动对焦数据,并将其传输至数码相机的主处理器。这种方法并不能像有源传感器那样可以覆盖从数码相机到拍摄目标的所有距离,所以主处理器利用镜头的伸缩寻找自动对焦数据峰值。此外,主处理器必须能够基于之前的镜头动作与自动对焦数据来找到正确的镜头移动方向使对焦成功。

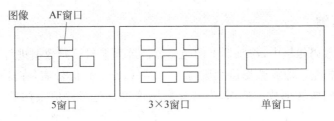

图 8.17　自动对焦的多窗口结构

　　图 8.18 展示了如何计算一个窗口中的自动对焦数据以及自动对焦滤波响应。在图 8.18(a)中,自动对焦模块接收水平方向上的像素数据并计算滤波输出,然后对自动对焦滤波输出值的绝对值进行累加。有必要对每个窗口在横纵两个方向上进行计算。从硬件实现的角度来看,水平扫描很容易,垂直扫描则需要大量的列级缓冲存储器。图 8.18(b)展示了一个典型的应用于自动对焦的带通滤波器,其共振频率取决于数码相机镜头系统的特征。通常而言,当景象远离焦点时,较低的共振频率可以在初始阶段产生更好的响应。图 8.18(c)展示了在对焦点附近自动对焦模块的输出是如何随着镜头移动而变化的。

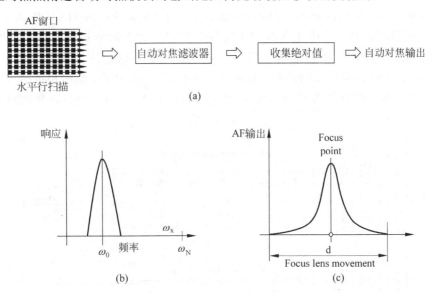

图 8.18　自动对焦滤波和输出

(a) AF 窗口的自动对焦操作；(b) 自动对焦滤波器响应；(c) 自动对焦滤波器输出响应

8.2.3　取景器以及录像模式

　　大多数图像传感器都有一个由薄膜晶体管(TFT)液晶显示屏组成的电子取景器和一个传统的光学取景器。电子取景器必须高速刷新以便拍照者可以从中找到拍摄目标并对焦。为此,数码相机必须使用 CCD 图像传感器的抽取模式输出。抽取模式输出机制在 4.3.5 节和 5.4.3 节中详细讲解。抽取模式数据在水平方向上保持了原尺寸,但在垂直方向上尺寸大幅下降,输出速度可达 30 帧每秒。在水平方向上应用一个降采样低通滤波器,使得抽取模式获取的图像可以恢复原有尺寸,从而可以应用在自动对焦和取景器取景上。

8.2.4　数据压缩

在单传感器数码相机中,传感器上的色彩滤波阵列会对原始数据进行空间压缩,使其降低三分之一的数据量。原始数据量大概为 $X \times Y \times (12 \sim 14)$b/像素,在这里 X、Y 分别为水平和垂直方向上的像素个数。然而,当对全彩图像进行色彩差值重构后,这个数字会变为 $X \times Y \times 3$ 字节。举个例子,五百万像素阵列的图像传感器,12b/像素的带宽,则原始数据为 7.5Mb;然而,重构的全彩图像会达到 15Mb,这意味着单幅图像会占用 15M 的存储空间。

图像压缩技术至关重要。有两种图像压缩方法:一种是可逆的、无损的,另一种是不可逆的、有损的。前者可以百分之百修复得到原始图像,而后者则将丢失一定量的原始图像信息。理想情况下,前一种方法可以达到 30%～40% 的压缩比(即从 1.0 压缩至 0.6～0.7),对于数码相机系统而言这显然是不够的。可逆压缩应用于原始数据的保存和个人计算机上的脱机图像处理。不可逆压缩可以获得大幅度的尺寸减小,当然这取决于可以接受图像质量下限。通常而言,图像数据含有大量冗余,而不可逆压缩技术就是用于降低这些冗余的。

现如今存在很多的图像压缩算法,JPEG(联合图像专家组)是其中的一种能够较好保证图像质量,并被广泛应用的标准。图 8.19 展示了基于 DCT 变换的 JPEG 图像压缩过程。JPEG 基于多种不同技术。由于人眼对于亮度具有很强的空间分辨率而对于色度不够敏感,JPEG 使用 YCbCr 图像数据。JPEG 压缩还应用了离散余弦变换(DCT)和哈弗曼编码。Pennebaker 和 Mitchell 详细描述了其标准和相关技术。[2] 这种用于数码相机的图像文件格式被 JEIDA(日本电子工业发展协会标准)规定为数码相机文件格式标准(数码相机可交换图像文件:exif)。[6,7]

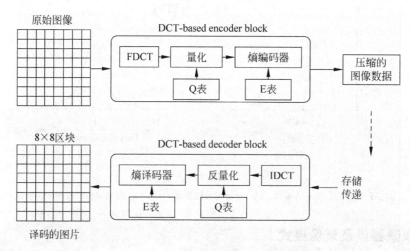

图 8.19　基于 DCT 的 JPEG 图像压缩

8.2.5　数据存储

随着个人掌上计算机(PDA)等设备的发展,以及各个领域对大容量存储媒介需求的不断提高,大量的小型便携移动存储媒介得到了巨大发展并被引入了数码相机相关市场。表 8.3 总结了当今应用于数码相机系统的移动数据存储设备。许多媒介的存储容量已经超过了 GB(10^9 byte)量级。表中所列存储设备都可以通过适配器向计算机传输数据。对将来的数码相机而言,读/写速度同样是至关重要的,这些媒介都达到至少 2Mb/s 的速度,少数可达到 10Mb/s 的速度。

表 8.3　可移动数据存储

名　　称	介质尺寸	内　　存
硬盘卡(HDD)	20g,$42.8 \times 36.4 \times 5.0$mm	硬盘
微型快擦写存储卡	15g,$36 \times 43 \times 3.3$mm	闪存
智能卡(固态软盘卡,SSFDC)	2g,$45 \times 37 \times 0.76$mm	闪存
安全数字卡(SD)	1.5g,$32 \times 24 \times 2.1$mm	闪存
迷你数字卡(Mini SD)	$21.5 \times 20 \times 1.4$mm	
记忆棒	4g,$50 \times 21.5 \times 2.8$mm	闪存
微缩记忆棒	$31 \times 20 \times 1.6$mm	
超级数字图像卡(XD)	$24.5 \times 20 \times 1.8$mm	闪存

8.2.6　图像变焦、尺寸缩小与剪裁

8.2.6.1　电子变焦

很多数码相机具备基于光学透镜系统的光学变焦功能。不过,本节介绍的是数码相机中基于数字信号处理的变焦,称为"电子变焦"或"数码变焦"。本节详细介绍了电子变焦的原理和二维图像插值算法。不同于光学变焦,电子变焦是用数字的方法对图像进行放大,因此可以放大原始图像而不受奈奎斯特原理限制。电子变焦是在原始图像的像素点间插入新的像素,而这些新加入的像素值是通过插值计算得到的。我们首先讨论一维的插值理论,进而将其扩展为二维运算。

8.1.2 节介绍了一种基本的、特殊的插值情况——色彩插值,很多实际上并不存在的位置点的值会利用周边值进行估算。本章将介绍一种更为通用的形式,式(8.11)描述了这种使用卷积运算的通用插值算法。

$$p(x) = \sum_i f(x - x_i) g(x_i) \tag{8.11}$$

式(8.11)中的 $f(x)$ 是一个差值函数,描述了插值结果的全部特征,它是一种低通滤波器,影响放大后的图像质量。很多插值函数已经被很多作者发表过了[5],这里介绍其中比较常见的三种:最近邻插值法、线性插值法、立方条样插值法。

1. 最近邻插值函数

最近邻插值法,每一个待插值的点会被赋予与其距离最近的原始像素的值。图 8.20 描述了二维空间上的最近邻插值,图中,插值结果 P_i 的值与原始图像中的像素 P_1 值相同。

插值函数如式(8.12)所示。最近邻插值是最简单的插值法，不需要消耗很多计算资源。缺点是插值后的图像画质比较一般。

1
dx
P1
P2
dy
Pi
1
Pi=P1
P3
P4
图 8.20　最近邻插值

$$f(x)=\begin{cases}1, & 0\leqslant|x|<0.5\\0, & 0.5\leqslant|x|<1\\0, & 1\leqslant|x|\end{cases}\qquad(8.12)$$

2. 线性插值函数

线性插值是利用两个邻近像素的值来获得待插值像素的值。插值函数如式(8.13)所示。将线性插值应用在图像中，就叫做双线性插值(见图 8.21)。周围的 4 个邻近点值都会被用来估计新像素值。双线性插值是一种相对简单的插值法，而且得到的图像质量也比较好。计算可以分为两个方向(x 和 y)，并且先后顺序与结果无关。

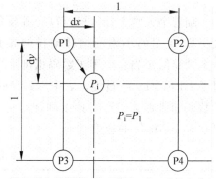

$$f(x)=\begin{cases}1-x, & 0\leqslant|x|<0.5\\0, & 1\leqslant|x|\end{cases}\qquad(8.13)$$

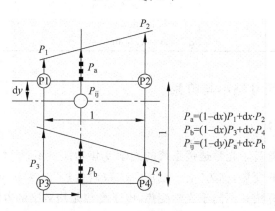

P2
P1
Pa
P1
P2
dy
Pij
1
Pa=(1-dx)P1+dx·P2
Pb=(1-dx)P3+dx·P4
Pij=(1-dy)Pa+dx·Pb
1
P3
P4
Pb
P3
P4
图 8.21　双线性插值

3. 立方插值函数

立方差值函数式是三阶插值函数大家庭中的一员。将其具体应用在二维图像插值中，叫做双立方插值。图 8.22 描述了一种双立方差值算法，这种算法用周围 16 个邻近点来估计像素 Q 的值。式(8.14)描述了其中一种双立方插值函数，称为立方条样函数。双立方差值函数可以得到相比于之前介绍的两种方法更高质量的图像，但是其对计算资源的要求也比最近邻法和线性法更高。

$$f(x)=\begin{cases}(1-x)(1+x-x^2), & 0\leqslant|x|<1\\(1-x)(2-x)^2, & 1\leqslant|x|<2\\0, & 2\leqslant|x|\end{cases}\qquad(8.14)$$

图 8.23 汇总了一维方向上的三种插值函数。图中水平轴为归一化后的原始像素间的距离；每个 0，±1，±2 处都存在一个原始像素。

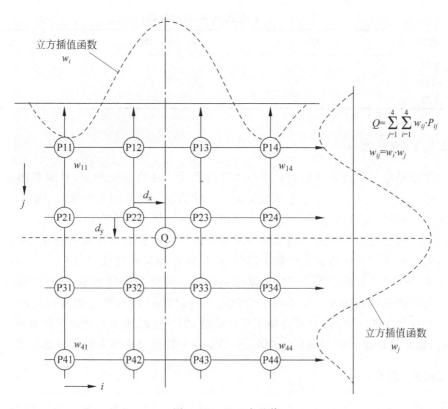

图 8.22　双三次差值

图 8.24 描述了三种函数的频率响应,三种函数经过傅里叶变换后得到频率响应函数。最近邻法的频率响应很宽,超过了 0.25,这对于放大后的图像而言会产生一个很强的量化噪声。线性插值会有一个相对较好的衰减特性,其响应在 0~0.25 之间。立方条样则具有三个函数中最好的截止频率,这意味着最好的成像质量。表 8.4 记录了三种差值函数分别需要的加、乘运算的次数。

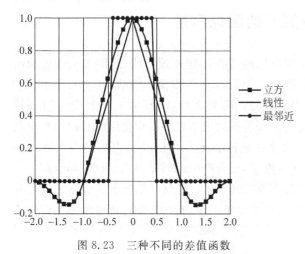

图 8.23　三种不同的差值函数　　　　　　　图 8.24　三种插值函数的频率响应

表 8.4 插值函数乘/加的数量

插 值 函 数	顺 序	乘/加（一维）	乘/加（二维）
最邻近	0	0	0
线性	1	2	4
立方	3	4	16

8.2.6.2 尺寸缩小

尺寸缩小是电子放大的逆运算：减小图像的尺寸。在许多情形下，对原有图像进行尺寸缩小是很有用的。尺寸缩小是在保持图像全貌的情况下降低图像中像素点的个数。尺寸缩小在生成缩略图、降低图像尺寸、多图合并以及视频播放等方面有广泛应用。减小像素尺寸的最简单的方法是在不经过任何低通滤波操作的情况下从原始数据中抽出大批点。最简抽取是对符合缩小图像的位置点的像素进行保留，或是用最近邻法进行尺寸缩小，然而，这些手段无法产生高质量的图像。可以根据原始数据与最终图像的缩小比例，在缩小操作之前对原始图像进行低通滤波。如果缩小比例为非整数（如 0.3），就必须进行插值操作来调整大小。当比例大于 1/2 时，就可以使用变焦滤波，因为这时缩小不会对图像质量有太大影响。不过，如果进行很大比例的尺寸缩小，就需要一个较低截止频率的低通滤波器。

8.2.6.3 裁剪

裁剪是指从原始图像中裁剪出一块感兴趣的区域。裁剪过程不同于放大缩小，只是从原始图像中剪下一块。如果裁剪后的图像某像素位置与原始图像不同，则需要插值运算计算像素值。另外，如果在裁剪过程中涉及子像素平移，当裁剪区域平移了非整数个像素间距时，也需要插值运算来产生新的像素值。在这种情况下，插值运算类似于全图插值。插值将会使靠近奈奎斯特频率的频率响应产生微小的退化，退化的程度取决于所使用差值函数的特性。

8.3 高级图像处理：如何获取更好的图像质量

之前的几个小节已经介绍了数码相机中应用的线性图像处理方法，这些方法有效地将图像传感器的输出信息转化为更高质量的图像或是修改这些图像。但是，就像 8.1.1 节和表 8.1 中所介绍的那样，数码相机中有很多噪声源。除此之外，CCD 或 CMOS 器件并不能完美地记录这个拥有很大动态范围和很高空间分辨率的现实世界。卤化银胶片的颗粒单元要远远小于当今的 CCD 或 CMOS 图像传感器的颗粒单元。CCD 或 CMOS 的单元尺寸和动态范围限制会产生量化噪声，在极端光照条件下，还会产生混叠噪声和多种色彩噪声。

本节将介绍一些运用非线性运算的高级图像处理技术。非线性是指各个像素的局部处理参数取决于与像素位置有关的参数或特征，对于整幅图像而言，图像处理过程不是恒定不变的。除此之外，有一类非线性处理方法与每个像素的响应值有关。这里介绍的很多技术都应用在数码相机中，但还有一些因为实现复杂度过高而没有得到应用。

8.3.1　色度裁剪

基于原始信息的图像重构需要在欠采样的传感器输出数据中插补像素点值。由于目标空间欠采样，插值过程会产生色度噪声。这种噪声容易在比较薄的图像边沿处观察到，因为这里(灰度边缘)往往存在相对较大的 RGB 值。而且，因为相对于较暗的区域，亮处的 R、G、B 值往往都比较高，它们中一点点的失衡就会产生色度噪声并表现在图像中，这种现象在较高光照区域处会更易观察。这种额外的色度噪声可以用一种基于亮度系数值的非线性色度抑制表来进行抑制，这个过程就叫做色度裁剪或是色度抑制。

图 8.25 描述了一种典型的色度裁剪过程，水平轴为亮度，而垂直轴为每个像素的色度增益控制值。在这个图中，Y_1 和 Y_2 之间亮度值的色度增益被设置为 1.0。Y_2、Y_{max} 之间色度增益逐渐降低至 0，这个变化区域可以逐渐去掉图像中的色度噪声。这个裁剪操作可以通过查表法实现，并且这种方法适用于多种情况。很多情况下，0 和 Y_1 之间的暗区域会被抑制，因为暗区域的色度噪声应该包含较少的色彩信息。

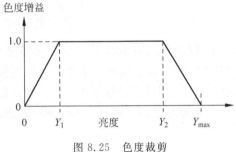

图 8.25　色度裁剪

8.3.2　高级色彩插值

8.2.1.3 节讲到单图像传感器(例如 RGB 色彩滤波阵列)的采样间隔要比重构的图像低 1.4～2 倍。因此，像素值必须通过并不充足的空间采样数据来估计。RGB 色彩滤波阵列的基本色彩插值方法是在整幅原始图像中，R、G、B 的插值都在一个固定的插值区域执行，这意味着重构过程对于每个插值点而言都是关于空间的线性操作。然而，另一种叫做自适应颜色插值或非线性色彩插值的方法，可以得到比线性插值法更佳的结果。自适应色彩插值方法有很多变种，其不同都取决于在插值计算中应用多少个像素点。对于自适应插值法简要概述如下。

一些数码相机处理器使用了一种类似的算法，并且得到了比线性重构方法更好的图像质量。自适应差值法的一个基本思想，即根据原始图像的局部特征值使用不同的内插滤波器，经常使用的系数为在待插值点周围很小区域的边界信息。图 8.26 为应用在差值运算中的滤波器的二维频率特征响应。图 8.26(a)和(b)分别展示了两种不同的滤波器，每个正交方向上的窄频带和宽频带。图 8.26(a)中的响应(1)在垂直方向带宽较宽，而在水平方向带宽较窄；响应(2)则正好相反。

这两种滤波器的应用方案如下所述。在图 8.26(a)中，如果待插值点的边界趋于水平，则内插滤波器需要保留原始图像中的水平边界。要求水平方向上的响应要宽于竖直方向的响应，因此，应该使用水平频率响应更宽的滤波器(2)，而对于相反的情况，则使用滤波器(1)。

这种算法的插值方案相对简单，却可以得到比基本算法好很多的图像质量。在此基础上可以得到很多变种方法。之前所讲的可分为两个方向：水平和垂直。我们可以扩展成更复杂的分类，例如除了 V 和 H 外，加上对角线方向，如图 8.26(b)所示。这种方法有许多设计参数，如滤波器响应、可分辨的边界方向的数量等。

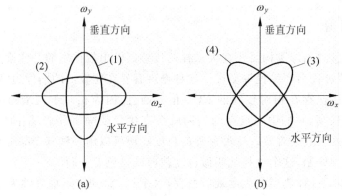

图 8.26　定向差值滤波的自适应色彩插值

(a) 垂直和水平类；(b) 双对角线类

通常我们使用原始图像的 G 信号的边界信息作为选择模板的依据。原始图像有 R、G、B 三种信号，但 G 信号具有最高的空间频率和光灵敏度。另外，边界探测滤波器可以应用最简单的微分算子和拉普拉斯算子。基于这些操作的输出值，颜色插值逻辑会选择相应的插值滤波器。图 8.27 展示了两种边界探测滤波器的频率响应：(a)微分电路以及(b)拉普拉斯算子。

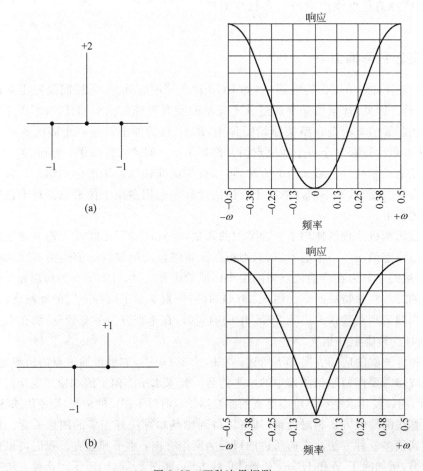

图 8.27　两种边界探测

(a) 拉普拉斯算子；(b) 微分算子

边界方向辨别的间隔可达到 $\pi/8(22.5°)$ 或是 $\pi/16(11.25°)$,但这时必须要考虑原始图像中存在噪声的方向参数的可靠性。实际在数码相机上的硬件实现也会限制算法的复杂程度。

8.3.3　镜头畸变校正

镜头总是会有一些角度的畸变或失真,这会使得图像无法成为拍摄目标的完美映射。本节只讨论两种镜头畸变:空间畸变和阴影畸变,这两种畸变都可以通过数字图像处理技术校正。空间畸变是一种几何变形,如图 8.28 所示。这两种畸变分别叫做桶形畸变和枕形畸变。图 8.28 中,畸变总量定义为 $D(\%)=100\times(y_1-y_0)/y_0$。畸变总量 D 是一个从镜头中心开始的图像高度的函数。

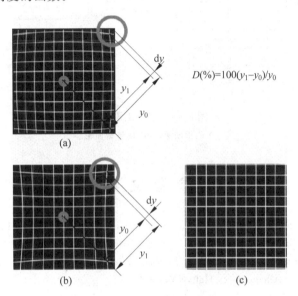

图 8.28　镜头的空间变形
(a) 桶形畸变;(b) 枕形畸变;(c) 原始图像

8.3.4　镜头阴影校正

很多镜头系统都有这样的一个特点:光灵敏度在趋近于视野边沿处会趋于下降。图 8.29 描述了镜头-传感器几何结构的光灵敏度下降现象。图 8.29(a)反映了平面图像的明暗情况,(b)是其部分截面图。截面图中可以看出灵敏度是以 $\cos^n\theta$ 趋势下降。下降特征取决于镜头的光学设计,n 的值在 $3\sim5$ 之间,一般在 4 左右,因此灵敏度的下降程度被称为 $\cos^4$ 法则。补偿算法相对简单:依照镜头中心到像素所在位置的距离,增大像素的值。补偿因数由 $1/\cos^n\theta$ 得到,也可以通过查表法或通过一个简化的 $\cos^4$ 公式直接计算得到。阴影总量定义为传感器对角处和镜头中心(图像中心)处光衰减量的比值。

在本章中,我们介绍了许多数码相机高速图像处理的基本算法及其实际应用。近年来,CCD 和 CMOS 图像传感器的速度越来越快,朝着高输出速率的方向发展。随着外围器件设计的发展,数码相机和数码摄像机逐渐融合,兼顾两者特点的混合相机开始成为现实,这使得一台相机可以同时完成标准影片录制和高质量的静态摄影。因此,当要把一种新的图像处理功能引入相机中时,研究其高速算法是非常有必要的。

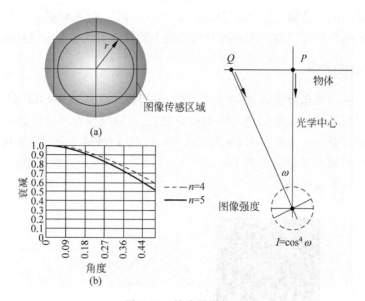

图 8.29　镜头阴影校正

（a）阴影图像；（b）阴影截面轮廓

参 考 文 献

［1］　K. R. Castleman, *Digital Image Processing*, Prentice Hall Signal Processing series, Prentice Hall, Inc. , Englewood Cliffs, NJ, 1979.

［2］　W. B. Pennebaker and J. L. Mitchell, *JPEG Still Image Data Compression Standard*, International Thomson Publishing, Chapman & Hall, NY, 1992.

［3］　L. R. Rabiner and B. Gold, *Theory and Application of Digital Signal Processing*, Prentice Hall, Inc. , Englewood Cliffs, NJ, 1975.

［4］　A. V. Oppenheim and R. W. Shafer, *Digital Signal Processing*, Prentice Hall, Englewood Cliffs, NJ, 1975.

［5］　P. Thevenaz, T. Blu, and M. Unser, Interpolation revisited, *IEEE Trans. Med. Imaging*, 19(7), 739-758, 2000.

［6］　Exchangeable image file format for digital still cameras: exif version 2. 2, JEITA CP-3451, standard of Japan Electronics and Information Technology Industries Association, 2004.

［7］　Digital still camera image file format standard (exchangeable image file format for digital still camera: exif) version 2. 1, JEIDA-49-1998, Japan Electronic Industry Development Association Standard, 1998.

［8］　W. S. Kyabd and A. Abtibuiy, *Two-Dimensional Digital Filters*, Marcel Dekker, New York, 1992.

［9］　R. E. Bogner and A. G. Constantinides, *Introduction to Digital Signal Processing*, John Wiley & Sons, New York, 1975.

［10］　A. Apoulis, *The Fourier Integral and Its Applications*, McGraw-Hill, New York, 1962.

［11］　N. Ahmed and K. R. Rao, *Orthogonal Transforms for Digital Signal Processing*, Springer-Verlag, New York, 1975.

［12］　S. D. Stearns, *Digital Signal Analysis*, Hayden, Rochelle Park, NJ, 1975.

［13］　H. C. Andrews and B. R. Hunt, *Digital Image Restoration*, Prentice Hall, Englewood Cliffs, NJ, 1977.

第 9 章　图像处理引擎

本章将重点讨论数字摄影的功能性及其性能要求,针对图像处理引擎介绍了两种不同的半导体实现方法,并对未来数码相机的发展趋势提出建议。

数码相机的采集部分由半导体材料制成,包括一个图像传感器、一个图像处理引擎和一个存储设备。这个系统类似于胶片所发生的变化,目标发出的光子引起胶片上一系列复杂的化学反应,从而使目标的画面能在胶片上立刻储存起来。现代的卤化银胶片具有大动态范围的特性,这使得它可以在曝光不足和照明不均匀的条件下工作。

图像传感器和电子存储设备的功能类似于这种卤化银胶片。半导体器件捕捉光子,处理图像单元将其储存为数字信息。数码相机的图像处理引擎通常从图像传感器处接收模拟信号,并将其转化为数字格式。接下来将执行各种像素功能,如压缩图像、储存、传输和显示图像。图 9.1 中显示了数字成像系统的流程图。

传统胶片的化学反应过程类似于图像处理引擎的工作流程。此外,胶片和数字成像都可以通过后期处理对图像进行完善、增强和颜色变换。对于胶片来说,相片冲印通常执行后期处理的功能。现代数字处理技术已经可以代替相片冲洗来对图像进行增强、修改和其他相应的处理。

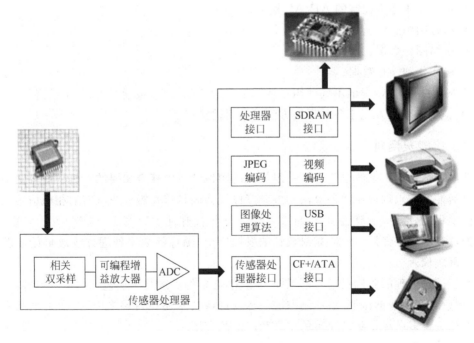

图 9.1　(本图参见彩页)图像处理流程图

9.1　图像处理引擎的关键特性

9.1.1　成像功能

在图像处理器把从图像传感器得到的模拟信号转换为数字格式之后，对数据经过各种像素和帧频操作以得到预期的结果。以上过程中有众多包含图像算法的功能被执行，相关操作的精度是由相机制造商要求的，这通常是由它们的色彩学、性能指标和成本约束等因素决定的。最优性能取决于数据的吞吐量和适当的量化水平。图像处理引擎执行许多不同类型的操作。数码相机和数码摄像机的基本图像处理功能描述如下：

(1) 模拟成像功能：

- 图像传感器准确地采样模拟信号；
- 将传感器信号进行模数转换；
- 执行传感器的黑电平校准。

(2) 数字成像功能：

- 像素的颜色插补（单 CCD 系统）；
- 修正成像颜色；
- 应用色调曲线和伽马曲线；
- 进行数字滤波；
- 提供用于透镜控制的 AE/AF 检测；
- 执行图像成像变焦和尺寸调整；
- 压缩图像数据；
- 格式化和储存数据。

此外，根据具体情况的不同使用一些其他图像增强技术，包括二维、三维的降噪处理，颜色限幅，镜头补偿以及用于各种压缩方法的平滑滤波等。

9.1.2　功能灵活性

功能灵活性是指系统设计者从一组标准的图像算法中获得想要的相机功能算法的难易度。灵活性的需求取决于成像算法的成熟度以及为满足特殊需要或特定的相机应用改变算法的必要程度。就成像算法而言，自 20 世纪 60 年代脉冲编码调制（PCM）方法实现以来，数字处理技术已经经历了一段相对较长的发展历史，图像的数字处理方法最早始于医学成像和军事成像。

数字信号处理的基础是信号的采样与量化，必要的后续技术还包括图像重构方法、滤波方法、颜色管理与数据压缩/解压缩方法。尽管这些技术还在发展之中，但如第 8 章中提到的关键算法大多已经得到了完善的定义和广泛的应用。

9.1.3　成像性能

CCD 模拟信号的捕获和系统噪音。像其他模拟信号处理一样，通过优化硬件性能来达到系统的信噪比（SNR）最大化的关键是做到低噪声设计。从噪声的各个来源处降低噪声

是非常重要的,包括:

- 系统外部(如图像传感器的光子散射噪声);
- 由于量化水平不足引起的计算单元上的累积舍入误差。

计算误差。由于在数字处理系统中一些不可避免的误差(噪声),成像引擎中的内部积累舍入误差会引起一些比较复杂的情况。为此软硬件设计人员必须为图像处理的各个阶段精心选择量化位数,以避免引入过多的误差。成像引擎中任何部分的量化计算不精确都会引起过多的舍入误差和潜在影响系统信噪比的因素,因为这些误差将会传播到成像引擎中的后续处理阶段。

量化步长。类似于计算误差,量化步长也会对图像质量产生重大影响。在数据处理过程中,较小的量化水平将产生更大的积累量化误差,这会导致在最终的画面中产生一些伪影。一种设计方法是允许对位深进行控制,实现图像处理的全流水线设计,使其产生最佳的成像质量。图 9.2 中显示了由 ADC 量化分辨率表示的成像产品的一个概念映射关系。

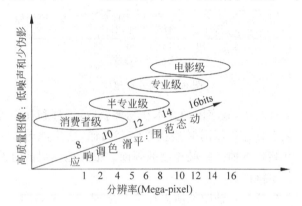

图 9.2　(本图参见彩页)成像产品的概念图

在某些情况下,为保证图像清晰需要对超过 72b(24b×3)的位深进行成像计算。如果位深受限,将导致严重的舍入误差。与量化误差类似,当色噪声增大到不能忽视时,舍入误差也会带来数字伪影。按照成像流水线上各个阶段的需求进行量化位数的分配后,相机系统的设计者就可以估计出目标应用对运算性能的必要需求。

9.1.4　帧频

从历史上看,数码相机和数码摄像机是从不同的出发点发展而来。数码相机起源于卤化银胶片技术,而数码摄像机是从电视广播技术发展而来的。

电影演变。传统的电视(模拟)广播技术通过使用经济可行的每秒 30 帧(fps)运动画面的信号处理技术,解决了传输带宽瓶颈的限制。一些优化技术也已经被广泛应用,例如,用于边缘增强的一维水平滤波器。数码相机或摄像机被广泛用于在 NTSC、PAL 和 SECAM 标准制式下生成电视广播画面。近年来的数字视频技术的发展,如 HDTV 和低成本、高速数字视频处理器,都大大扩展了没有电视广播标准约束下的摄像机的应用范围。

DSC 和 DSV 帧频。作为处理胶片的成功处理技术,数字图像处理的最终目标是在同量级的图像帧频下,产生超过传统卤化银胶片的画面质量。要做到这一点,对图片处理器性能的要求将非常高。例如,35mm 胶片可以捕捉超过每秒 60 帧的图像,同时获得高质量的画面。35mm 胶片的图像质量预计相当于在 16 位色深下超过 12M 像素点所能达到的性能效果。图 9.3 中显示了 2000—2004 年中不同帧频应用所需的处理速度。

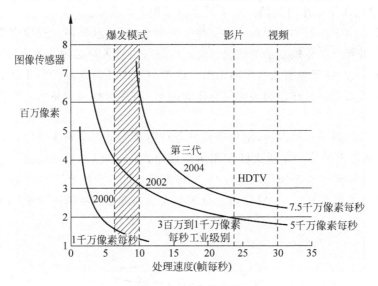

图 9.3　帧处理速度

作为一种新型的相机技术，数字图像技术在图像获取、处理和存储等方面的性能都优于传统的胶片相机。卤化银胶片可以同时捕获并储存图像，这意味着如果快门速度为 1/30s 或者更快，就可以在 30 帧频下捕获一段连续的画面。很好地捕捉即时的动作并产生静态的图片也是其很重要的一项特征。

在数字算法中像素数量与每帧图像所需计算量之间的关系如图 9.4 所示。例如，假设要在 1fps 下捕捉 3M 像素点的图像，就需要使用拥有 10 个处理层的图像处理引擎。如果每层处理需要进行 16 次操作（对相邻的 4 个像素点进行 16 次乘法和加法运算），那么所需的计算能力为：$3 \times 10^6 \times 10_{(fps)} \times 16 \times 10_{(stages)} = 48$ 亿次操作/秒（GOPS）。现代的 DSC 系统有时会使用 $3 \times 3 \sim 7 \times 7$ 的滤波器阵列和更加复杂的算法。这个例子说明了处理器进行图像处理时的运算量是十分庞大的。

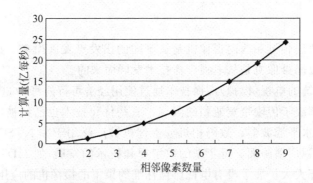

图 9.4　像素数量与每帧图像所需计算量的关系（三百万像素，10fps 情况下）

9.1.5　半导体成本

图像处理引擎的成本占相机总成本中的大部分,它取决于体系结构的实现方法和所需的性能水平。当成像功能可以集成到一个片上系统时,可以有效地降低系统成本。对于消费产品而言,在激烈的市场竞争中,成本的降低会带来巨大的产品需求。

封装的选择和封装的数量也是影响成本的重要因素。集成到封装次数更少和面积更小的板子上可以节约的成本比因为增加模具的面积而增加的成本要更多。随着半导体技术的进步和硅成本的降低,封装和 PCB 的成本变得相对更多了。最终,更高集成度的芯片将导致总体成本的减少,使小型应用环境如手机照相,在保证胶片级的图像质量和全尺寸的拍照功能的基础上,有较为便宜的镜头选择。

9.1.6　功耗

因为消费者青睐于体积小、便携并能长时间使用的产品,所以数码相机的功耗也是很重要的考虑因素。如果功耗不能保持在比较低的水平,那么产品的电池使用时长就相对较短(导致用户频繁更换电池或充电)或者说需要更大更重的电池,这些情况都是消费者不愿接受的。为了减少功耗,相机设计者使用了很多不同的方法。最简单的方法就是选择低功耗器件。此外,如果一段时间内没有操作,自动减慢时钟信号或关闭相机也可以减少动态功耗。

在 2004 年,典型的 DSC 电池可以提供 2~4 瓦时(Wh)的能量,输出电流范围为 700~2500mAh,输出电压为 2.4~4.8V。电池寿命的需求取决于相机系统和具体的使用方式。一个典型的要求就是电池可以支持相机在两个小时内拍摄 20~100 张照片。

表 9.1 中显示了在一个典型的 DSC 系统中,除了闪光灯和其他相机功能之外,主要功能模块的功耗水平。这个相机使用一个 3.6V,700mAh 的电池(可用能量为 2.52Wh),可以连续拍照 1.9 个小时。CIPA(Camera and Imaging Products Association)在 2003 年发布了数字静态相机的电池寿命的测量标准。

表 9.1　相机功耗

功 能 模 块	功 耗 水 平
CCD 图像传感器	100mW
AFE	50mW
DBE	400mW
其他电路	200mW
透镜电机	50mW
LCD 背光	500mW
总功耗	1300mW

9.1.7　上市时间的考虑

在将产品推向市场前,要充分考虑研制周期。研制周期由两部分组成:硬件开发时间和软件开发时间。

9.2　成像引擎架构的比较

让我们讨论两种常见图像处理引擎架构,并对它们在 9.1 节中讨论过的关键特性进行比较。这些特征包括成像功能、功能灵活性、成像性能、帧频、半导体成本、功耗和上市时间考虑等。

9.2.1　图像处理引擎架构

我们将考虑两种不同的图像处理引擎的架构:

- 通用型 DSP;
- 硬连接 ASIC。

通用 DSP 的架构如图 9.5 所示。其组件通常包括一个微处理器和一个带有 SoC 外设的 DSP。图像处理的输入来自模拟前端(在框图中用 AFE 表示),它用来将从图像传感器中获取的像素信息数字化。

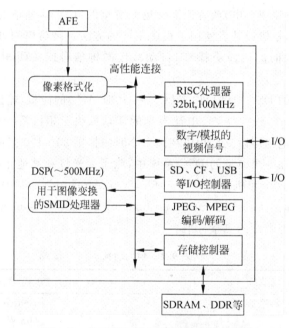

图 9.5　基于 DSP 的通用型图像处理引擎

硬连接 ASIC 包括一个定制的成像流水线系统、RISC 处理器和 SoC 外设,如图 9.6 所示。相机定制的硬连接 ASIC 将提供特定的逻辑功能用于优化数码相机的图像处理能力。

DSP 架构的实现方法是使用一个可编程的微处理器和一个信号处理硬件来执行图像处理,通常还包含一个单独的图像压缩设备。在传统意义上,DSP 架构在几乎所有嵌入式系统的早期阶段都占据主导地位,因为它需要的硬件开发时间最短,而且为成像算法的更改和完善提供了空间。当图像需求得到充分理解并且变得更加成熟时,优化的 ASIC 实现方法因其实现了成像功能的高效优化而变得更加具有吸引力。除了提供最佳的功能性外,硬连接 ASIC 通常拥有允许相机制造商配置关键图像算法参数的特性,在必要时架构中还能

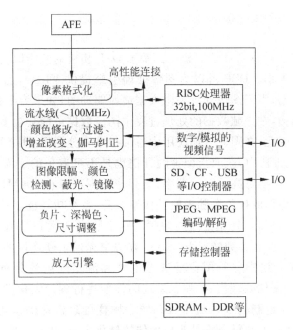

图 9.6　基于 ASIC 的硬连接图像处理引擎

包括一个应用于一般成像操作的 RISC 处理器。

9.2.2　通用 DSP VS 硬连接 ASIC

让我们更加深入地对比数码相机领域中通用 DSP 和硬连接 ASIC。我们将讨论 9.1 节中描述的每个关键特征。下面列出了确定相机设计架构的几个主要权衡点：

- 集成水平 VS 模具尺寸；
- 引脚数量 VS 集成水平；
- 功耗 VS 集成水平；
- 位深（SNR）VS 模具尺寸/目标市场；
- 封装选择 VS 模具尺寸；
- 噪声抵抗力 VS 集成水平。

9.2.3　功能灵活性

通用 DSP——高灵活性。DSP 是一个可编程处理器，可以利用软件来实现不同的功能和特性，因此与类似的硬连接 ASIC 实现方式相比节约了硬件开发的时间。然而，对于所有基于软件的系统，在解决高实时性需求方面的问题上，硬连接的方法往往可以表现得更好。

硬连接 ASIC——依赖于具体的硬件实现。对于 ASIC 的系统，一旦确定相应的应用逻辑，如果需要进行修改，就必须从头开始重新设计来添加新的特性。尝试实现各种特性化的功能可能增加开发所需的时间，特定的特性研究和优化可能会牺牲系统的灵活性。如果在设计时使用硬连接 ASIC 方法实现基础的图像处理模块如压缩引擎、二维滤波器阵列和插值器等，并使用 DSP/MPU/可重构方法来增加功能的灵活性，可以实现目标应用性能和灵活性的良好折中。

9.2.4 帧频

通用 DSP——基于处理器和系统架构。基于 DSP 相机的性能取决于处理器/系统并行性和可用时钟频率的大小。DSP 可以为图像处理引擎提供 VLIW(超长指令集)体系结构和多核处理单元。然而,由于图像处理是由数据流所驱动的,如果为了满足所需的性能要求实现多核处理单元结构,在一帧数据的处理过程中图像数据可能会被多次修改,从而改变数据传输需求的开销。因此,在图像处理应用中通常很难充分利用 PUs 的并行处理能力。此外,在 DSP/CPU 实现方法中,获取指令集的开销也是不可避免的。为了弥补 CPU 的开销和较低的使用效率,就需要更高的时钟频率,其频率范围可以在 500MHz～1GHz 之间进行浮动。在更高频率下操作的代价是随着时钟频率上升,系统功耗也会随之提高。

硬连接 ASIC——可以达到非常高的帧频。基于硬连接 ASIC 的图像处理引擎架构并不太依赖于时钟频率。在大多数情况下,ASIC 方法中提供了硬连接的流水线处理模式,因为这种方法可以实现大规模并行图像处理的配置和流水线内的分布式记忆存储。如果 ASIC 被设计为全并行图像处理模式,那么系统的性能将得到最大化发展,而且所需的时钟频率也将达到最小。在定制的成像流水线系统中图像处理性能的量化步长也可以进行调整,设计者可以为流水线中的每个阶段选择最佳的量化步长,从而实现图像质量的优化。

9.2.5 功耗

通用 DSP——依赖于实现方式。从大功率、高性能到低功耗、折中性能、非专门设计,通用 DSP 有非常广泛的选择。如果设计需要以牺牲成像性能为代价保证非常低的功耗,那么可以选择低速的、超低功耗的 DSP。为在 DSP 体系结构中实现更高的成像性能,时钟频率必须极大地提高来保证所需的成像性能的实现,但这将直接导致更高的功耗。

硬连接 ASIC——实现功耗的高效使用。许多硬连接 ASIC 是为高性能图像处理系统而设计的,这可以满足中、高端相机市场的需求。这种设计的逻辑功能很复杂,但由于其固有的大规模并行架构,时钟频率相对较低,通常为 27～100MHz。在大多数情况下,拥有相同成像性能的硬连接 ASIC 比 DSP 系统的功耗要小。

9.2.6 上市时间的考虑

通用 DSP——硬件开发有优势,开发时间取决于软件实现方法。通用 DSP 体系结构提供了可编程处理器,因此,可以利用软件编程来实现不同的功能和特性。与实现一个硬连接的 ASIC 相比,这大大节约了硬件开发时间。然而,对于图像调整活动(需要实现响应硬件平台,在大多情况下这是比较容易完成的),固件的架构需要仔细设计,保持其不受器件调整的影响,以便设计的收敛(convergence)。软件架构应在成像专家的设计或指导下完成,确保图像处理的有效执行。

硬连接 ASIC——降低硬件开发速度和更快软件开发速度。为创建可配置的处理器和 ASIC 设备所要付出的努力是相当的,因为设计的完成、器件的测试、设计专用晶片的制造和解决方案的验证都可能需要长达几个月的设计周期。另一方面,一旦 ASIC 设计得到验证,整个系统的开发负担将会大大降低,因为软件开发所需的时间减少了。

9.2.7　结论

基于 DSP 系统的方法适用于新兴应用和在不同的地理位置有具体的本地化需求的应用领域的早期开发,如手机、收音机等。设计之间的差异可能会导致性能分配的变化,实时性问题的考虑可能会因为图像处理要求的变化而变得十分必要。在调试阶段对软件设计进行调整和重做是非常困难的,这也会减缓开发的进度。尤其对于高端应用领域,提高处理器速度的内在要求会导致更高的功耗(更低的竞争力)。

硬连接 ASIC 的方法适用于成熟的应用和非区域性的系统。这种方法会被用于特别要求功耗最小化和性能最大化的影像采集这类的成像应用,这种方法会尽可能地追求功耗的最小化和性能的最大化。硬连接 ASIC 的缺点包括芯片开发的成本高和将芯片市场化所需的额外时间。

9.3　模拟前端(AFE)

AFE 的主要功能是把从 CCD 或 CMOS 图像传感器获得的模拟信号转换为数字数据格式。AFE 为数字后端(DBE)处理器的数字图像处理准备数据信息,AFE 也可能产生时间脉冲来控制图像传感器以及 AFE 中电路的操作。图 9.7 显示了 AFE 的主要组成部分。

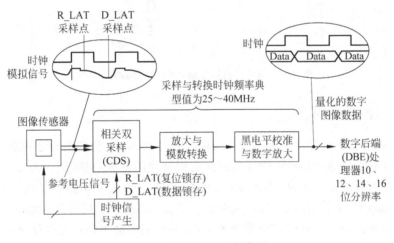

图 9.7　简单的 AFE 结构图

9.3.1　相关双采样(CDS)

在基于 CCD 的相机系统中,需要一个特殊的模拟电路来采样传感器的信号。在 CCD 图像传感器的原始输出信号中,暂态噪声称为复位噪声或 kTC 噪声,与 CCD 图像传感器输出放大器的电荷探测节点的复位有关。同时,CCD 的输出信号中包含来自 CCD 图像传感器输出放大器的一个低频噪声(例如 $1/f$ 噪声,参见 3.3.3 节)。为了抑制复位噪声和 $1/f$ 噪声,通常使用相关双采样(CDS)电路。如图 9.7 所示,相关双采样电路会进行两次采样:一次在 R_LAT 采样点上,另一次在 D_LAT 采样点上。因为两次采样上的复位噪声是相同的,将两个采样数据相减就可以有效抑制复位噪声,两个采样信号的差值代表没有复位噪

声和低频噪声的信号。复位噪声和 CDS 电路的细节分别在 3.3.3 节、4.1.5 节和 5.2.1.4
节中给出。

9.3.2　光学黑电平钳位

如 3.5.3 节中所述,对于使用图像传感器光学黑(OB)像素产生的信号,AFE 会产生复
制图像的参考黑电平。图 9.8 中给出了黑电平调整电路和 CDS 电路的一个示例。从 OB
像素中生成的信号包含储存在电容里的与温度相关的暗电流,它将从由光敏像素中产生的
一个信号中被除去。

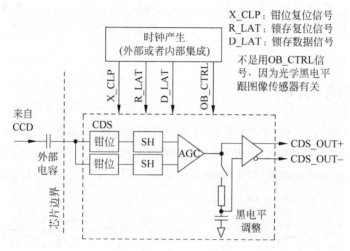

图 9.8　黑电平调整电路和 CDS 电路的结构图

9.3.3　模数转换(ADC)

ADC 到底需要多少位数?大多数普通相机使用 10 或 12 位的像素分辨率,专业级相机
使用 12 或 14 位的像素分辨率。为了实现卤化银胶片的图像质量,至少需要 14 或 16 位的
像素分辨率。在近年来的 DSC 系统中,会在 DBE 中应用数字化的伽马校正(参见 8.1.4
节)。在大多数情况下,图像低亮度区域的数字增益比高亮度区域的数字增益大 10 倍以上。
对于如此高的增益,如果 ADC 的分辨率不够,伽马校正后会出现可见的轮廓线和颜色失真
的现象。

这是由于量化噪声(误差)引起的。量化误差是在模数转换过程中,由于一定范围内的
模拟输出会转换为相同的离散数字输出所引起的。这种不确定性或者说误差必然会产生一
个噪声:

$$< v_n > = \frac{V_{LSB}}{\sqrt{12}} \tag{9.1}$$

其中 V_{LSB} 是与最低有效位相关的电压值。很明显,这个误差随着分辨率的增加而减小。位
分辨率和 ADC 的设计必须小心地进行以避免产生不期望的数字图像伪影。

ADC 转化率需要多快?对于低分辨率的图像,转化率约为 20Mpixels/秒。拥有视频记
录和连续拍摄功能的现代高分辨率相机,就需要高于 50Mpixels/秒的转换率。高清电视则
需要超过 75Mpixels/秒的转化率。为了实现这样一个高性能的系统,往往使用并行处理而

不是采用更高的时钟频率。谨慎处理图像重构过程中出现的种种相关问题（例如边界连接误差和信道到信道的失调）也是很重要的。设计选择是要在慢速、多通道处理设计和高速、单通道设计之间权衡。

非线性。在成像应用中，要特别注意保持图像数据动态范围内信号的单调性。微分非线性是转换结果单调性的评估指标（需要在±1/2LSB 内，从而保证没有失码）。积分非线性（INL）也应该被妥善处理，因为 INL 曲线的平滑度对于获得一个良好单调性的信号是十分重要的（INL 要在±1LSB 内，从而避免对伽马补偿的影响）。

9.3.4 AFE 器件实例

NuCORE NDX-1260 AFE 器件被用于高端静态的业余以及专业的视频相机系统中。图 9.9 所示为 AFE 的结构框图。AFE 的设计要使得色彩噪声和伪像达到最小，这样就能使数码相机呈现出目标物体最真实的样子，并且，它达到了业界最高的吞吐率，即 50Mpixels/秒。CDS 电路使用了能够保证电源抑制的差分放大电路设计，它可以将 CCD 图像传感器固有的单端输入转换为差分输出信号，以此提高 AFE 中下游模块的信号处理性能。在一个精密 ADC 之前的可编程增益放大器（PGA）会接收差分输出，并将其在 8 位可编程序的控制下，以 0.125dB 为最小分辨率放大 0～32dB。

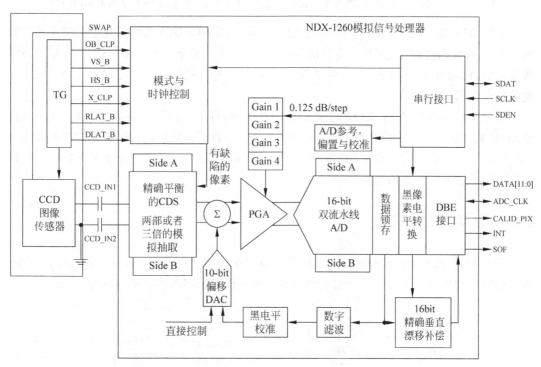

图 9.9 NXD-1260 模拟前端的结构图

PGA 有四种不同的增益设置以适应每种颜色，而且这些增益可以根据像素的工作速度进行转换。这种像素间的增益设置在预量化阶段，会在模拟域内执行白平衡处理。因此，在 ADC 中处理的每种颜色像素（RGB 或 CYMG）可能拥有相同的量化步长（误差），从而避免由于在 DBE/ASIC/DSP 数字调整电路中执行白平衡可能产生的颜色噪声（假颜色噪声）。

　　图 9.10 显示了一个假色产生的示例。两张照片是通过相同的 CCD 器件得到的。上面的图像由 NDX-1260 器件再现,下面的图像是由没有采用对不同颜色通道进行不同模拟增益设置的 AFE 设备获取的。可以很容易看到由不同颜色通道有着不同模拟增益设置机制所带来的改进:在图 9.10 的图中可以看到大量的错误颜色的现象,而在图 9.10 上图中就看不到。

图 9.10　(本图参见彩页)图像再生对比:上图用 NDX-1260 获得,下图通过其他 AFE 获得

　　其中 ADC 是一个 16 位、高速、双流水线 ADC。2V 的宽输入范围实现了信噪比的最大化。16 位的数据会在到达 DBE 接口前被截短为 12 位。如果 ASIC 和 DSP 不需要很高的数据位数,例如对于 8、10 和 12 位的图像处理应用,芯片会提供一个可编程的 8、10 和 12 位宽的输出数据总线。

　　黑电平校准会在 PGA 阶段前于模拟域内执行,每种颜色信号都将通过一个 10 位的补偿 DAC 并向其反馈一个数字校准值。一个 16 位的垂直漂移补偿模块被用来抑制失调偏压(参见 8.1.1.1 节)。在 Opris[3] 以及 Opris and Watanabe[4] 的论文中介绍了 NDX-1260 和 NC-1250 之前使用的 AFE 的情况。

9.4　数字后端(DBE)

　　图 9.11 显示了静态和视频应用中图像处理引擎组件的一个例子。这个设计中包括中、高端的静态相机和摄像机。每个组成部分的图像处理算法都在第 8 章中进行了描述。

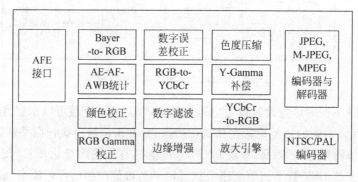

图 9.11　图像处理引擎组件

9.4.1　特征

表 9.2 总结了基于硬连接 ASIC 的图像处理引擎——NuCORE's DBE(SiP-1280)的具体特征。这个芯片的设计理念是使用高精度、非折中的成像算法。这个算法被嵌入到一个灵活的硬连接成像流水线系统中来传递每秒 81Mpixels 的数据流。对于终端用户来说,这种架构具有超高分辨率连拍、HDTV 视频摄录和回放功能的能力。

表 9.2　NuCORE DBE 的特征

特　　征	描　　述
输入像素数据位宽	14b
最大像素	24Mpixels
快速捕捉速度	3.3fps@6-Mpixel 分辨率
视频帧速	动态的 JPEG 和 MPEG2:
	1280×960@最高 30fps
	640×480@最高 60fps
JPEG 格式	Exif 2.2
数字放大	0.5~256 倍
屏幕显示(OSD)	全部或者部分位图
视频编码	NTSC/PAL
AF	15 个区域的统计数据
自动曝光(AE)	四通道曝光表
	最多 1000 个可编程点
自动白平衡(AWB)	软件控制
存储设备接口	CF/ATA,SDIO,USB
CPU	嵌入式的 ARM 922T 32b,200MHz
功耗	400mW(不包括 DAC 的)
上电速度	100ms(仅 DBE)
色效应	黑、白、棕褐色,负片
数字视频接口	8 位的 IR-R656 接口和 16 位的 IR-601 接口

9.4.2　系统组成

图 9.12 显示了一个系统设计的例子。除了生成图像外,DBE 还将对外设器件进行控制并与之进行数据通信。

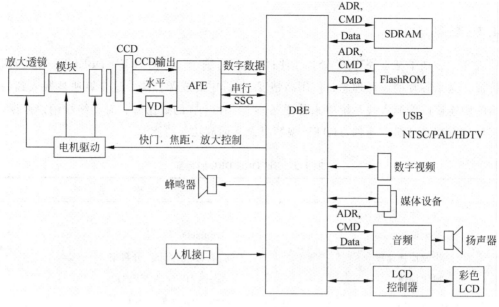

图 9.12   系统结构图

9.5   未来的设计方向

9.5.1   数码相机的发展趋势

近年来,从传统的卤化银胶片到电子系统,数码相机的发展呈现加速的趋势。在过去一个世纪,影视技术变得更加成熟了,但是半导体技术可以为图像质量的发展提供更广阔的空间并使之发展得更为迅速,当然这要排除一些高级应用下的特殊情况。这是因为半导体技术的更新能力远远超过卤化银胶片的发展,如图 9.13 所示。在相同镜头和机械控制系统下,现在数字技术捕获的图像质量与传统相机已具有可比性。

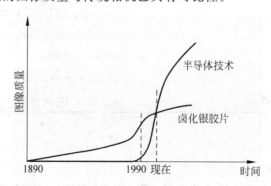

图 9.13   传统相机与数字相机的发展趋势

数码相机的一个主要优势是它可以快速获得照片,并将照片通过 E-mail 发送给别人。它易于在个人计算机的成像应用程序上进行操作处理,并可以通过网络发送到数码冲洗店进行制作。如图 9.14 所示,这是相机可用性的深刻变革和扩展。

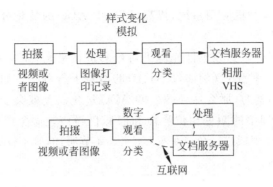

图 9.14 相机样式变化

带有照相功能的手机就是证明相机可与互联网随时连接的一个很好的例子。与传统的相机业务相比,手机的商业模式是非常不同而且开放的。然而,随着技术的不断发展,纯DSC 系统和手机数码相机的发展需求将更加相似,因为硅技术的发展进步会带来更高的画面质量。

另一个重要的发展趋势就是高清晰度(HD)图像捕捉。一段时间后,传统的电视广播技术将逐步转化为高清电视技术。每帧大于 2Mpixels 分辨率的 HDTV 广播技术将会很常见。

这些技术已经推进了更高分辨率的逐行扫描计算机显示器和游戏机的革新:

- 更高的分辨率:VGA→SVGA→SXGA;
- 更高的帧频:30p→60p→120p(p 表示逐行扫描)。

摄像机技术未来将能够提供如同电影院般优质的画面质量,每一帧图像将达到静态拍摄下的效果。基于前面的讨论,未来数码相机的挑战在于实现比用卤化银胶片更好的成像质量并实现高清晰度的电影,如图 9.13 所示。

9.5.2 模拟前端

为了实现比传统胶片更高的成像质量,就必须开发更加高性能的 AFE。不同于卤化银胶片中的损失,因为数字量化的一些固有性质,图像失真也将加入图像处理引擎中。

在最近的 DSC 系统中,图像传感器的输出信号会线性地被一个高分辨率的 ADC 数字化。在这种情况下,传感器的固有噪声电平就是 ADC 的 1LSB。例如,如果传感器的动态范围(传感器的线性饱和值比上固有噪声)是 60dB,用具有 10 位分辨率的 ADC 就已经足够了。然而,从改进系统性能的角度来说,实现更低的量化步长比提升传感器的动态范围更有可能。

在 ADC 的下游,即 DBE 的下一级,会在数字域内执行伽马校准(一种对数曲线,参见8.1.4 节)。在这一步中,暗图像中的 ADC 量化误差会被放大并变得可见从而产生伪像。这些误差包括颜色相位噪声和伪轮廓线等。

在拜耳到 RGB 的图像重构引擎内会进行数字计算,如果量化步长太长,这个数字处理阶段会产生颜色相位噪声(集群颜色噪声)。然而,如果量化分辨率足够高,这个处理阶段会对原始像素数据中的随机噪声分量进行平均化。这是因为人类的眼睛是在集群的基础上观察图像的(仅当图像的噪声很严重时人才会察觉出来),而不是基于逐个的像素。同时式(9.1)所给出的量化噪声会随着量化分辨率的提高而减小,一幅图像中暗区域的细节也将变得可以辨认。因此,对于所有相机应用系统,提高 AFE 中 ADC 的量化分辨率有助于增加整个系统的信噪比和动态范围。

每一个相机系统都要做到在不同光源下对色彩进行平衡,如荧光、钨光或太阳等。因此,有必要根据光源对每种颜色(例如,R、G、B)的增益进行调整。如果每种颜色的增益设定是在数字域中进行调整的,那么每种颜色的 ADC 量化误差就会变的不同。这将导致数字的伪影,例如图像处理中的颜色相位噪声和假彩色噪声。避免此类伪影的方法是增加 ADC 的量化步长并在模拟域进行色彩平衡,如 9.3.4 节所述,NuCORE's NDX1260 就是解决这些问题的一个实例。

9.5.3 数字后端

成像技术的发展是开放的。数字技术未来的发展将集中在两个主要的区域。第一个问题是整合数字静态摄影和数字摄像功能到一个相机中,称为混合功能相机,并保证捕获的每帧画面都具有打印级的图像质量。为了实现这个混合功能相机,就需要拥有支持从 VGA 到 HDTV 格式的摄像功能、2～6M 像素、高密度高速的半导体存储器件以及一个高性能的 DBE 的图像传感器。更多的量化步长和更大数据处理吞吐量的 DBE 有助于产生横向更宽的图像。数字影院(电子影院)相机将朝这个方向发展。

第二个问题就是实现先进的图像处理技术,如改进数码相机 AF/AE 性能的实时图像识别技术;先进的数据压缩技术,它需要一种目标自适应压缩算法;一种图像发掘算法,以更快和更友好的方式在存储器件中找到图像。

提高半导体技术的性能将有助于继续减少其他照相机组件的成本,这类似于现代的卤化银胶片(尽管有其局限性)使傻瓜胶片相机变得便宜。由于图像传感器和成像处理引擎技术的进步,数码相机的性能最终将超过大多数胶片相机系统。

参 考 文 献

[1] B. Razavi, *Data Conversion System Design*, chapter 6, IEEE Press, Piscataway, NJ, 1995.

[2] http://www.nucoretech.com.

[3] I. Opris, J. Kleks, Y. Noguchi, J. Castillo, S. Siou, M. Bhavana, Y. Nakasone, S. Kokudo, and S. Watanabe, A 12-bit 50-Mpixel/s analog front end processor for digitalimaging systems, presented at Hot Chips 12, August 2000.

[4] I. E. Opris and S. Watanabe, A fast analog front end processor for digital imaging system, *IEEE Micro*, 21(2), 48-55, March/April 2001.

第 10 章　图像质量评价

10.1　什么是图像质量

毫无疑问,图像质量的好坏是那些致力于图像研究的技术人员们最为关心的问题,具有很差质量的图像设备(系统)是不能满足要求的。但是,什么是图像质量?简而言之,图像设备的目的是"把目标信息通过图像再现呈现给观看者",所以,图像质量就是对观看者满意度的估计。

然而,很难给图像质量设立一个评价标准。由于图像是基于人类视觉经验的一种信息媒介,因此,对图像质量的整体评估是基于对图像的预期效果(包括心理因素)实现的满意度来决定的。例如,由战地摄影师拍摄的照片通常只有很低的图像质量,因为它们是在很恶劣的环境下拍摄的。但是,这些图片从来不会因为它们较差的图像质量而缺少人们的赞美,这些图片反而会增强目标的现实感。

当然,图像质量存在一个必要级别,即便是所谓的"低质量"图像。如果一个图片的质量低到无法辨别的程度,那么它的存在是毫无意义的。换而言之,对图像质量的最低要求是图像转换以后可以不影响识别。所以,"图像质量"是一种表达对图像信息转换满意程度的措辞,其一般意义指可以满足对一般物体的拍照需求而不是只能用于特定情况的拍照见图 10.1。

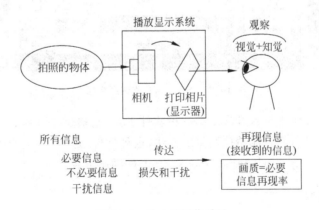

图 10.1　什么是图像质量

接下来要介绍的图像评价的各种指标是针对图像质量的各个特定方面,随着这些特性的不断完善,图像质量将会不断地提高。但是,通过观察可以发现这些指标都是相互关联的,并且有时要在它们之间做一些必要的折中。

10.2　参数指标

10.2.1　分辨率

在实际的表达中,图像分辨率体现了给定的图像转换系统对图像细节的描述程度,要把它与整个图像的锐化程度或者图像质量的整体评估正确地区分。分辨率是决定输出信号能否在给定的图像尺寸下包含足够细节信息的唯一参数,它和图像是否锐化或者是否会受到干扰的影响没有什么关系(如色彩摩尔纹)。

分辨率经常用一维或者线分辨率来表示,因为这样方便测量并符合理论。用待测相机拍摄一个被称为"wedge"的测试模板,该模板被黑白线间隔覆盖,且线间距离逐渐放大。待测相机将其视为一帧电影、一张打印照片或是一幅在电子显示器上重构的图像进行视觉观察,然后以恰当的分辨率决定点数,使得黑线和白线有一定的距离。换言之,分辨率是目标图像系统所能传输的最高空间频率。

图 10.2 为国际标准 ISO 12233 定义的测试图。正如这个标准中描述的,它专门用于数码相机,并且有双曲型分辨率楔型条纹用于优化视觉分辨率的测量。

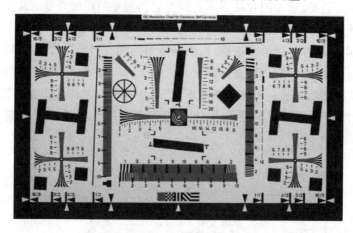

图 10.2　ISO 12233 测试图标照片

这一章节中还介绍了作者开发出的一种软件工具,它提供了一种针对 ISO 12233 的视觉分辨测试的简单易行并且能精确测量的方法,这种软件工具可以免费从 CIPA(相机影像协会: http://www.cipa.jp/english/index.html)的网站下载。

10.2.2　频率响应

与分辨率类似,频率响应是一种与空间输出响应相关的参数,但是它涵盖所有频段的响应(这是与分辨率相反的,分辨率是在限定的传输频率下处理的)。它经常由输出信号的响应幅度(归一化的最低频率)与频率绘制成的曲线来表示,测试系统的输入采用频率扫描方法。之前提到的 ISO 12233 标准有一种频率扫描模式,可以用来测量极限分辨率,它也可以用于测量频率响应。此外,ISO 12233 中描述的第 3 种方法,即 SFR(空间频率响应),正如它的名字描述的那样,仅仅是一种测量频率响应的方法。

频率响应相当于光学系统中的 MTF(调制传输函数)。从响应曲线中可以读出各种与图像质量相关的信息。例如,在每个频率下的一个更高的输出级别都会给出更高的锐化度。分辨率的值相当于响应曲线的最高频率。因此,即使这些系统有着几乎相同的分辨率,在中频范围内具有更高响应的系统有更高的锐化度。例如,由图 10.3 可以看出,虽然左图和右图有几乎相同的视觉分辨率,但是左图明显比右图具有更高的锐化度。

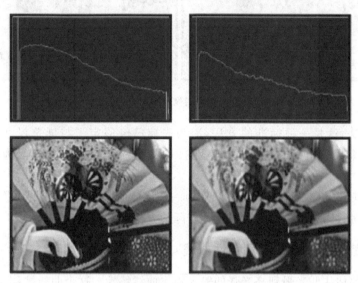

图 10.3　(本图参见彩页)不同的频率响应

但是,频率曲线绝不仅仅体现了图像的锐化度和分辨率,所以一般情况下很难判定一条曲线的好坏。现在还没有一种针对于整个响应曲线的判定标准,所以对于频率响应的评估或使用可能是主观的。

10.2.3　噪声

广义上讲,任何信号成分混入输出所引起的实际输出与期望输出之间存在差异称为"噪声"。这个词来源于音频技术,有时称为"失真",它产生于观察到图片发生几何形状的变化或者视频信号的波形变化。从这个观点来看,一切造成图像恶化的因素都可以称为噪声。在通常情况下,人们经常用一种相对狭义的定义,即在输入是平稳的信号时,将波动的信号叠加在输出信号上并称之为噪声。最主要的噪声是在图像系统的光电转换过程(如散粒噪声、暗电流等)和信号处理过程中产生的,其中包括电路的干扰(如放大器噪声、电源开关噪声等)。

当然,噪声越少越好。但是有的时候,噪声效应,例如模拟的卤化银胶片颗粒,可以在图片中产生逼真的效果。然而,人们更希望使相机包含更少的噪声并允许在图像处理过程中能加入这些效果。图 10.4 展示了一个例子,它显示了同一个相机在普通增益和最高增益的情况下拍出的普通图像和噪声图像的不同。

为了定量评估噪声,用图像信号的偏差分布作为评价噪声的一个指标,采用对均匀白图进行拍摄作为预先设定的参考信号的值(成像透镜没有对其聚焦时的信号)。当参考值是零时,即图像系统完全被遮光,噪声被称为"暗噪声"。标准偏差或者最大偏差(峰峰值的差)通常用来指示噪声的强度。在标准电视信号的情况下,经常采用对光照敏感度空间频率分布

图 10.4　（本图参见彩页）正常图像（左边）和有噪声图像（右边）图像

的加权评估方法，这是一种标准的方法，因为先前已经假定了与屏幕尺寸相关的标准观察距离。在一个数码相机的情况下，加权这一方法并不经常被应用，因为经常会采用部分放大。

信噪比，即噪声和参考信号的比值。作为一个评估值，通常使用它的对数值。ISO 15739 定义了一个针对数码相机的噪声测量更为实际的方法。

10.2.4　灰度（色调曲线，伽马特性曲线）

用灰度来评估从低光强到高光强的输入输出曲线特性。这个曲线被称为灰度曲线或者色调曲线。数码相机有一个从输入目标光照度到输出数字信号的色调曲线，而那些输出设备有打印机、CRT 显示器、LCD 或幻灯机；每一个都有一个从输入信号到输出光照度的色调曲线。所以，很显然，总体灰度是由源于相机和输出设备曲线的整体色调曲线所描述的。

这些图像设备中的一部分色调曲线有时是近似以指数方式增长的，详情参见公式：

$$y = k \times x^{\gamma}$$

其中 x 是输入，y 是输出，k 是线性常数，γ（gamma）是指数系数。所以，色度曲线有时候也被称为"伽马特性曲线"。

图 10.5 显示了一个通过调整色调曲线来进行图像增强的例子。附加在每一幅图片后面的色调曲线显示了其参照于左面图像的灰度特性（注意这个曲线和另外的一个是相关联的；所以，左侧的线性色调曲线并不代表输入目标的光照度是线性的）。图片的质量随着色调曲线的变化有着很明显的变化。在这种情况下，这个图片会变得很亮（如对比度的增强），虽然很难去比较它们的优越性。

能给整体灰度当作参考的典型参数称为线性参数。如果输出结果显示的强度和原始目标的光照度成比例，就可以说这是一个理想的图像再现过程。但是，如果需要完美的线性度作为一个整体的灰度参数，这个再现范围就是不够的，因为和目标光照度范围的宽度相比，显示结果的动态范围是相当受限的。所以，灰度参数在一个实际的图像系统（包括采用卤化银胶片的系统）中适当地受到控制，至少在高光照度和低光照度的部分压缩是很正常的。

此外，在相机的记录阶段（换言之，相机和输出器件的信号接口）也会发生这种对动态范围的限制。因此，为了有效地利用记录系统的动态范围，设计了针对于 $\gamma = 0.45$ 灰度压缩的

图 10.5　(本图参见彩页)原始图(左边)和色调加强图(右边)

标准视频信号,并且显示系统中进行 $\gamma=2.2$ 的相应恢复(在最早的电视系统中,对该问题的原始研究动机是节省硬件消耗,其中 γ 值被假定为 2.2 是根据 CRT 的特性得来的,同时为了保证整体的线性度,0.45 是从 1/2.2 得来的)。甚至当整体的输入输出特性是线性的时候,这个系统也包含一个针对于这种灰度压缩后扩展再现的操作机制。

　　对数码相机中灰度参数的评估,需要考虑下面两点。首先,也是最基本的,就是考虑一个输入信号是否能够被处理成标准视频信号的伽马曲线;其次,就是在选好显示设备后(如打印机或者视频播放设备等),考虑整体的色调再现是否是适当的。换言之,就是相机的色调曲线经由基本的标准伽马曲线怎样转换,才能再现最佳的视觉图像。对于通常情况下什么形状的曲线是最佳的这一问题,目前还没有确切的答案;但是,输出信号视觉再现是相机设计中最重要的参数之一。

　　如图 10.6(a)所示,经常用一个叫做"灰度级"的图来测量色度曲线。这个图具有固定反射系数(透光率)的无色贴片。图 10.6(b)显示了这个图拍摄的一个照片,测量每个小片的输出值,并且通过绘制相应的光照度值给出了色调曲线。另外,ISO 14524 利用一个改进的图定义出了测量色调曲线的测量方法,称为 OECF(光电转换函数),这种方法避免了图 10.6(b)中的镜头阴影干扰的问题。

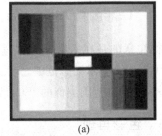

(a)

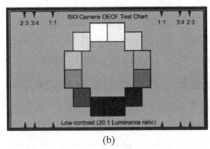

(b)

图 10.6　测量灰度的图标

(a) 普通灰度级图标;(b) ISO 14524 OECF 图标

10.2.5　动态范围

动态范围（D-范围），是检测信号中最大值和最小值的比，即最大的光照度和最小的光照度的比值。它常常是以对数形式表示出来的（以分贝或者曝光值为单位），在数码相机的应用中还要特别考虑输入动态范围（待检测的光照度范围的宽度）。

这里考虑将处理信号的范围分为两部分：高于或者低于一个任意边界的参考信号值（通常选用白电平做参考）。这个边界（高光照度）以上的信号范围取决于信号电平的最大值（饱和度），反之则取决于噪声（信噪比）。动态范围是这两个范围的对数和。

输入饱和度指的是在输出信号值达到最大或者停止变化的点（饱和点）的目标光照度，也可以理解为是灰度曲线变平之上的点。因此，边界以上的范围可以由下面的方法给出，即计算输入饱和值和对应于参考信号值的目标光照度的比值。

图 10.7 所示为不同动态范围的效果图。右边是用较低动态范围的相机照出的图片，可以看出明显具有较低的质量。这个图片中每一个致使图像质量恶化的效应都将在后面（10.3.1.6 节）的表格中提到。

图 10.7　（本图参见彩页）有足够动态范围（左图），动态范围不足（右图）

值得注意的是在摄影领域，"宽容度（latitude）"这个词表示对曝光误差的允许程度，它有时也可以用来表示动态范围。动态范围的量化方法在 IEC 61146—1 和 ISO 14524 中都有介绍。另外，与动态范围类似的 ISO 感光度宽容度（speed latitude）在 ISO 12232 中也有介绍。

10.2.6　色彩再现

无须赘述，目标物体的色彩是否能真实地再现和恰当地传达给观察者体现了色彩再现的质量。可以用类似于图 10.8 中的色彩表格定量地评估色彩再现的质量，它是由颜色块构成的。一个比色图表的照片由测试相机拍摄，这个图片可以经适当的公式转换后给出相应的色度值。在它的帮助下，我们可以得出每种颜色由相机产生的色度和它预期色度差值。为了评估整体色彩再现的结果，需要一个显示设备或者打印出的图像，然后测量输出设备中显示的输出光照的色度，并和预期的值进行比较。

影响人类感知色彩的因素有很多，例如，亮度大小的影响，对色彩的记忆，背景色的影响，在反射和传输中给人感觉的不同，还有系统有限的动态范围的影响。此外，虽然目前的色彩学和色度学是基于三刺激值的等色理论（三色分立理论）建立起来的，但是实际上人类

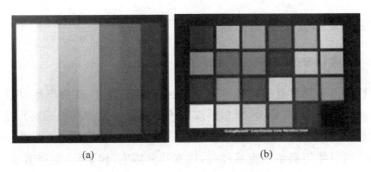

图 10.8　测量色彩再现的侧视图

(a) 彩条图；(b) Macbeth's color chart

颜色视觉与光谱有关，很难直接用三色表示。

　　出于这个原因，图像色度和预期值之间微小的偏差不能简单地表示真实的色彩重现。因此，通常观察比色图或实际物体作为最终的评估。所以在现有的技术下，色彩再现的选择，即什么样的色彩呈现在输出设备上，是依赖于设计者或者评估者的主观敏感度的。

　　然而，色彩再现中的数值计算对于一个图像系统或者数码相机依然是非常有用的。图像的许多重要性能参数可以在色度上进行量化评估，例如，色彩的饱和度，色彩再现的范围，能精确地分辨色彩差别的能力，色彩再现的稳定度，相机本身色散特性的差别等。最重要是，记录量化再现系统的色彩参数可以正确地再现由设计者选择的颜色。在色彩评估之前，应该有清晰但有限度的目标，应该理解测量方法和它们含义的局限。

10.2.7　均匀性（不均匀性，阴影）

　　均匀性不是一个内在的评估项。它描述的是图像的各种参数在一定的范围内是怎样变化的。恰当地说，"均匀性"可以应用于任何特性，例如分辨率，它可以在整个图像范围中变化，其中，经常考虑的内容是光照度的均匀性和色彩的均匀性。另外，它的反面也经常被考虑到，被称为"不均匀性"。在考虑光照的不均匀性时，有时使用"遮蔽度"来进行描述。

　　当光照均匀时，记录的图像是扁平的，记录值或者输出值在整个图像范围内都不会有多大的变化。但是，实际相机的各种因素会扰乱光照度或者色彩输出的均匀性，例如，镜头的外围光照强度和传感器光照响应的不规则性。通常情况下，不均匀性是对均匀照明的白色图片全图进行拍照时，测量记录信号光照水平的峰峰值范围（实际上，对于反射表面来说，保持光照的平坦性很困难，所以经常要用到能相对容易地控制光照不均匀性的透明表图）。

　　对于色彩不均匀性来说，一个简单的方法就是估量贯穿整个屏幕中两个不同颜色信号的峰峰值。另一个更为精确的方法是利用色彩差异的最大值，即在色环上像素数据分布的最大距离。其他的图像参数也呈现出不均匀性。但是，有的测量参数有其重要的意义，所以它们常不被当作评估目标，例如，图像中间的分辨率与边缘上的不同而且是较大。

10.3　详细的条目或者因素

　　接下来将会介绍影响最终图像质量的许多因素和效应，它们之中只有一些具有评估和测量的标准方法。本节选取对数码相机最终的图像产生恶劣影响的因素进行详细的介绍。

10.3.1　与图像传感器相关的问题

10.3.1.1　混叠现象(摩尔效应)

对图片进行离散采样并且采样频率低于目标空间频率时,就会产生混叠现象。可以观察到条状的或者带状的图形(称为"摩尔效应",该词来自于法国纺织面料),这个图形类似于当两个纺织物前后交叠时的情形。这个影响会出现在图像传感器中,并进一步传输到图像处理链中,例如,当只使用简单的重采样时,像素的分辨率(像素数)就降低了。但是,混叠效应在图像传感器的光电转换中有最重要的影响。原因如下:

(1) 拍摄图片后的处理产生的摩尔边缘混叠效应,可以通过恰当的处理来避免。另外,在图像传感器采样中出现的没有办法消除。

(2) 对通常使用的带有色彩滤波器的单色图像传感器,混叠效应经常以颜色摩尔的形式出现,因为色彩采样的频率是低于照度采样频率的,它在图案中产生很明显的影响,所以它是导致图像质量变坏的重要因素。

因此,色彩摩尔效应常常被当作检查图像质量的标准,当目标中有高频分量时这种效应经常会出现,周期性与否并不是十分重要。色彩摩尔效应有时体现为彩色的边界,即一个黑白图案的边缘处出现了错误的彩色。换言之,边界的伪色彩经常被视为色彩摩尔效应。

当对一个高频黑白目标拍摄时,通过检查误差色彩的产生来评估色彩摩尔。最常用的图表是 CZP(圆形波带板)图表,这是一个二维频率扫描。这个图表是设计和估量光学低通滤波器的一个重要的工具,光学低通滤波器是一个通过模糊来减少高频部分达到避免摩尔效应产生的光学器件。这个图表是用来测量 OLPF 陷波频率,在这个频带中混叠效应可以被消除或者被充分地抑制。

图 10.9 显示了测量色彩摩尔的仿真照片。图 10.9(a)是 CZP 模式(只有 CZP 中心的 1/4 存在于左上角);图 10.9(b)是用一个配有不包含 OLPF 的 RGB 彩色滤波阵列的图像传感器照出的,即这个图像是包含了传感器最原始的图像特性,在彩色采样频率点的附近有着很明显的环形彩色图案。图 10.9(c)显示了 OLPF 是怎样通过在采样频率进行捕获来抑制色彩摩尔效应和在边缘频率处减少光学输入图像的幅度的。

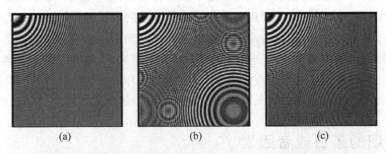

(a)　　　　　　　　　(b)　　　　　　　　　(c)

图 10.9　(本图参见彩页)CZP 图案以及产生摩尔色彩的实例

(a) CZP 图案；(b) 不采用 OLPF 得到的图案；(c) 采用 OLPF 得到的图案

到目前为止,色彩摩尔效应一直存在于包含一个 OLPF 的 DSC 的输出上,还没有方法可以评估色彩摩尔效应对整体图像质量的影响。原因如下:

(1) 如果使用 CZP 图表,可以检测到色彩摩尔效应的出现和它粗略的量化结果。但是,当考虑残余的摩尔效应时,因为采样相位的移动,相机边缘角的变化使得在色彩的变换下测量结果不能保持稳定。

(2) 当对不同的图像系统进行比较时,摩尔颜色和摩尔波纹都是不同的,同时,摩尔效应很容易被颜色内部因素的细小变化所影响,如饱和度、色调等。因此,目前还不清楚如何将彩色摩尔纹各部分对图像质量造成的影响进行比较。

图 10.10 显示了一个实际照片的例子。这个照片的色阶已被增强,从右侧的照片中可以观察到一些色彩摩尔效应。与此相反,左侧的照片就不存在色彩摩尔效应,因为它们拍照时没有对焦,并且它们不包含高频成分。

一个在大多数情况下都可以充分抑制色彩摩尔效应的相机,在一些对特定目标的测试中有可能产生极端明显的色彩摩尔效应。因此,对于一个相机,在利用实验用的 CZP 或者带有边缘模型的照片进行特定的评估级别测试之后,还需要再进行摄影实测。

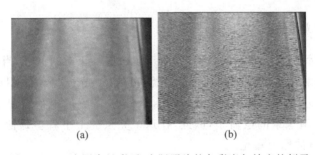

图 10.10　(本图参见彩页)实际照片的色彩摩尔效应的例子

(a) 没有体现出效应(没有对焦);(b) 产生此效应(对焦下)

10.3.1.2　拖尾,图像残留

接下来要介绍的是一个以前的图像在传感器输出端保持不变的现象。当持续时间较短时,这种现象称为拖尾,当持续时间较长或者永久存在时,这种现象称为图像残留。虽然在使用成像管时代这是一个评估图像质量的很重要的因素,但是固态图像传感器通常不会显示出长时间图像残留。然而,当传输效率不够高或者像素的复位电荷不足时,拖尾有时会在固态传感器中发生。测量方法类似于 6.3.8 节中描述的方法,用 DSC 测试系统取代评估板来测试图像传感器。

10.3.1.3　暗电流

图像传感器是一种半导体器件,所以当它没有受到光照时,也会因为热效应造成泄漏电荷,称为暗电流。通过减去黑像素(不受光照产生的像素)的输出值可以对空间均匀的暗电流进行消除。但是,不同像素中的暗电流是不同的,并且会给图像引入噪声,而且电荷转移隧道中的电荷累积部分也会产生暗电流。当在像素电荷转移隧道中的电荷转移的必要时间不恒定时,如电荷转移被暂停或者电荷被强制停滞时,暗电流就可能成为一个噪声源。

噪声级别是和下面两个因素成比例的:①像素中产生噪声的累积时间;②转移隧道中

产生噪声的等待时间。因此,对于一个包含暗输入与累积时间和等待时间的静态照片来说,这可以作为评估噪声的级别,在实际应用中也是这样。暗电流强烈依赖于温度,所以这方面的相关性也要考虑在内。

10.3.1.4　像素缺陷

由于在制造过程中一些杂质的引入或者在图像传感器制成后受到宇宙辐射的影响,一些像素具有诸如过大的暗电流,读出信号的问题或者过低的像素敏感度等缺陷。这些像素输出固定的白色或黑色信号称它们为"像素缺陷"。

像素缺陷经常被相邻的像素数据所取代来避免它出现在相机的输出中。但是,即使是被矫正过的图像也有可能因过多的缺陷而影响图像的质量,并且过多的缺陷还会使得相机很难进行矫正。因此,在将图像传感器装到 DSC 中必须进行像素缺陷的评估。6.3.9 节描述了评估像素缺陷的方法。传感器的可接受度是由缺陷的数量和分布情况来决定的(连续性的缺陷尤其影响矫正过程)。从制造商购买传感器时,一般要求将图像传感器像素缺陷率控制在验收标准之下。

10.3.1.5　高光溢出/漏光

由于强光入射到图像传感器的表面,常会产生一些不正常的信号,当一个像素的电荷处于饱和状态或者泄漏到相邻像素中,称为高光溢出(blooming)。在 CCD 型图像传感器中,当长波光照射到硅基上并穿透时,称为漏光(smear)。产生的电荷会泄漏到转移沟道中并且会添加到转移沟道像素的电荷中,因此,在这个亮点的上下就会延伸出竖直方向上的长条,这样的白色长条被称为漏光。

严格地说,饱和像素中过量的电荷通常是在同一时刻泄漏到转移隧道中的,所以白色长条也包含溢出的部分。另一方面来说,当整个图像表面均匀地暴露在高光照度下并且应用高速电子快门时,漏光现象几乎会均匀地出现在整个图像中并且有时还会引起类似镜头光斑的效应(雾化的图像)。

图 10.11 显示了由不带机械快门的相机拍摄出的漏光图像的例子。图像的左半部分显示了由打火机火焰延伸出的轻微的漏光条纹,右半部分是一个太阳亮点,显示了从太阳光点延伸出的漏光条纹。在每一个看似含有高光溢出的图像中,它们明亮的区域都是围绕一个光点扩散出来的。

图 10.11　(本图参见彩页)漏光的例子

4.2.4.2 节详细地介绍了 CCD 型图像传感器中关于高光溢出和漏光效应的机制，6.3.6 节介绍了对应的评估方法。在使用 DSC 时，用机械快门和图像传感器来获取静态图像的专门方法可以抑制这两个效应，但并不能完全消除。因此，应当使用适用于静态图像获取的评估方法。

10.3.1.6　白电平限幅/缺色/单调黑色

白电平限幅、缺色和单调黑色区域常被观察到，部分是因为图像传感器没有足够的动态范围，部分是因为图像传感器的操作点并不能被很好地控制住。

当一个图像传感器记录一个拥有比传感器饱和值更高光照度的明亮区域时，白电平限幅就会出现。由于具有饱和值的信号，饱和区域将会被记下，这会导致出现一个完全单调的白色区域。当图像传感器饱和区的输出色彩信号只有一种或者两种色彩通道时，缺色现象（使用彩色相机）就会出现，这将导致目标区域对应部分的色彩平衡度严重恶化，这种效应会严重影响图像质量，所以常常会采用抑制或者去除色彩信号的方法来减小上述效应带来的影响。虽然结果图像仍旧有色调体现光照信号，但是它还是有一些缺色的区域，这将会导致目标的一些最高光照度的部分成为一个单色调的图片。

单调黑色现象和单调白色现象是十分类似的，虽然单调黑色部分不会经常完全地丢失灰度信息，但是它会丢失由于传感器动态范围限制的细节。如果灰度信息太少，在重现图像时会导致其灰度值太低而在视觉上无法辨别，那么这个区域就会被视为单调黑色区域。因此，这种效应和图片播放系统的灰度特性有很大关系，而且它在易受到周围光照系统影响的有源显示系统（CRT，透明型的 LCD 等）出现的概率大于无源显示系统（硬拷贝，反射型的 LCD 等）的。

因此，导致黑色单调效应的首要原因是图像传感器和图片播放系统灰度信息的缺失。但在实际相机中，当图像的噪声因素不是特别多时，灰度参数可以被任意设定，当然这考虑了在暗色区域用不同色调再现图片时灰度参数重要性。当图像的噪声因素特别多时，在强调了暗区灰度参数的同时也强调了噪声，这会导致图像质量的恶化，因此在图像色调和噪声之间必须进行必要的折中。

一般根据相机和色调曲线产生的实际图像来评估这些效应。图 10.7 右边的图片显示了动态范围不足对图像造成的影响，白电平限幅和单调黑色效应都可以从中观察到。这些效应其他的一些例子在图 10.12 中展示。即使当一个相机拥有较好的动态范围时，由于目标的动态范围和曝光度的影响同样可以观察到这些效应。图 10.12(a)展示了白电平限幅，

图 10.12　（本图参见彩页）例图

(a) 白电平限幅；(b) 宽动态范围；(c) 单调黑色

图 10.12(c)展示单调黑色效应,图 10.12(b)是由一个有超宽动态范围的照相机拍摄出的图片。

10.3.1.7 空间随机噪声/固定模式噪声

噪声的空间分布是由两方面的因素构成的:随机噪声,这种噪声毫无规律地分布在整个图像中;固定模式噪声,这种噪声有一种确定的模式。像白色条纹噪声和飞入噪声(flying-in noise)这些因有着显著线性模式的图像传感器的驱动信号产生的固定模式噪声,在图像中是格外显眼的,它们在同一个峰值电位下比随机噪声更容易被探测到。尽管过量的随机噪声也会对图像质量造成影响,但是随机噪声和固定模式噪声相比并不突出,并且在一定程度下是可以接受的。图 10.13 展示了这两类噪声的例子。

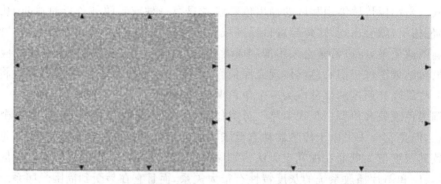

图 10.13 体现空间随机噪声(左图)和固定模式噪声(右图)的例图

粒状噪声的出现方式与卤化银胶片颗粒类似,它可以被称作良性(good)随机噪声,当有适量的粒状噪声出现时图像会变得更加的自然,所以这种噪声是很受欢迎的。现在来考虑恶性随机噪声,这种噪声产生的影响很大。良性随机噪声与恶性随机噪声的区别是与噪声频带和其他一些因素相关的,同时,随机噪声在很大程度上与使用者有关。这样,上述论据变得让人疑惑了,因为评估图像质量是不能和评估者的倾向分开的。

10.3.1.8 热噪声/散粒噪声

放大器的噪声是温度的函数。因此,在图像传感器放大器处理的图像信号中和用于接收传感器输出的预处理电路中加入了噪声。这种噪声就称为热噪声。可以通过降温来减少热噪声,但不能完全去除。

量子物理学中把光(电磁波)和载流子(电子或者空穴)当作量子,同时具有波动性和粒子性。增加像素的数量和减小像素阵列面积的趋势意味着像素尺寸要不断地缩小,并且每个像素的光电转换过程中产生的电子电荷的数量要减小到几千甚至更低,即使是在量子效应不可忽略的饱和值中也是这样,这将导致这些图像传感器的信号大小会以不确定的量子效应的形式进行波动。

这意味着即使目标图像均匀不变时,输出信号也会在时间和空间上进行随机的波动(注意:"均匀不变的输入"的概念是理想假设,因为目标反射的光子数量是会波动的)。闪烁噪声的大小与光子数量的均方根成比例(也就是输出信号的大小),因此,信号和闪烁噪声的比值与信号值的均方根成比例。因为这两种噪声都是最基本的物理效应引起的,它们只能通过理论计算来进行估计(详情见 3.3.3 节)。

10.3.2　和镜头相关的因素

10.3.2.1　光斑图像/重影图像

光斑图像和重影图像是由照射到图像表面的杂散光引起的图像干扰。它们是由每一个镜头表面和透镜镜筒的内部反射现象引起的。光斑指的是图像从整体上看都过于苍白和暗淡,这是由附加在整个图像上以低频部分出现的杂散光引起的。而另一方面,重影是由附加在图像上具有固定模式的杂散光引起的。当杂散光是来自于目标高光照度的部分,或者经过某些内部反射后集中的特定部分时,它会有一个特定的模式,重影图像也可以被解释成一种空间的固定模式噪声。

光斑图像和重影图像都不能以特定的方法来进行评估,因为它们显示的效果与相机、目标和光源的特定布置方式相关。一种评估方法是将一个点光源(如一个微型的灯泡)放置在目标区域以外或以内,监视图像的变化情况。光源放在目标区域以外进行这种测试往往比放在目标区域以内更好(图 10.14(b)描述的是前者;图 10.14(a)描述的是后者),这是因为当干扰的源头是在目标区域以内因而对观察者来说很显眼时,观察者可以很容易地发现并解决它;当干扰的源头是在目标区域以外时,观察者很难发现引起这种问题的原因,所以很难解决它。

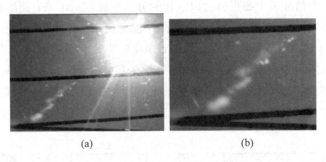

图 10.14　(本图参见彩页)重影图像
(a) 光源在目标区域内；(b) 光源在目标区域外

10.3.2.2　几何失真

在理想情况下,由镜头系统产生的图像将会在所有维度上与目标成比例。但是,实际的图像将会有几何失真的现象出现,这将会改变图像相关的维度。两种最常出现的几何失真类型是桶状失真和枕形失真。在一个固定焦距的镜头中,失真是固定的;但是,在一个可变焦的镜头系统中,失真现象随着焦距的不同呈现出不同的状态。几何失真可以被量化地估量(见 8.3.3 节)。对于普通的照片来说,几何失真越小越好,虽然经过开发后它可能会在艺术照中表现出意想不到的效果。

10.3.2.3　色差

严格来说,来自于目标上一点的光并不集中于图像上的一点,因为镜头针对于不同波长的光有不同的折射率(折射率的色散)。在一个摄像用的镜头系统中,色差现象可以通过使用多个镜头来进行校正。这种方法可以明显降低色差现象,却不能完全消除。

色差现象有两种表现:图像黑色或白色边缘上的彩色(由于颜色的位置迁移)和镜头分辨率的恶化。前者还可能是由混叠(aliasing)(边缘混叠效应)引起的,但是因为混叠和图像传感器的像素模式相关联,所以它在整个图像中几乎是以均匀的形式出现的。从另一方面来说,色差主要引起彩色边缘,被称作"放大率色差"。源于色差的彩色边缘是由于色彩不同图像放大率不同引起的。因此移位现像近似与到中心的距离成比例关系,在镜头的边缘最为明显,这会导致特殊形式的色差出现。因此,由混叠和色差引起的彩色可以由以下几点清晰地区分出来:

(1)如果边缘彩色在镜头中心处出现并且颜色随着白色和黑色边界的位置和方向显著地变化,那么这种边缘彩色就是混叠(边缘混叠效应)引起的。

(2)如果彩色边缘只是在镜头边界处显著,当与镜头中心的角度相近时色彩相似,并且当边界的延长线穿透镜头的中心时边缘彩色不会发生,那么这种边缘彩色就是由色差引起的。

10.3.2.4　景深

一个被记录的图像必然是一幅平面的图像,即激励的大小是在二维的空间上进行分布的。从另一方面来说,所研究的问题是一个目标物体在一个三维空间上的分布情况。因此,拍照系统的功能就是要把实际的三维物体转换为图像上的二维物体。在这个转换过程中,物体上那些与镜头有着精准焦距的点将会以最佳的分辨率被记录下来;而那些不在焦距上的点将会被模糊处理,并且距离越大越模糊。"景深"是保证模糊度处于可以接受范围内的距离。

景深通常可以利用光学参数来进行几何计算,并且对于实际的应用来说计算结果的精确度是足够的。众所周知,当图像传感器中图像帧的尺寸相同时,视场角和光圈值越大,景深将会越深(可以近似地认为,景深与光圈值成正比,与 f^2 成反比,这里 f 是焦距;见2.2.2节)。图10.15展示了景深的变化,视场角(焦距反比)和光圈值(F 值)的影响在图10.15(a)、(b)和(c),(d)中体现。

$$(a) \qquad\qquad\qquad (b)$$

$$(c) \qquad\qquad\qquad (d)$$

图10.15　(本图参见彩页)景深的变化

(a)宽视角(短焦距);(b)窄视角(长焦距);(c)小光圈;(d)大光圈

从另一方面来说,如果视场角和光圈值相同,那么景深和图像传感器帧的尺寸成反比。因此,那些因为图像传感器的需求而使得一帧图像尺寸过小的普通数码相机,景深将比卤化银相机更大。

如果视觉信息再现的精确度体现了图像质量,那么景深越深越好,因为具有更深景深的图像系统能在不影响分辨率的前提下记录物体的图像。但是,在实际的摄像系统中,通过降低对不在焦距范围内的物体的关注度来强调主要目标物体。在这些情况下,景深通过改变焦距或者光圈来对目标物体进行对焦,而目标物体之后或者之前的其他物体就不用对焦了。从这个角度来看,使景深的范围变宽且可调是对数码相机的一个很重要的改进。虽然景深在很大程度上影响着拍摄图像的整体质量,但是由于它几乎完全是由光学参数决定的,所以并不常对它进行测量。

10.3.2.5　透视

透视是与物体景深相关联的一个图像性质。在摄影技术中长焦镜头会抑制透视性,而宽视角镜头会对透视性进行加强,图 10.16 展示了这一性质。

图 10.16　(本图参见彩页)不同视角拍摄出的图片
(a) 窄视角;(b) 宽视角

从本质上来讲,透视体现了物体放大倍数随距离的改变。换言之,当物体的图像放大倍数随着深度方向上距离的不同而显著地变化时,透视性就会被加强,而当放大倍数的变化范围小时,透视性就会被抑制。更详细地说,相片上体现的透视性并不是由目标物体和相机的距离引起的,而是因为在主要物体深度方向上图像放大倍数的相对变化。因为主体距离对主要物体给出了相同的放大倍数(主要物体在相片上的尺寸),所以在考虑放大倍数的变化时参考距离是随着镜头的焦距而变化的。因此,它改变放大倍数变化的比率,与深度方向上的距离成反比,这就是镜头上的透视效应。透视性是由视场角单方面决定的,因此,虽然在判断拍摄图像的整体图像质量时会考虑它,但并不常对它进行测量。

10.3.3　信号处理相关的因素

10.3.3.1　量化噪声

数码相机通过将光照度的值转换成数字值来记录物体光照的亮度。在这个模数转换的过程中,模拟的光照亮度将会被转化成离散的若干比特的数字值,其中模拟的光照亮度可以在模拟输入范围中任意地变化,数字值则由给定阈值电压的若干比特的数字码离散地表示。

这个模数转换的过程不可避免地存在一些比特误差或者量化误差,因为原始的模拟值被转换成了离散的数字值的形式(误差是输入信号和转换后阈值电压的差值)。将这一过程解释为信号的累加,这些差值就被称为量化误差。当系统的精度很高时,量化误差将会影响图像的质量,当精度比较低时,它就可以被忽略。

可交换图像文件(exif)格式采用 8bit 特的非线性量化(标准伽马值:$\gamma=0.45$),其精度足以满足普通需要,它是目前被普遍采用的标准记录文件格式。但是,当使用后处理的方法来校正一个图像曝光不足或者曝光过量的问题时,8bit 往往是不够的。举例来说,当一个图像在$-2\mathrm{EV}\left(\dfrac{1}{4}\right)$的电压下曝光不足时,有效的量化精度只有 6bit。

量化误差的问题在精度位数低时变得很严重。虽然容许误差大小是随着图像的目的变化的,但是通常来说,当曝光度的偏移超过这个范围时,图像质量将会严重恶化以至于完全不能实际使用。图 10.17 显示了按量化比特数得到的量化误差。

(a)　　　　　　　　(b)　　　　　　　　(c)

图 10.17　(本图参见彩页)不同量化精度
(a) 8b/彩色;(b) 4b/彩色;(c) 3b/彩色

还有一个最近常被考虑的问题,当采用低饱和的方式来保证色彩范围的再现时,尤其是在专业的打印设备中,这种问题常会出现。在这种情况下,量化噪声会对图像造成相当大的影响。但是,必须注意的是,8bit 精度目前是十分合适的,因为它是个人计算机中的标准规定,而数码相机中正包含这种结构。在量化噪声成为现在环境中一个问题的情况下,由图像传感器系统引起的图像质量的恶化常常会变得更加的突出,这将导致量化噪声的问题变得无法忽视。正因为伽马校正在多数数码相机中是被数字化地应用的,所以在图像传感器输出中广泛采用线性 10~12bit 的转换以抑制在伽马校正后在 8bit 范围内存在的量化误差问题。

10.3.3.2　压缩噪声

可交换图像文件是数码相机中标准的文件格式,它采用的是 JPEG 压缩,这是一种不可逆(有损)的压缩,即忽略目标物体中的一部分信息来达到一个很高的压缩比。在 JPEG 压缩中提高压缩比增加的噪声称为压缩噪声,因为目标物体中更多的信息将会被丢失并且被压缩的图像文件无法恢复这些信息。压缩率决定了物体包含信息的多少,因此可以依照物体包含信息多少来对文件大小进行优化,从而抑制压缩噪声使其低于接受范围。但是,在实际的数码相机中,如果图像文件的大小发生变化,会在管理系统的操作中引发问题。因此,常常规定文件大小的上限值,当记录一个信息很大的物体时就可以使压缩噪声变得明确。

当对一个 8×8 像素阵列的信号进行 JPEG 处理时,块失真现象就会出现。如图 10.18

所示,在两个块的边界处光照度无法平滑的变化会导致出现明显的边界线。当图像清晰而复杂时,这种马赛克噪点现象会变得格外的明显。蚊式噪声是一种模糊而纤细的噪声形式,它会在图像的边界出现。马赛克噪点和蚊式噪声都是与图像相关的噪声,因此很难进行量化的评估,它们通常会进行基于实际图像的量化评估。

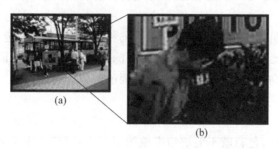

图 10.18　(本图参见彩页)压缩噪声实例(马赛克噪声)

(a)高压缩比图像;(b)其中一部分的放大

10.3.3.3　电源线噪声、时钟噪声

电源线噪声和时钟噪声就是所谓的"飞入噪声"。能量供应和时钟脉冲信号的开关调节器(DC-DC 转换)电路可以在 AD 转换之前通过影响相机的模拟部分对图像传感器进行启动。这些类型的启动电路会在图像中引入亮点或者亮线形式的噪声。估量这种类型噪声的一种方法是在最高的图像敏感度设置下拍摄一个黑色的物体,然后观察图片上噪声并测量它的峰值。这种类型的噪声是由电路产生的,所以这种噪声的具体性质会随着环境温度和相机自身的发热而变化。

10.3.4　系统控制因素

10.3.4.1　对焦误差

即便镜头有着理想的特性,如果对焦不正确,也不能取得理想的图像质量。如果目标物体在焦距之外,图像将会变得模糊,并且模糊的程度会随着与焦点偏移程度的扩大而增大。换言之,在高频的情况下镜头的响应将会变差,这将导致分辨率和锐化度的严重恶化。另一方面,随着分辨率的降低,混叠也会降低。

此前所论述的现象会在记录的图像的主体上出现。但是,当其具有很大的深度时,由于对焦误差的影响,镜头将会无意识地对那些非主要因素进行增强,例如背景,这会降低对主体的关注度。与主体有关对焦误差增加时(当物体在焦距之外很远或者物体具有很大的深度时),根据镜头的特性和物体的模型,伪影或者像被模糊的双线一样的不协调的图像将会被观察到。

10.3.4.2　曝光误差

虽然曝光误差将直接导致图像中信号值的误差,但是如果误差足够小,利用图像后处理的软件和其他的一些方法可以对误差进行校正。如果曝光误差很大,那么由于信号超过了动态范围,丢失的信息变得不可弥补,从而无法获得理想的图像质量。而且,曝光误差将会增加各种噪声,包括量化误差。

因为光学图像的信号值会随着图像用途而变化,所以可以对光学曝光作如下定义,即"曝光根据处理后的图像质量满意度进行调整"。如果图像系统拥有足够的动态范围和曝光范围,那么还有第二种对光学曝光的定义,即"允许最高信号值情况下,图像可以不经后处理直接被使用"。

这两种定义有时是相悖的。对于消费用数码相机而言,第二种定义更为重要,通常优于第一种定义方式。但是,第一种定义应作为首要的定义方式,因为目前许多数码相机并没有足够宽的动态范围在高对比度的环境中获取想要的图像细节。

10.3.4.3　白平衡误差

如果没有了白平衡,色彩就不能被精准地拍摄下来,图像质量也会受到影响。可以用下面的方法来测量白平衡,例如对均匀的白图这类无色差物体进行照相并评价所得图片的色度。如果得到的图像信号不是白色的,这个图像系统的白平衡就存在问题。但是,在实际拍摄图像时,物体往往有很多种色彩模式。虽然在相机使用中的实际场景更具代表性,但是很难对适用于这些测试的模型和光源进行统一的定论,目前还没有在这个意义下的标准评估手段。因此,评估白平衡表现的经典手段是对实际图片的定性评估。

10.3.4.4　照明闪烁的影响

家用电是交流电,这导致照明的光常常会有闪烁。闪烁对白炽灯来说影响不大,因为灯泡的热量累积会对其进行有效的抑制。而对荧光灯这类气体放电灯来说,有很大的闪烁,这会对控制系统和得到的图像造成影响。

在荧光灯中,阴极射线在每半周期交替地由两个电极中的一个发射出来,与交流电的周期同步。阴极射线产生紫外线,继而刺激了荧光材料发出可见光。产生光的时间短于交流电的周期,因此触发了光照的数量和颜色。因此,当使用高速快门以至于曝光时间比较短时,曝光度和色彩会随着汞光灯发射出的光周期的变化而显著改变。虽然这在图像获取时是实际场景的一个精确表现,但是一般用户把它当做一个待解决的问题。

10.3.4.5　闪光灯的影响(光照的不均匀性/白电平限幅/双色照明)

光照的不均匀性多是由闪光灯分布的不均匀性引起的。当使用内置闪光灯(即需要节省有限的电量)时,不可避免地要把周围的光照降低到可接受的限度。如果限度设置不当,可能导致在一堵墙前面拍摄的照片像是在一个隧道中拍摄的。这个现象也和图像系统的动态范围有关,当考虑灰度参数时,这个现象会变得更加明显,因为即便使用相同的光照分布参数,也会导致单调的黑色出现。这意味着光照的不均匀性仅通过对闪光灯光学参数的评估是无法解决的。

当使用闪光灯时,白电平限幅现象会比在户外拍摄时更容易发生,这主要是由物体在深度方向上的分布引起的。因为物体的光照度和距离的平方成反比,所以物体的深度越大,光照的动态范围就越宽。物体中最紧密的元素最有可能在图像中出现白电平限幅的现象。对于短距离摄像来说,这种趋势是十分明显的,因为距离比会变得很大。因为有白电平限幅的数码相机容易拍出不好的图像(数码相机拍出的照片往往没有足够的灰度值和灰度级去完成合并），因此白电平限幅也要考虑在内。

在人工照明下使用闪光灯时，就会出现双色光照现象。如果闪光灯只对物体的一部分进行照射，这一部分的颜色将会被准确地记录下来，但是人工照明部分的白平衡将会丢失，这些部分很可能出现异常的颜色，这就是所谓的双色光照现象。像另外的两个现象一样，它也会出现在卤化银相机的使用过程中。但是，应当注意，对于数码相机来说，这种效应可以被局部图像处理所校正。

10.3.5　其他因素：时间和运动上的注意点

10.3.5.1　适应性

当处理一个物体或者一幅图像时，要考虑人类视觉上的光照适应和色彩适应。当使用数码相机来拍摄静止图像时，这些类型的适应性并没有必要在细节上进行考虑。但是，图像质量的评估者必须在测试开始之前对环境光照进行充分的适应，因为注视一幅图像时间过长将使他们对颜色的对比度反应迟钝，这就是所谓的色彩适应。

10.3.5.2　相机抖动、运动模糊

如果在曝光的过程中物体是运动的，那么得到的图像就会出现"运动模糊"现象。换言之，物体的照片在特定的方向上会显得不是那么清楚。曝光时间越长，运动模糊的现象就会越明显。当相机运动时，"相机抖动"就会出现。和运动模糊不同的是，相机抖动会使得整个图像都变得模糊。

因为运动模糊不是简单地由曝光时间决定的，所以它无法被估量。即使是在相同的曝光时间下，相机抖动的发生率也会因相机物理设计（即握或放的动作）的不同而不同。虽然相机抖动的测试和其他的图像质量测试有不同的含义，但是它有时是可以被测量的。

当相机抖动的物理条件相同时，图像的模糊程度就和图像的放大倍数成正比。因此，如果焦距是可调的，那么一个标准的测试过程从参考位置开始来调整镜头焦距。下一个步骤是按照之前设定好的曝光时间对一个小亮点（例如中心有白色亮点的均匀黑色图）进行拍摄。一般来说，测试过程需要被重复若干次，或者用不同的测试设备进行测试，因为测试结果会随着测试设备的变化而变化。

10.3.5.3　急动干扰

带有影片录制功能或者电子取景器的数码相机可以处理移动信号。当一个相机对移动信号进行处理时，如果图片一帧的曝光时间和帧频相比过短（如实时孔径比略低），那么移动图片看上去就会显得不自然，移动感觉像是间断的或笨拙的，这种效应称为急动干扰（Jerkiness Interference）。当一个运动的物体是被一个高速的电子快门记录时，这种效应格外明显。急动干扰的影响不是很大，因为它通常不会引起明显的不适感；从另一方面来说，较长的曝光时间会增强运动模糊效应。

10.3.5.4　瞬态噪声

10.3.1.7 节中介绍了空间随机噪声和固定模式噪声。当拍摄一幅静态图片时，随时间

波动的瞬态噪声(见3.3.1节)会被"冻结"为空间噪声；在视频图像中它会被人眼或多或少地过滤掉一些。因此,对一个可以拍摄移动图像,数码相机而言,需要对静止图像和移动图像分别设置不同的评估方法。

10.4　图像质量的一些标准

在这一节中将会介绍与图像质量评估和数码相机评估相关的一些标准,其中的一些标准在正文有所提及。图像质量的评估具有很大的主观性,很难对它进行定量评估。并且,由于有关数码相机的电子图像技术已经发展为电视/视频技术,适用于数码相机的专有标准依然很有限。因此,应当对与视频图像技术相关的标准进行简单的介绍。IEC 61146 就是其中一个很重要的标准。在正文中没有提及的 ISO 20462 标准介绍了适用于主观图像评估的一些方法。JEITA CP-3203 只有日语版；然而,它定义了一些十分有用的测试图表,其中的一些在 IEC 61146 中有介绍。最后,ISO 12232、CIPA DC-002 和 DC-004 也是十分有用的,因为它们介绍了测试数码相机性能的方法。但是,这些标准和图像质量并没有直接的关系。

1. ISO 标准

ISO 12232 摄影-电子照相机-曝光指数的测定,ISO 速率,标准输出灵敏度以及参考曝光指数

ISO 12233 摄影-电子照相机-分辨率的测量

ISO 14524 电子照相机-光电转换功能的测量方法(OECFs)

ISO 15739 摄影-电子静态图像-噪声测量

ISO 20462—1 评估图像质量的物理实验方法学

第一部分：物理要素概述

ISO 20462—2 评估图像质量的物理实验方法学

第二部分：三种比较方法

ISO 20462—3 评估图像质量的物理实验方法学

第三部分：质量评估方法

2. IEC 标准

IEC 61146—1 摄影机(PAL/SECAM/NTSC)-测量方法

第一部分：非广播单传感器照相机

IEC 61146—2 摄影机(PAL/SECAM/NTSC)-测量方法

第二部分：两个或者三个传感器专业照相机

3. CIPA 标准

CIPA DC-002 评价数字静态照相机电池消耗的标准方法

CIPA DC-003 数字照相机测量方法

CIPA DC-003 数字照相机灵敏度

4. JEITA 标准

用于摄像机测试图表的 JEITA CP-3203 标准(只有日语版)。

第11章　对未来数码相机的一些设想

至此本书已经介绍了数码相机的基本原理和它们的功能。在本章将对一些新想法进行讨论,这些想法也许不仅可以使数码相机更能满足消费者的需要,而且使我们未来生活更美好。首先,我们来讨论图像传感器。

11.1　数码相机图像传感器的未来

消费者对产品的需求推动了数码相机图像传感器的发展。高端数字单反相机(DLSRs)常使用与胶片式单反相机(FLSRs)相兼容的镜头设计,这是为了鼓励消费者在由胶卷向数码相机过渡时可以坚持使用一个品牌。因此,这些 SLR 型数码相机可以使用与35mm 胶卷相机(36×24mm)一样大的传感器。由于半导体制造上的一些技术性限制因素,有时需要使用更小尺寸的传感器。对于这样一个比较大而且固定尺寸的传感器,像素趋于变得更大,这可以增强它们的聚光能量和动态范围。目前,典型的传感器像素数量从 500 万到 1600 万不等。

然而,对成本敏感的紧凑型相机要求传感器的物理尺寸足够小来保持传感器的低成本,同时采用相应的小尺寸和廉价的光学器件。因此,为了能够在保持高图像保真度的情况下增加像素数量,有必要减小像素的尺寸。目前的像素数量多在 100 万～500 万之间浮动。

11.1.1　未来的高端数码单反相机传感器

数码单反相机的发展蓝图必然包含像素数量的增加和(通常也是)像素性能的保持或提升。除了提升图像质量外,像素数量已经成为区分不同产品和淘汰旧式产品的重要市场工具。实际消费者对增加的像素数量的使用依赖于个人计算系统的协同发展,这些计算系统包括用户交互界面、网络速度、大容量存储设备、显示器和打印机。近年来,有迹象表明个人计算系统处理能力已经成为更高分辨率的相机使用的限制。

数码单反相机的传感器对功能提升的需求,对它的发展来说不是一个很强的推动因素。一般来讲,传感器的基本功能是精确地记录和输出传感器上的光子流动事件,诸如取景器模式等功能已经包含在一部分数码单反相机的传感器中。但是,诸如片上模数转换器等基本功能很少会被实现,因为镜头相对来说比较大,而且相机机体的重量可以帮助保持平衡和稳定。因此,缺乏体积和重量减少"拉动"作用,意味着相机的功能无须集成于片上,特别是当上述集成工作会对图像质量造成影响时。

对于像素数量大的传感器来说,它的读出变得愈加重要了。一个传感器的读出时间是由传感器的像素数量和读出速率决定的。过长的读出时间会使传感器操作变得复杂,因为暗信号会增加,并且发生拖尾和其他像差的几率也会增加。如果读出时间过长,消费者可能也不会接受相机中存在这样一个大尺寸的传感器,因为这将限制连续拍摄图片的快速取出。举例来说,像素数量的翻倍需要读出速率的翻倍,功耗和噪声会随着读出速率的增加而增加,会减少电池寿命,增加传感器温度和暗电流,并且会减少信噪比。

让我们考虑一下未来数码单反相机会变成什么样子,假定它的传感器具有 2^{26} 或者 6700 万像素和 10～12bit 数字输出精度。它的分辨率大概是公共领域中最高分辨率相机的四倍,是目前高端消费性单反相机分辨率的八倍。在一个 35 毫米规格的胶卷上,像素数量可能会有 10000×6700 个,这相当于 3.6μm 的像素间距(为了形象化描述,可以假想如果传感器是足球场大小,一个像素就只有一片苜蓿叶那么大)。在 2004 年,3.6μm 的像素已经成为一个近似的标准,所以对所有像素的即时读出才是一个真正的挑战,而不是小像素尺寸。即便是在 10 并行通道(100～120 针)、66MHz 读出速率下,要想读出一幅图像也需要整整 100ms。在高速、数字输出、百万像素级传感器中,读出功耗(能量)接近 500～1000pJ/像素,这相当于我们假想的传感器在读出过程中消耗了几百毫瓦特。[1](注意片上模数转换器实际上可以减小整体芯片的功耗)。产量、包装、光学特性、图像处理引擎和储存内存 I/O 将会成为设计这样消费产品的挑战,但是,我们有理由相信,这样的产品在几十年内会走进我们视野的。

除了增加像素数量之外,我们还期望通过改善像素结构来提高图像质量。几乎对于所有的相机来说,最理想的目标都是让每一个光子都能通过镜头给图像提供一些有用的信息,每一个光子都不应该被浪费掉。但是在实际情况中,考虑到反射损失、微透镜效率(对于有微透镜的传感器)、滤色镜传输、检测量子效率和载流子的收集效率,透过镜头进来的光子可能只有十分之一可以被收集为光电子。

彩色滤波阵列是光子损失和空间色彩量化噪声的一个很重要的来源。按照定义来说,一个色彩滤波器可以滤除一个光谱图像上大部分的光子,传输通带一般在 70%～80% 的范围内。对任何一种色带的不完全空间采样都会产生色彩量化噪声。现在,多重传感器阵列和分色棱镜技术已普遍应用于摄像机(所谓的 3-CCD 相机)中来改善上述效应。虽然对于单反相机来说,这种方法在商业的角度上并不具有吸引力。

有一种解决方法是利用硅的特征吸收深度作为一类色彩滤波器。[2]因为蓝光更容易被表面吸收而红光却很难被这一区域吸收,所以一个浅探测器对蓝光子的敏感度要比红光子高,但是,这并不是说红光子就被忽略掉了。在蓝光探测器垂直方向以下的更深层探测器会被用来探测红光子,蓝光子很少会穿透到这样的深度。拓展这一概念,在中间的绿光探测器作为第 3 种探测器也是可以被使用的。在垂直方向上集成的这 3 种探测器包含足够信息,能在像素位置重现实际的蓝、绿和红光信号。这种技术除了可以更高效率地利用光子以外,还可以获得较少的空间色彩量化噪声。但是,使用每一部分探测器多重卷积吸收特性会使色彩重构变的更加复杂,而且暗电流增加和转换增益减小等不利因素也限制了这种方法的发展。

另一种可能提升性能的方法是利用多色彩堆放结构。在芯片的顶层表面上,3 种(或更多)硅层通过沉积来作为探测层。理论上说,通过在芯片顶层沉积探测层可以获得更高的填充因子和更低的色彩串扰效应。过去有科学家曾探索使用单层 a-Si:H 层以获得 100% 的填充因子,但是因为材料的滞后和不稳定,这种方法还没有在商业上被成功使用[3]。

堆叠材料并不需要是纯硅,可以利用类似硅的不同材料以产生不同的能量间隙实现深度的功能,使得沉积层可以更好地探测所要色彩。像 a-Si$_x$C$_{1-x}$、Si$_x$Ge$_{1-x}$ 或者 GaIn$_x$As$_y$ 等[4]都可以作为这样的材料使用。对于图像传感器的性能来说,这些材料的主要问题在于它们的暗电流太大以至于超出了可接受的范围,材料的稳定性和滞后性对于实现多色堆叠结构来说也是一种挑战。

作为另一种避免色彩滤波阵列的手段,衍射光学法也被研究了出来。[5]在这种方法中,每一个"像素"上面都放置了一个微型光栅,这个光栅按照转移光的光谱采用三个或多个接收探测器之一。到目前为止,这种方法只是对于高 F 值的光学系统可行,这种光学系统中的光束与传感器表面几乎是垂直的。

通过在色彩滤波阵列中使用红色、绿色和蓝色之外颜色的方法也能使色彩得到改善。例如,索尼公司最近研发了一种四色系统。但是,对任何一种颜色的空间稀疏采样都会引起色彩量化噪声的增加。将规律的拜耳色彩滤波阵列模式随机化有助于减少一些色彩量化噪声的影响,因为使用压电器件可以使传感器进行毫米级抖动。

在未来的若干年中,科学家们将会继续致力于提升量子效率(QE)。最显著的提升量子效率的方法是对材料的改进,在这种方法中能带间隙可以随着张力和掺杂的不同进行调整。但是,到目前为止并没有在量子效率的提升和暗电流的增加之间得到满意的折中。多年来科学界使用背照式的薄全帧 CCD 来提升量子效率,将这种方法移植到行间转移 CCD,尤其是垂直溢出漏极与电子快门曝光结构,更为困难。背照式 CMOS 传感器方法对于消费类应用来说可能更具有发展前景。

除了不浪费光子之外,光电子的存储和读出也可以提升传感器的性能。在不增加电子等效读出噪声的前提下对像素存储能力的提升可以提高光线好、散粒噪声有限图像的信噪比,这还可以提升传感器的动态范围并允许更大的曝光宽容度。减小读出噪声有助于提高暗光条件下或一幅图像较暗部分的信噪比。

11.1.2　未来的主流消费类数码相机传感器

与数码单反相机不同,主流的消费类数码相机需要较小的传感器尺寸来保持小光照和可负担的价格。发展趋势是在保持紧凑尺寸的前提下提升像素数量。次级衍射限制(SDL)像素越来越多地使用在这些相机中。我们定义 SDL 像素为在 F/2.8 下比绿光(550nm)的衍射限制型艾里斑直径更小的像素,约为 3.7μm。小像素面临着许多基本的和技术上的挑战。

像素尺寸缩减带来的一个问题是像素在一次曝光过程中收集光子数的减少。对于一个给定场景光源和镜头的 F 值来说(这两者都几乎不可能提高),一个镜头能聚焦在图像传感器单位平方微米上的光子数是确定的。像素尺寸越小,可收集的光子数就越少。因此,如果一个 $5\times5\mu m^2$ 的像素能收集 50000 个光子,那么一个 $1\times1\mu m^2$ 的像素只能收集 2000 个光子。由于光子散射噪声的影响,信噪比(SNR)依照信号的水平以平方的形式增长。在这个例子中,$5\times5\mu m^2$ 像素的光子信噪比是 224∶1 或者 47dB,但是对于 $1\times1\mu m^2$ 像素来说,光子信噪比恶化了 5 倍,只有 45∶1 或者 33dB。这是在固定的传感器尺寸下增加数码相机传感器分辨率带来的一种惩罚。

另一个相关问题是与一个像素所能承受的最大光电子数有关的,称为满阱容量。因为一个像素的容量由它横截面的结构和像素的面积决定,所以像素的容量以至于满阱容量通常是按照一个给定的工艺以 $2000e^-/\mu m^2$ 比例线性缩放的。一个 $1\times1\mu m^2$ 的像素能够存储的最大光电子数近似为一个 $5\times5\mu m^2$ 像素的 1/25。一个像素可得到的最大信噪比(散粒噪声限度)是由它的满阱容量决定的,所以一个 $1\times1\mu m^2$ 像素可得到的最大信噪比是一个 $5\times5\mu m^2$ 像素的 1/5。若想在 $1\times1\mu m^2$ 像素下保持最大信噪比(或者说 40dB 的信噪比),那么满阱容量必须提升 5 倍达到 $10000e^-/\mu m^2$。由于分辨率的增加通常伴随着操作电压的减小(为了减小读出功耗),所以实现满阱增加的难度变得越来越明显,因为满阱通常由电容和操作电压的乘积得到。在这样小的横向维度下,三维器件效应变得十分重要并常常会使器件的性能恶化。

除了最大信噪比以外,在更低的光照级下,读出噪声也影响了信噪比,在这里,散粒噪声是噪声的主要决定部分。随着信号的减小,一个固定的读出噪声水平会导致信噪比快速恶化,因为信噪比是随着信号线性变化的。例如,假设读出噪声的均方根是 20 个电子。一个 $5\times5\mu m^2$ 像素接收 500 个光电子的信噪比是 16,但是一个 $1\times1\mu m^2$ 像素接收到的光电子数仅是前者的 1/25(即 20),并且信噪比只有 1。如果读出噪声只有 5 个电子,那么 $5\times5\mu m^2$ 像素将获得 22 的信噪比,$1\times1\mu m^2$ 像素将获得 3 的信噪比,这样可以得到 300% 的提升。但是,在这样低的信噪比下照出的图像通常不是消费者想要的。

空间的保真度对于图像质量来说也是十分重要的。在光学领域,对于人类聚焦于一个物体的程度有一个限制,称为衍射限制(见第 2 章)。对于绿光来说($0.55\mu m$ 波长),使用 $F/2.8$ 的光圈可以聚焦的最小光点直径是 $3.7\mu m$。对于 $5\times5\mu m^2$ 像素来说,这并不是一个问题,但是对于 $1\times1\mu m^2$ 像素来说,即使是完美的聚焦镜头也会使得图像边缘变的模糊。使用色彩滤波阵列常常需要一个光学反混叠滤波器来避免在插值的过程中引入虚假的色彩。在某种程度上,衍射效应相当于一个低通滤波器。对于一个有拜耳模式阵列的 $1\times1\mu m^2$ 像素阵列,其核的跨度也只有 $2\times2\mu m^2$。因此,在较长的波长(如红光)和较高的 F 值下,空间分辨率还是会被衍射效应所影响。

除了这些次级衍射限制像素尺寸带来的挑战外,还有其他的许多技术挑战有待解决。包括:

- 像素之间的均一性,对次级衍射限制级像素尺寸变得越来越难以控制。
- 显微镜头的堆叠高度,需要减小它,以使得阴影效应和串色效应最小。
- 像素容量。
- 在薄有源层中的量子效应。
- 在更高的掺杂浓度和更锐利的边缘下的暗电流。
- 其他随着尺寸变化的因素。

11.1.3 数字胶片传感器

前面对未来传感器做出的两种讨论是由目前的技术水平进行线性推断得出的,这在一定程度下有些极端。我们可以换种思维方式,得到一些新颖有趣的想法。当然,人们不赞同硅像素,而将视野投向了生物探测器和神经元,它们可以周期性"引燃"信号传递到其他神经元。在过去的几十年中,科学界对神经性图像的问题进行了一些探索。到目前为止,没有开发出可以仿真生物成像的视网膜型图像传感器的实际应用产品,但是,这并未削减人们对它的兴趣。

正如摩尔定律预测的那样,我们有理由期待微电子领域特征尺寸的继续缩减,起码在一段时间是这样的。因此,超小型像素是有可能制造出来的。接下来人们将面对一个问题就是如何对深次级衍射限制像素进行处理。一种可行方案是利用空间过采样来减小混叠效应并提升信号的保真度。但是，正如前面讨论的，模拟像素并不能轻易缩减到深次级衍射限制像素的尺寸级。

　　另一种可行的探索方法是对胶片的仿真。在胶片上，卤化银（AgX）晶体在亚微米到几微米的区间上形成颗粒。单个光子打到晶粒上能够释放出单个的银原子，这种称为"经受过曝光的"晶粒可以组成潜在的图像。在接下来的湿化学显色中，一个银原子可以触发一个"逃跑"负反馈效应，即在化学上它可以释放晶粒上所有的银原子。这将在胶片上留下一个不透明的光点，因为晶粒已经被转换为金属银，未被曝光的晶粒将被冲洗掉，因此图像强度被转换为银晶粒的局部密度。

　　任何特殊晶粒在光照下被曝光的可能性在一开始是线性增加的，并最终趋于统一（从数学上讲，这等同于计算在确定数量的雨滴掉落在地上之后一小块土地有雨滴降落的可能性）。定量计算已经超出了本章的范围，但是这一过程将引入了胶片的特殊 $D\text{-}\log H$ 对比曲线，其中 D 是密度，H 是曝光量。晶粒尺寸越小，在一个给定曝光过程中晶粒被一个光子击中的可能性就越低，并且胶片的速度也将"越慢"，因为若要保证所有晶粒都有很高的概率被光子击中，需要更多的光照。但是，图像的空间分辨率是由晶粒尺寸决定的，更小的晶粒尺寸和更慢的薄膜速度将会得到更高的图像分辨率。

　　因为胶片图像同时存在曝光与未曝光的部分，所以其中也有类似二进制图像的元素。局部的图像密强度是由被曝光的晶粒的密度决定的，如果不习惯使用数字表示，也可以说它是由"1S"的局部空间密度决定的。

　　通过对这一过程进行仿真可以很容易地将这一概念转化到数字-胶片传感器中。考虑一个深-次级衍射限制阵列，其中每一个像素的尺寸都比微米要小。转换增益需要很高，同时读出噪声需要很低，以决定一个单光电子的存在（实际上，若干光电子可以推动输出信号以超过一些阈值，但是最终期望得到的是单个光电子的敏感性）。通过先前的讨论，可以很明显地得出以下结论，即一个只需要探测单一光电子的像素在满阱容量和动态范围上比传统图像传感器中模拟像素的性能需求要低得多。在读出端，像素被置为一个"0"或者一个"1"（在不寻求更高敏感的情况下，可以使用内存芯片当做图像传感器）。

　　根据"模数转换器"转换分辨率的单比特特性可以获得高行读出速率，这将允许"亿万像素"的传感器在几毫秒的时间内扫描近 50000 行的像素。读出的二进制图像有可能被转换为一个有任意像素分辨率的传统图像（某种数字显影），因此这将在空间分辨率与图像强度分辨率之间进行折中。因为其 $D\text{-}\log H$ 的曝光特性，传感器需要提升动态范围至与胶片类似的水平。

　　在一个单一的曝光过程中也可考虑多次扫描，这可以通过逻辑"或"或"与"来提高亮度和（或）空间分辨率。虽然还不清楚这种数字胶片方法能否在现在的技术发展下具有惊艳的性能优势，但是为图像领域探索出新模式是当前十分重要的任务。

　　作为这一部分的最后一个构想，我们可以考虑一下未来的混合结构传感器，这实质上是由现行技术中分离出来的。现有的技术依赖于非平衡硅半导体物理，这可以获得很出色的实验结果。硅常用作探测器来探测读出电子。但是，当在非平衡状态下进行操作时，暗电流（平衡恢复过程）会导致有限的曝光时间和强制快速地读出速率。可能一些新兴的光敏感材料对暗电流不是那么敏感，例如有机化半导体或者电子塑料可能会被研制出来。当在堆叠的硅读出芯片上进行沉积时,也许这些材料曝光特性的改变可以利用硅技术读取出来,同样,包括暗光状态下的复位特性。当然在现有技术和这个理念之间,还有许多发明未被开发出来。

至此我们已经讨论了有关未来数码相机中传感器的一些想法,接下来让我们讨论这些数码相机能够做什么。

11.2 一些未来的数码相机

相机的一个主要目的是与别人分享"身临其境"的感受或者在未来的某一天用作回忆(忽略严格的艺术照;见图11.1)。毫无疑问,消费数码相机被附加了许多其他的功能,包括短电影的拍摄和音频的记录。我们有理由相信在未来这些功能还会进一步完善和提升。例如,电影可能会变成 HDTV-兼容格式,音频可能会成为立体声模式。有的人可能会认为像素数量增大的趋势是为了增加"身临其境"的存在感。当然,在消费电视的发展趋势中,拥有 32M 像素或者更高分辨率(用四个8M 像素传感器)的"超高画质"电视或者 UDTV,都在未来的产品中被考虑到了。[6]

图 11.1 一张表现了"我在这里"的照片

我们可以考虑两种表现"我在这里"的方法。一种方法是通过记录和展示周围的 2π 球面(半球)图像的环绕视角或者更多的立体角来表现。研究者们已经在为视频远程呈现的图像进行实验研究了。在实际应用(例如不动产市场)中,已经存在了一些环形视角的照相机。一个传统的传感器已经使用在这些相机中,但是需要一个特殊的镜头才能在一个二维图像区域绘制这样的立体视角。为了在一段时间以后可以重现当时的场景,需要用一些算法来记录数据并且制造出一个二维图像来呈现人在特定视角下观察到的画面。在这个处理过程中已经实现了云台控制,更高分辨率的传感器有利于这个环形视角构图过程。利用一个 LCD 显示器来呈现一个半球投影过程以及使用光学仪器来完成记录工作都是有可能实现的。但是,这可能需要一个特殊的显示表面或者观察室,这些都是在当前消费应用的范围之外的。

第二种表现"我在这里"的方法是不仅记录物体反射出的光,还要记录下物体的幅度。在这种情况下,更忠实于原始场景的三维再现过程有可能会提升这种感觉。利用一个动态排列机制来记录物体的幅度,例如脉冲红外光和渡越时间的方法都已经被探究了很多年。但是,这种方法对于大多数的场景或者消费类应用来说都是不便捷的。

立体视角是可能获取幅度信息的另一种方法,因为它最接近于人类获取场景幅度感知的方式,因此这种方法可能是这类应用中最富有吸引力的。从技术上讲,不难想象一个消费级的立体视角系统,人们可以将两个数码相机捆绑到一起来获得一个实时的立体视角系统。要想展示立体图像需要更复杂的工作,在立体图像展示中经常用到红色和蓝色的编码,但是图像的色彩内容要受到影响。极化技术已经被成功应用,但是这需要特殊的显示手段和观察器件。立体影像幅度的量化通过计算加强,然而,当我们得到影像的时候,也许已经可以由数据构建出更满意的显示效果。

如果没有相匹配的显示设备的广泛使用,数字成像不会获得真正的成功。创建一个更贴近"在这里"的感觉将取决于高分辨率的可用性和物理上更大的显示器。或许,"虚拟现实"眼镜,在局部(甚至直接在视网膜上)投影图像也将推动数字成像。在个人虚拟现实显示中,一些感觉上的问题仍然存在,包括恶心和头痛。随着这些问题的解决,我们可以期待迎来数字成像的应用不断扩大的新机遇。

数字成像,除了让我们能够"到达"曾经到过的地方,也让我们到达人类到达不了的地方。其中一个例子就是机器人太空和海洋探测,在人体内航行,观察那些发生得特别快以至于"一眨眼"就错过的东西。

数码成像也能够让让我们去那些我们自己不能到达的地方。例如,一个人可以想象自己是一个"公文包身体",能够被别人带着到处转,这个公文包身体配备了立体视觉和音频(双向)功能。所以,使用虚拟现实眼镜盒耳机,一个人可以在一个很重要的会议上"虚拟地在这里",残障人士能够享受那些他们身体不允许到达的地方的景色和声音。就此而言,一个人可以想象一个"机器身体",能够坐在他自己的办公室上班,能够通过遥控在会议上与其他机器身体互动,等等。一个人能够通过虚拟现实眼镜和耳机互动,和其他机器身体"交谈"——除了显示器可以进行改进以使它看起来像在机器身体背后的真正的人。也许一个人可以摆脱机器身体,在虚拟网络空间创建一个未来虚拟办公室,在这里他仍然能够与其他员工交互,就像电影《黑客帝国》演绎的那样(用另一个不同的方式)。在这种情况下,数字成像变得不是那么必要。

另一个新兴的概念是个人的连续记录装置。在未来,有人可能会穿着视觉/音频录音机,记录所有的日常活动。采用先进的压缩技术、低分辨率成像和海量数据存储系统,记录一整天的视觉信息在技术上将是可行的。这些数据可以被归档,但也能被重现以提高记忆的感觉(例如,在商店里我想得到什么)。更先进的未来功能包括对白天事件的高级自动摘要,建立用于未来检索的索引等。

现在,随着许多新技术的发展,浮现出了更多使用这些技术的新的机会,同时,许多新的社会问题和伦理问题也随之产生。在不知情的情况下,以安全的名义获取、分析、存档位于公共场合或者半私人空间的人们的高分辨率图像符合伦理道德吗?记录一个人与他人交往的每一个细节是符合伦理道德的吗?适当模糊的记忆是否更有利于社会交往的友善呢?人们是否真的希望自己和他人的每一个交流都被另一些人记录下来?当然,人类的记忆已经做了这些,但是数据不会"说谎",或者说遗忘也许不那么令人满意。因此,虽然我们能够想象并且创造这些新的技术,但是作为负责任的工程师,我们同样肩负着做我们自己,事实上是启发整个社会的责任。

参 考 文 献

[1]　A. Krymski, N. Bock, N. Tu, D. Van Blerkom, and E. R. Fossum, A high-speed, 240 frames/second, 4. 1 megapixel image sensor, IEEE Trans. Electron Devices, 50(1), 130-135, 2003.

［2］　R. Merrill, Color separation in an active pixel cell imaging array using a triple-well structure, U. S. Patent No. 5 965 875.

［3］　S. Bentheim et al. , Vertically integrated sensors for advanced imaging applications, IEEE J. Solid-State Circuits, 35(7), 939-945, 2000.

［4］　J. Theil et al. , Elevated pin diode active pixel sensor including a unique interconnection structure, US Patent No. 6 018 187.

［5］　Y. Wang, JPL, private communication.

［6］　I. Takayanagi, M. Shirakawa, K. Mitani, M. Sugawara, S. Iversen, J. Moholt, J. Nakamura, and E. R. Fossum, A 1-1/4-inch 8. 3-Mpixel digital output CMOS APS for UDTV application, ISSCC Dig. Tech. Papers, 216-217, February 2003.

附录 A　标准光源下每勒克斯的入射光子数

从光源到探测器转移的能量(或者功率)可以由辐射度学来描述,并且其只与光子能量的物理特性相关。当辐射量达到能引起人眼视觉刺激的可见光成像的程度时,通常会使用光度学单位。辐射度参量 $X_{e,\lambda}$ 和光度参量 X_v 之间的关系如下所示

$$X_v = K_m \cdot \int_{\lambda_1}^{\lambda_2} X_{e,\lambda}(\lambda) \cdot V(\lambda) \cdot d\lambda \tag{A.1}$$

式中,$V(\lambda)$ 表示视见函数;K_m 表示辐射度量与光度量之间的比例系数,其值等于 683lm/w;$\lambda_1 = 0.38\mu m$;$\lambda_2 = 0.78\mu m$。表 A.1 给出了视见函数与波长之间的关系,它相当于第 7 章中图 7.2 所示的 $\bar{y}(\lambda)$ 的响应。

利用普朗克黑体辐射定律(见 7.1.5 节)(注:原文误作 7.2.5 节)可以模拟色温为 T 的标准光源。温度为 T(以 K 为单位)的理想黑体的光谱辐射出射度可以描述为

$$M_e(\lambda, T) = \frac{c_1}{\lambda^5} \cdot \frac{1}{\exp\left(\frac{c_2}{\lambda T}\right) - 1} \left(\frac{W}{cm^2 \cdot \mu m}\right) \tag{A.2}$$

$$c_1 = 3.7418 \times 10^4 \, W \cdot \mu m^4/cm^2$$

$$c_2 = 1.4388 \times 10^4 \mu m \cdot K$$

如果没有彩色滤光器阵列,光子的数目可以表达如下

$$n_{ph\_blackbody}(T) = \frac{\int_{\lambda_3}^{\lambda_4} M_e(\lambda, T) \cdot \left(\frac{hc}{\lambda}\right)^{-1} \cdot d\lambda}{K_m \cdot M_e(\lambda, T) \cdot V(\lambda) \cdot d\lambda} [photons/cm^2 \cdot lux \cdot sec] \tag{A.3}$$

式中,λ_3 和 λ_4 分别是照到探测器上的光的最大波长和最短波长。如果使用了红外截止滤光片,则有 $\lambda_4 \leqslant \lambda_2$。图 A.1 给出了 $\lambda_3 = \lambda_1$ 和 $\lambda_4 = \lambda_2$ 条件下每 $cm^2 \cdot lux \cdot sec$ 的光子数与黑体光源色温之间的函数关系。

表 A.1　视见函数 $V(\lambda)$

波长(nm)	视见函数 $V(\lambda)$	波长(nm)	视见函数 $V(\lambda)$
380	0.000039	490	0.20802
390	0.00012	500	0.323
400	0.000396	510	0.503
410	0.00121	520	0.710
420	0.0040	530	0.862
430	0.0116	540	0.954
440	0.023	550	0.99495
450	0.038	560	0.995
460	0.060	570	0.952
470	0.09098	580	0.870
480	0.13902	590	0.757

续表

波长(nm)	视见函数 $V(\lambda)$	波长(nm)	视见函数 $V(\lambda)$
600	0.631	700	0.004102
610	0.503	710	0.002091
620	0.381	720	0.001047
630	0.265	730	0.000520
640	0.175	740	0.000249
650	0.107	750	0.00012
660	0.061	760	0.00006
670	0.032	770	0.00003
680	0.017	780	0.000015
690	0.00821	—	—

在有片上彩色滤光器阵列和红外截止滤光片的条件下,光子数须修正为

$$n_{\text{ph\_blackbody}}(T) = \frac{\int_{\lambda_1}^{\lambda_2} M_e(\lambda, T) \cdot \left(\frac{hc}{\lambda}\right)^{-1} \cdot T(\lambda)\,\mathrm{d}\lambda}{K_m \int_{\lambda_1}^{\lambda_2} M_e(\lambda, T) \cdot V(\lambda) \cdot \mathrm{d}\lambda} \tag{A.4}$$

其中 $T(\lambda)$ 为光谱透射率。

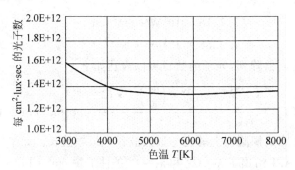

图 A.1　每的光子数与黑体光源色温之间的函数关系

参 考 文 献

G. C. Holst, *CCD Arrays Cameras and Displays*, 2nd ed., JCD Publishing, Winter Park, FL, 1998, chap. 2.

附录 B 成像系统的灵敏度和 ISO 感光度指标

光探测器的灵敏度通常表示为输出信号电平与受到照明强度的比值。换句话说,如果输出信号电平与受到照明强度之间为线性关系,灵敏度即为一个常比例系数。当探测器为电荷积分(积累)型时,方才提及的术语"照明"则需替换为表示光照强度与电荷积分时间乘积的"曝光"。

由于数码照相机和图像传感器均可以当作光探测器,因此前面提到的"灵敏度"在两者上均可定义并测量。但此"灵敏度"并非实际针对数码相机使用者而言的"灵敏度",因为它并不能定义拍摄照片应当使用多少曝光量。对于使用者而言,最重要的参数是为了拍出一张好的照片应当产生的合适的输出电平所需要的曝光强度。

照相系统敏感度的 ISO 指标描述为"等效曝光",可以用下式来计算:

$$(\text{ISO 感光度值})S = K/H_\text{m} \tag{B.1}$$

其中 K 为一常数; H_m 为曝光量,单位是 lx·s。

根据 ISO 2240(彩色反转片的 ISO 感光速度)和 ISO 2721(曝光自动控制)标准,电子成像系统中 K 一般取值 10。

因此,上式可以改写为

$$S = 10/H_\text{m} \tag{B.2}$$

举个例子,ISO 值为 100 意味着成像系统的等效平均曝光量 $H_\text{m}(=10/S)$ 为 $10/100 = 0.1(\text{lux·s})$。

至此,ISO 12232 阐述了一些被认为能代表数码照相机的灵敏度的参数。其中有两个: ISO 饱和速度和 ISO 噪声速度在 1998 年出版的书中有详细的解释;另有两个新参数: "SOS"(标准输出灵敏度)和"REI"(推荐曝光指数)在第一版的基础上被加入(新版于 2005 年出版)。这 4 者之间的差别仅仅在于式(B.2)中的等效曝光量如何被测定。

(1) ISO 饱和速度是指当图像亮部(的信号强度)仅低于相机所能达到的最大信号值 (饱和)时所对应的曝光强度。此时的等效平均曝光量相当于饱和点(饱和曝光)处的 1/7.8, 其中 7.8 是理论上的 141% 反射比(假定给饱和曝光 41% 的额外余量,相当于余量上限 $(=\sqrt{2})$ 的一半)与 18% 反射比(拍摄主体的标准反射比)之间的比值。因此,式(B.2)可以变形为

$$S_\text{sat} = 78/H_\text{sat} \tag{B.3}$$

其中, H_sat 表示饱和曝光量,单位为 lux·s。饱和速度仅仅给出了饱和曝光情况下的结果。设想有一些数码照相机,它们在低到中等曝光强度下具有相同的灵敏度(即在那些曝光强度下这些相机的色调曲线完全一致),如果其中一台相机在饱和曝光点附近有更深的拐点特性,这台数码照相机的饱和速度就会变低。故而最好使用饱和速度来表征相机的过曝宽容度。

(2) ISO 噪声速度是指曝光产生指定信噪比的"清晰"图像时所对应的 S 值。对于出色的图像,信噪比的值取 40;而对于可以接受的图像,信噪比的值取 10。

这个参数看起来是个很好的拍摄指标,因为它明确了拍出特定低噪声图像所必需的曝光量。然而,实际的相机常常会有多样的图像捕捉设置,例如(记录)像素数、压缩率和降噪。在这些情况下,即使是应用相同的色调曲线和曝光控制,信噪比也会随着相机设置而变化。所以,ISO 噪声速度并不直接适用于相机。

(3) SOS 是指曝光产生中等输出强度的图像时所对应的 S 值。所谓中等输出强度,相当于最大输出强度(8 位系统中的具体数值为 118)的 0.461 倍。式(B.1)中 H_m 相当于乘以 0.461 倍的最大输出电平后的曝光量。0.461 这个数值相当于拍摄主体的 18% 反射比的 s-RGB gamma 曲线中的相对输出电平。

由于图像的平均输出电平为"中等",所以 SOS 给出的是可接受的曝光量,从而使得相机(的使用)变得方便。但是根据 SOS 给出的曝光量并不能保证一定是最佳的,并且 SOS 也不适合输出特性为线性的图像传感器。

(4) REI 是指曝光产生合适的输出电平(相机生产商推荐的某个值)的图像所对应的 S 值。根据这个定义,显然 REI 只能应用于相机设备,并且只有当厂商的推荐值恰当时由 REI 给出的曝光值才是合适的。

基于以上的考虑,本附录笔者针对设计者或制造商在与次级使用者(对于数码相机制造商而言是消费者,对于相机设计者而言是图像传感器制造商)交流时给出如下建议:

- 使用 SOS 或者 REI(或者两者均用)标明相机的灵敏度。这两者在用户选择曝光强度或是找出可用的主体亮度都非常有效。
- 对于图像传感器应当使用 ISO 速度(来表明灵敏度)。书面给出各噪声强度(信噪比为 40 或 10,40 优先)下噪声速度作为基础信息。在这种情况下重点解决信号处理的算法和信噪比的估算方法是很重要的,它们越简约越好。当然这也需要一些标准(来规范),但遗憾的是目前并没有出台。

此外,给出饱和速度与噪声速度的比值也可作为表明较高动态范围的附加信息。

本书对数码相机中的图像获取和信号处理技术形成了完整、系统的覆盖。其内容较好地阐述了图像信息流，使读者可以全面地掌握光学成像系统、图像传感器、信号处理模块构成。全书并没有特别苛刻的数学要求，读者只需掌握基本数学工具即可。本书既可供课堂教学使用，也可供自学使用，尤其适合作为图像传感器和信号处理领域的专业技术人员的参考书。

Junichi Nakamura，于1979年和1981年在东京工业大学分别获得电子工程的学士和硕士学位，于2000年在东京大学获电子工程博士学位。1981年加入了Olympus公司。1993年9月至1996年10月，作为杰出访问学者在加州理工学院的美国宇航局喷气推进实验室工作。2000年，加入Photobit公司，领导了若干定制传感器研发。从2001年11月开始在Micron Japan工作。担任1995年、1999年和2005年IEEE的Charge-Coupled Devices and Advanced Image Sensors专题讨论会的技术程序主席，并且在2002年和2003年担任IEDM的Detectors, Sensors and Displays小组委员会的成员。IEEE的高级成员，Institute of Image Information and Television Engineers of Japan的会员。

徐江涛，分别于2001年、2004年和2007年在天津大学获得微电子技术本科和微电子学与固体电子学硕士、博士学位，目前为天津大学副教授。主要研究领域为CMOS图像传感器和图像信号处理芯片。承担多项国家科技重大专项、国家自然科学基金等项目，成功研制多款CMOS图像传感器芯片。

ISBN 978-7-302-38363-5

清华大学出版社数字出版网站

www.wqbook.com

9 787302 383635 >

定价：45.00元